# 水相纳米晶的可控合成与生物应用

徐萌 编著

黑龙江科学技术出版社

图书在版编目（CIP）数据

水相纳米晶的可控合成与生物应用 / 徐萌编著. --
哈尔滨：黑龙江科学技术出版社，2022.8
ISBN 978-7-5719-1424-0

Ⅰ. ①水… Ⅱ. ①徐… Ⅲ. ①水相 – 纳米材料 Ⅳ.
①TB383

中国版本图书馆 CIP 数据核字(2022)第 095820 号

## 水相纳米晶的可控合成与生物应用
SHUIXIANG NAMIJING DE KEKONG HECHENG YU SHENGWU YINGYONG

| 作　　者 | 徐　萌 |
|---|---|
| 责任编辑 | 赵　萍　回　博 |
| 封面设计 | 孔　璐 |
| 出　　版 | 黑龙江科学技术出版社 |
| | 地址：哈尔滨市南岗区公安街 70-2 号　邮编：150001 |
| | 电话：（0451）53642106　传真：（0451）53642143 |
| | 网址：www.lkcbs.cn　www.lkpub.cn |
| 发　　行 | 全国新华书店 |
| 印　　刷 | 哈尔滨市石桥印务有限公司 |
| 开　　本 | 880 mm × 1230 mm　1/16 |
| 印　　张 | 11.75 |
| 字　　数 | 260 千 |
| 版　　次 | 2022 年 8 月第 1 版 |
| 印　　次 | 2022 年 8 月第 1 次印刷 |
| 书　　号 | ISBN 978-7-5719-1424-0 |
| 定　　价 | 69.80 元 |

【版权所有，请勿翻印、转载】
本社常年法律顾问：黑龙江博润律师事务所　张春雨

# 目 录

1 绪言 .................................................................................................................... 1
2 水相合成的基本化学原理 ................................................................................. 4
   2.1 热力学因素 ................................................................................................ 4
   2.2 半导体形成的化学原理 ............................................................................. 7
   2.3 半导体纳米晶体的表面化学 ..................................................................... 7
3 半导体纳米晶体的水相合成 ........................................................................... 10
   3.1 水相合成的历史概况 ............................................................................... 10
   3.2 水合纳米晶体的生长机理 ....................................................................... 11
   3.3 核/壳结构纳米晶体 ................................................................................. 22
   3.4 合金化纳米晶体 ....................................................................................... 30
   3.5 掺杂纳米晶体 ........................................................................................... 44
   3.6 半导体纳米晶体的非常规水相合成 ....................................................... 52
4 量子点的光学性质 ........................................................................................... 63
   4.1 基本性质 ................................................................................................... 63
   4.2 表面钝化 ................................................................................................... 74
   4.3 通过制造 II 型核/壳结构进行带隙工程 .................................................. 81
   4.4 发射掺杂 ................................................................................................... 91
   4.5 光学手性 ................................................................................................... 97
5 量子点和异质结构的光学/电子性质的理论 ................................................. 105
   5.1 建模方法 ................................................................................................. 105
   5.2 应变效应 ................................................................................................. 107
   5.3 辐射寿命、振子强度、载流子局域化和其他跃迁率 ......................... 116
6 半导体纳米晶体的生物应用 ......................................................................... 122
   6.1 生物分子与量子点的结合 ..................................................................... 122
   6.2 生物成像和治疗学应用 ......................................................................... 126
   6.3 生物标记和生物传感 ............................................................................. 132
7 结论和展望 ..................................................................................................... 136
参考文献 ............................................................................................................ 139

# 1 绪言

半导体纳米晶体（NC），或曰胶体量子点（QD）的水相合成是由 Henglein[1-3]和 Fendler[4-7]于二十世纪八十年代首创的。三十多年来，对这项工艺的研究热情始终不断，继承 Henglein 衣钵的有声名显赫的 Weller[8-11]、Rogach[12-22]、Eych-muller[8, 23-27]和 Gao[28-34]，当然还有量子点领域的众多科学家。水合 CdS 纳米晶体制备取得的早期成就，不但提供了良好的量子点模型，用于研究量子点的独特电子特征（粒度左右的光学性能），还为完整的水相合成方法奠定了基础，这种方法后来又广泛应用于钙、锌、汞、银、铜硫属化合物纳米晶体和三元纳米晶体的合成。半导体纳米晶体在量子限制效应的作用下展现出独特的光学性能，例如窄带、相对对称、粒度/成分左右的荧光，光谱范围从紫外蓝光直到中红外线[19-21, 35-45]。这种灵活性极具吸引力，导致各行各业都在全面探索具体应用方法，包括商业、生物医学领域[11, 39, 40, 42, 46-74]和光电子领域[72, 75-92]。

非水合成法是 Bawendi、Alivisatos 和 Peng 于二十世纪九十年代发明的[35, 37, 93-96]，称作 TOP-TOPO 法，亦名"热注入法"（TOP 代表三辛基膦，TOPO 代表三辛基氧化磷），能够有效地合成强荧光量子点，具备形态均匀度高、工艺性能良好的半导体/半导体核/壳异质结构。某些半导体的非水合成是在高温有机溶剂中完成的，可生产出质量较高而缺陷密度较低的纳米晶体。某些情况下，生长温度和配体的选用，也会影响晶格形态[96, 97]。书文后半部分介绍了最近出现的一种方法，称作"加热法"，这种方法虽然也用有机溶剂溶解前驱物，但在注入前驱物、从形核过渡到量子点生长条件期间，并不依靠温度的快速变化。这种方法使用热升温（通常为每分钟一二十摄氏度），适合温度敏感的前驱物形核，可以控制后续生长阶段。在半导体材料的大规模合成生产方面，这种方法的工艺性能优于热注入法。虽然加热法不适合所有的有机溶剂合成工序，但可以应用于多种量子点材料，在很多情况下都能达到良好的效果。Van Embdel 等人[98]的著作全面阐述了这种方法的热力学和反应动力学原子量，详细介绍了这种方法合成的二元、三元、四元量子点的测量、评估结果。然而胶体半导体纳米晶体的水相合成方法更加环保、发展潜力更大、成本效率更高，所以仍然得到广泛的应用。水相合成法化学原理的吸引力在于，微粒表面封端剂的功能丰富，可以根据实际用途制作相应的量子点，例如可以将水合半导体纳米晶体用于生物标记和生物成像。核酸、氨基酸、核苷酸、蛋白质之类的生物分子对水的兼容性好，可以在合成期间充当微粒表面封端剂，直接生产出生物功能纳米材料。实际上水相合成法甚至还可以通过微生物矿化工艺，应用于半导体纳米晶体的生物合成[71, 99, 100]。

不论具体手段如何，水溶性纳米晶体工艺都能够生成固态膜。由于操作简便，废溶剂的回收/处理成本较低，环保性能优于有机溶剂型量子点。

除生物相容性方面的优点以外，水相合成纳米晶体的最新研究进展揭示出纳米晶体表面化学的多样性，将未来的主要发展方向集中到晶体的光学性能和具体应用上[101, 102]。例如将光学活性对掌性（生物）分子配体用作合成阶段的表面封端剂，生产出的半导体纳米晶体将具备粒度左右的对掌光学性能[101, 102]。这种方法是将对掌性分子的光学活性与半导体纳米晶体基本上为粒度左右的吸收效果相结合，在可见光区形成传统圆二色谱和量子限制效应。这个专项研究领域取得的另一项成果是，在包含单核苷酸、DNA/RNA、金属离子和硫属化合物源的中性水相中，通过核酸直接完成生物相容纳米晶体的单点合成[103-107]。将核酸用作可编程、多功能配体群落，为纳米晶体合成提供了有效的工具，通过核酸序列变异实现胶体量子点的合理设计。这种工艺合成的纳米晶体不但具备有用的光谱特性，还明显体现出 DNA、蛋白质、癌细胞导向方面的相关特点，产生的生物共轭量子点几乎可以满足生物科学转化研究的要求[105, 106]。

在光伏器件（太阳能电池[81, 84, 88, 90, 108-111]、光电探测器[83, 112-117]）和光催化作用[5, 118-126]之类的光电子应用领域中，量子点在光电作用下产生电荷之后，最先生成的激子应当分离，提取量子点的电荷并输送到其他场所，例如外部电极。固态量子点膜的提取、输送优先使用短配体以降低介质阻挡，缩短点内分离距离。有机溶剂中生长的纳米晶体无法利用离子稳定作用，但可以借助长链配体形成的短距离，利用立体排斥效应。长烃基链难溶/不溶于水，所以水相中的量子点依靠短链（水溶性）和带电配体生长，防止短距离静电排斥形成胶体聚合。通常使用巯基酸、二巯基化物之类的短链链接分子，以便形成薄而致密的量子点膜，或者让量子点与其他表面紧密耦合，或者让量子点紧密靠近 $TiO_2$ 和其他氧化物的纳米晶体。为了保证光电子装置纳米晶体在有机溶剂中健康生长，应当清除长链生长配体并代之以短链配体（即交换），从而形成表面钝化（填充表面陷阱或者防止表面陷阱形成），也能起到分子交叉链接作用，从而合成量子点/量子点膜。水中生长的量子点事先配备了这类配体，所以没有这类问题，稳定性和光学性能较好，甚至超过有机溶剂型量子点。

目前，j-V 量子点需要较高的生长温度，只能在有机溶剂中生长。光致发光量子效率（PLQY）较高的铅硫属化合物在有机溶剂中生长较好，但也可以在水溶液中形成，只是目前生长的铅硫属化合物普遍质量较差。II-VI 量子点则在很多情况下更为灵活，特别是间隙较低的材料，使得很多材料的两种合成方法互有重叠。设备性能最终取决于众多量子点的性能，不完全依赖于光致发光量子效率。不论哪种合成方法，量子点材料的选择都是最佳产品的主要影响因素，这一点是毫无疑问的，所以没有必要精确测定各种合成方法的量子效率。

在具体形成机理上，由于水相合成法涉及 $H^+$、$OH^-$ 和 $H_2O$，需要考虑众多的热力学参数和动力学参数，因此往往比非水相合成法复杂得多。通常情况下，水溶液中的半导体纳米晶体的化学反应主要是双置换反应，生成纳米尺寸的沉淀物，通过稳定剂抑制微粒的生长。因此金属离子的水解作用和少量水溶性有机稳定剂的质子化/脱质子化，会强烈影响水溶液中的纳米晶体的形核、生长和稳定成形。另外，水是强极性溶液，会在反应期间对表面前驱物的动力学性能产生极大影响。主要原因是表面陷阱（缺陷）状态的形成，这种状态会严重影响光致发光性能。此外，这种情况还会影响核/壳半导体纳米晶体的光学性能，TOP-TOPO法生产的CdSe纳米晶体即为一例[127]。利用短水溶性配体的优点，努力控制壳生长动力学，即可直接实现异质结构的水相合成，例如核/壳微粒和核/壳/壳微粒。上述异质结构的形成是一项重大进步，能够显著改善纳米晶体的光学品质，使得水相合成材料的性能与有机合成材料相当。

随着纳米晶体合成化学的进步，对生长机理及其控制方法的深入了解，纳米晶体异质结构的质量和复杂性已经得到极大改善，不论纳米晶体本身还是采用纳米材料的设备，在性能上已经接近商业化的水准，商业化的实现似乎为期不远。然而还有很多问题需要解决，需要从理论上深入了解量子点的光学特征，从而实现高性能发光纳米材料的合理设计，完全达到上述用途的各项要求。

本书首先阐述了简单结构和复杂结构（例如核/壳、合金化、掺杂量子点）的水相合成基本化学原理，以及生物合成法最近在生物相容纳米晶体领域取得的宝贵进展，然后叙述了量子点的光学性能、基本理论问题的当前进展（例如电子结构建模、应变效应对异质结构的影响、俄歇重组工艺），展示了本项研究成果在先进发光纳米材料的理想设计中的应用。本书还简要介绍了水合量子点的光学对掌性和几项生物学用途以及生物医学用途的进展。

# 2 水相合成的基本化学原理

## 2.1 热力学因素

半导体纳米晶体的水相合成主要涉及以下四个主要参数：水中半导体成分的溶度积；微粒表面封端配体的亲和约束力，金属离子的普遍性，纳米晶体的形成；水和羟离子对金属的亲和约束力；水合介质的pH值。可以通过下文介绍的软硬（路易斯）酸碱（HSAB）理论[128, 129]，定性了解上述热力学参数的作用。

半导体纳米晶体水相合成的基本原理，主要缘于路易斯酸/碱反应，这种反应往往涉及 $H^+$、$OH^-$ 和 $H_2O$。路易斯碱是贡献一对电子的化学物质，路易斯酸则是接受碱电子对的化学物质。根据 HSAB 原理，可以按照极化率，将路易斯酸/碱划分为硬性和软性。"硬性"酸/碱尺寸较小，电荷态高，极化较弱，而"软性"酸/碱则相反，尺寸较大，电荷态低，极化强烈。硬软之别很大程度上取决于极化率，即相邻化学物质对分子或者离子电荷分布的干扰程度。而且尺寸越大的原子/离子越软，这是因为原子核电荷的内层电子屏蔽效应，减轻了外层电子成键作用对原子核电荷的影响。易于极化的分子，电子电荷分布往往受到其他分子电荷的吸引/排斥。这样一来，失真形成了极性较小的物质，这种物质又与其他分子发生相互作用。这种类别是从定性角度划分的，HSAB 理论的实质是，硬酸的反应速度较快，与硬碱形成较强的结合，而软酸的反应速度较快，与软碱形成较强的结合。半导体纳米晶体的水相合成不仅包含双置换反应，往往形成金属硫属化合物，而且包含纳米晶体表面封端剂的配位反应（封端剂大多是尺寸较小的有机化合物）。从这个角度易于理解 HSAB 理论涉及的无机反应化学和有机反应化学，定性解释化合物的稳定性、各种络合行为，以及反应途径。表1 显示了 HSAB 原理对半导体纳米晶体水相合成工艺常用化学物质的硬/软分类。

表 1 半导体纳米晶体水相合成使用的各种化学物质的硬/软分类

| 硬 | 边界 | 软 |
|---|---|---|
| 酸 | | |
| $H^+$, $Na^+$, $In^{3+}$ | $Cu^{2+}$, $ZN^{2+}$ | $Ca^+$, $Ag^+$, $Cd^{2+}$ |
| $Mn^{2+}$, $Ln^{3+}$ | $Pb^{2+}$ | $Hg^{2+}$ |
| 碱 | | |
| $Cl$ | | $H_2S$, $HS^-$, $S^{2-}$ |
| $H_2O$, $OH^-$, $O_2^-$ | | $RSH$, $RS^-$ |
| $ROH$, $RCOO^-$, $RO^-$ | | $Se^{2-}$, $Te^{2-}$ |
| $NO_3^-$, $ClO_4^-$ | | |
| $NH_3$, $RNH_2$, $N_2H_4$ | | |

## 2.1.1 溶度积

可以从热力学的角度出发，通过溶度积原理指导胶体半导体材料的水相合成，实现合成的合理化。

水在水相合成中用作强烈极化的配位溶剂，既会发生阳离子和阴离子的水合作用，也有可能形成不溶解的金属氢氧化物沉淀物，所以不可避免地会干扰目标半导体化合物的形成。因此目标化合物的溶解性、目标化合物与对应的金属氢氧化物的平衡，就成为水合介质是否能够在特定条件下形成期望半导体化合物的首要标准。

很多热力学因素都会影响溶解性，包括离子硬度/软度（HSAB）决定了离子尺寸和电荷、固态晶体结构、各种溶解离子的电子结构。离子固体的溶解包括晶格分裂、溶解阳离子和阴离子。因此溶度积常数很大程度上取决于晶格和水合作用能。前者（吸热，正号）代表固体分裂成气相阳离子和气相阴离子所需的能量，后者（放热，负号）代表气相离子水合作用释放的能量。HSAB 原理的重要用途之一，是了解各种化合物的溶解性。根据 HSAB 理论，两个小型离子通过硬–硬相互作用形成的化合物，两个大型离子通过软–软相互作用形成的化合物，与一个大型离子和一个小型离子构成的化合物相比，溶解性通常较差。在两个离子电荷相等的情况下，这种情况尤为明显。小型离子构成的无机化合物所需的晶格分裂能量较大，无法通过相对较大的水合作用焓补偿，所以这类化合物的溶解度很低。大型离子的盐之所以溶解度较小，原因是水合作用焓的数量较少，无法补偿晶格能量。在后一种情况中，虽然晶格能量相对较低，少量水合作用焓并不代表晶格能量仍然保持主要因素的地位。

硫属离子（$S^{2-}$，$Se^{2-}$，$Te^{2-}$）都是典型的软碱，而大多数过渡金属离子则可以根据氧化状态，划分为软酸（例如 $Cd^{2+}$）或者边界酸（例如 $Pb^{2+}$ 和 $Zn^{2+}$），如表 1 所示。根据 HSAB 原理，由于硫属化合物的溶度积较小，大部分过渡金属离子都在水合介质中形成无法溶解的化合物。与硬–硬相互作用构成的固态物质相比，软–软相互作用的共价性更强，从而将半导体性能赋予过渡金属硫属化合物。

上述原理奠定了金属硫属化合物半导体材料水相合成的基础，其中包括 I–VI、II–VI 和 I–III–VI 型半导体。

还可以预测无机固态物质的溶解性，特别是那些离子溶解度极低，几乎无法检测的固态物质（例如金属碲化物）。根据经验原则，组分原子的电负性差越低，相应的共价键特征越强，水溶解度越低，钙硫属化合物即为典型一例。还可以利用热化学数据，从理论上预测金属硒化物和碲化物的 $K_{sp}$ 值，表明 $K_{sp}$ 值随着硫属化合物原子量连续下降，如图 1 所示[130]。可以利用上述原则，依据少量的经验数据，通过推测评估半导体化合物的稳定性。但在实际反应装置中，由于游离阳离子的浓度会随着不溶金属氢氧化物/络合物的形成而发生较大变化，所以无法单凭溶度积值预测反应途径。在纳米晶体的合成方面，由于文献中的溶度积值是在没有配体的情况下测定的，阳离子与不可或缺的稳定剂之间的相互作用也会改变反应平衡。

## 2.1.2 pH 值

在半导体纳米晶体的水相合成中，溶液的 pH 值堪称重要因素[19, 28, 30, 134-137]。羟离子是典型的硬碱，可以和大多数过渡金属离子发生反应，形成金属氢氧化物，构成沉淀物或者可溶络合物。这种反应会与目标半导体化合物的合成反应发生对抗。根据 HSAB 原理，"硬" $OH^-$ 离子往往与"硬"阳离子结合。因此先是 $OH^-$ 离子与阳离子之间的亲和约束力，例如 $Zn^{2+}$(log K1=4.4)>$Cd^{2+}$(log K1=4.17)>$Ag^+$(log K1=2.3)，然后是阳离子的硬度，即 $Zn^{2+}$>$Cd^{2+}$>$Ag^+$，都能够反映各种氢氧化合物的溶度积常数（$K_{sp}$），即 $Zn(OH)_2$（$K_{sp}=3\times10^{-17}$）、$Cd(OH)_2$（$K_{sp}=7.2\times10^{-15}$）和 $AgOH$（$K_{sp}=2.0\times10^{-8}$）。

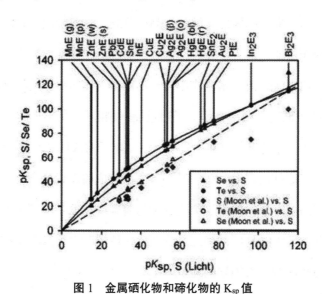

**图 1　金属硒化物和碲化物的 $K_{sp}$ 值**

注：根据 Buketov 等人的理论[131]，利用 Licht[132] 和 Moon 等人[133] 的数据计算出的金属硫化物、硒化物、碲化物的 $pK_{sp}$ 值，并与 Licht 的硫化物数据对比。其中 $S^{2-}$ 均衡是推测值。

在半导体化合物的合成中，羟基-金属离子的亲和约束力随 pH 值而异。例如由于氢氧化物离子对 $Zn^{2+}$ 的亲和力相对较高，制备锌硫属化合物期间需要精心调节 pH 值以免形成 $Zn(OH)_2$[138, 139]。根据 HSAB 原理，$Cd^{2+}$ 的硬度低于 $Zn^{2+}$；因此，由于 $E^{2-}$ 是软碱，CdE 的溶度积常数（$E^{2-}=S^{2-}$，$Se^{2-}$，$Te^{2-}$）大大低于 $Cd(OH)_2$。相形之下，对 $OH^-$ 离子 $Cd^{2+}$ 配位的干扰较小[$Cd(OH)_2$ 的 $K_{sp}=7.2\times10^{-15}$]，可以在 $OH^-$ 离子浓度较高的情况下制备钙硫属化合物。但是，如果 pH 值超过 12.5，$Cd(OH)_2$ 的浓度会急剧下降，出现钙氢氧化物络合物[例如 $Cd(OH)^-$ 和 $Cd(OH)^{2-}$]并干扰 CdTe 纳米晶体的生长。随着阳离子软度进一步下降，pH 值对半导体纳米晶体合成的影响基本上可以忽略不计。根据 HSAB 原理，银离子的软度甚至低于 $Cd^{2+}$。如果显著降低银硫属化合物（即 $Ag_2S$，$Ag_2Se$，$Ag_2Te$）的 $K_{sp}$ 常数，可以在不受 pH 值左右的情况下形成银硫属化合物。

上述示例表明，在半导体化合物的水相合成中，可以借助 HSAB 理论预测金属氢氧化物对合成的干扰作用。然而 pH 值对半导体纳米晶体合成的影响更为复杂，因为羟离子不仅会形成副产品——金属氢氧化物，还会引发严重的表面本位动力效应，从而改变纳米晶体的光学性能和胶体性能。另一方面，pH 值还会对稳定剂及其配位行为产生强烈影响，这种影响将在后续章节详细说明。

## 2.2 半导体形成的化学原理

迄今为止，半导体纳米晶体的溶液合成法主要应用于 I-VI、I-III-VI、II-V、II-VI、III-V、IV-VI 型半导体。典型阳离子包括 $Cu^+$、$Ag^+$、$Cd^{2+}$、$Zn^{2+}$、$Hg^{2+}$、$Pb^{2+}$、$Ga^{3+}$、$In^{3+}$等，而阴离子则主要有 $S^{2-}$、$Se^{2-}$、$Te^{2-}$、$N^{3-}$、$P^{3-}$、$As^{3-}$等。硫属化合物属于软碱，而大多数过渡金属离子都属于软酸或者边界酸；因此水合法通常更适合 II-VI、I-III-VI、I-VI、IV-VI 型半导体纳米晶体的合成，例如 Zn（S，Se，Te）、Cd（S，Se，Te）、Hg（S，Se，Te）、Pb（S，Se）、CuIn（S，Se）$_2$、$Ag_2$（S，Se，Te）和 $AgInS_2$，还有某些合金化微粒，例如 CdHgTe、CdSeTe、ZnSeS、ZnCdSe、ZnHgSe、ZnSeTe，但是这种方法不太适合 III-V 型半导体纳米晶体。

在金属硫属化合物的合成过程中，阴离子主要采用 $HE^-$ 或者 $E^{2-}$（E=S，Se，Te）的形式。但是由于三氢化磷（$PH_3$）中的 P—H 键的强烈非极性特征，V 族元素（例如磷）无法形成这类阴离子。实际上三氢化磷在非极性溶剂中的溶解速度要快于水。从技术角度来看，水是酸碱两性的，只是酸和碱的活性都很弱。可以通过酸性溶液中的磷离子实现质子交换，在 pH 值较高的情况下，也可以通过 $PH^{2-}$ 实现质子交换。甚至可以在极强的碱性条件下去氢，形成 III-V 型纳米晶体（例如 GaP 和 InP）。如果磷元素主要以氧化物或者磷酸盐的形式存在，三氢化磷还有可能迅速氧化。

与 II 族阳离子（例如 $Cd^{2+}$）相比，III 族阳离子的酸性较强，更容易与羟基离子之类的强碱发生反应。III 族元素和 V 族元素的这些化学特点，对 III-V 型纳米晶体的水相合成产生了限制作用。

除了在水合介质中合成固态半导体的化学因素以外，半导体性能（间隙能量）主要取决于阳离子和阴离子的化学性质。原子的尺寸和电负性是决定间隙尺寸的两个关键因素，原子的化学硬度通常与间隙存在比例关系。以技术成熟的 II-VI 型半导体（例如 CdE，E=S，Se，Te）为例，金属硫属化合物半导体材料的间隙随着硫属电负性的降低（同时尺寸增加）而减小。这是因为电负性低的硫属化合物无法保持电子价的紧密性，往往形成共价键以降低间隙能量。可以根据阴离子和阳离子的相关化学性能，预测材料的间隙，继而预测材料的光学性能。利用阳离子/阴离子实现半导体合金化的过程中，这种方法很有帮助。需要注意的是，只有在各个系统的晶体线结构相同的情况下，上述对比和说明才有意义。对于半导体纳米晶体来说，微粒生长条件和表面封端剂也可能对晶体线结构产生强烈影响。

## 2.3 半导体纳米晶体的表面化学

除了水合介质合成固态半导体的基本原理以外，半导体纳米晶体合成还涉及微粒核和表面稳定剂的表面化学。纳米晶体的表面积、体积之比极高，包含阴离子基和阳离子基的不饱和键，强烈影响着纳米晶体的物理性能。溶液合成的一种最重要的方法，是让饱和阴离子的不饱和键超过阳离子的不饱和键，从而压制前者的影响，同时用稳定剂抑制表面阳离子。有鉴于此，可以将金属-稳定剂相互作用的化学原理列入

7

重要研究课题。

除了极少数的例外，稳定剂都是半导体纳米晶体水相合成不可缺少的组成部分。稳定剂是广义化学物质，可以通过纳米晶体表面原子（大多是阳离子）的各种相互作用有效结合，产生短距离排斥力，以便纳米晶体达到胶体稳定。水溶性小分子、双亲性分子、巨分子和适当结构的聚合物，都可以用作稳定剂，而通过共价、共格、离子键在纳米晶体表面形成准单层的化学物质，则称作表面封端剂[37]。表面封端剂可以让纳米晶体在中等速度下生长，让溶液中的纳米晶体实现静电稳定/空间稳定，让半导体纳米晶体保持正表面电子状态。表面封端与传统配位化学中的配体结合相似，即配体贡献电子对并与金属原子形成化学键。因此很多文献也将表面封端剂称作表面配体。表面配体不仅会影响纳米晶体的生长和胶体稳定性，还会影响纳米晶体的光学性能。尤为重要的是，表面配体还会在下文介绍的表面功能化方面发挥至关重要的作用。

在非水合成过程中，长烷基链分子通常在一侧构成钳合基团，充当表面配体，而在水相合成中，极性较强的基团往往借助短碳氢键与封端基团结合在一起。纳米晶体的水分散性/溶解性通常来自极性基团，但在某些情况下也会与纳米晶体表面的阳离子发生相互作用。配体分子与金属阳离子的理想均衡结合强度主要取决于水相合成法的效率。过强的亲和约束力会抑制金属阳离子与阴离子的有效反应，而亲和约束力过弱则会导致胶体的稳定性不足和纳米晶体无控生长。因此需要调节表面配体的结合强度，控制半导体沉淀物的生长，形成纳米尺寸的晶体。

HSAB 理论提供的评估方法，可以通过金属中心（路易斯酸）和配位配体（路易斯碱）的硬度/软度，定性评估二者之间的相互作用。大多数过渡金属离子要么归类为边界酸（例如 $Zn^{2+}$ 和 $Cu^{2+}$），要么归类为软酸（例如 $Cu^+$，$Ag^+$，$Pb^{2+}$，$Cd^{2+}$，$Hg^{2+}$），所以软碱的结合比硬碱更为理想。出于这个原因，将可溶于水的巯基分子用作软碱，可以满足上述过渡金属离子有效形成封端纳米晶体的各项要求，效果优于单个羧基基团或者氨基基团中的分子，因为后者属于硬碱，可以用于无机纳米晶体的非水合成。目前，水溶性巯基配体已经广泛应用于水相合成法，用于制作高质量金属硫属化合物半导体纳米晶体。一般情况下，多金属螯合稳定剂的结合强度通常按照下列顺序排列：单原子螯合配体<双原子螯合配体<三原子螯合配体<多原子螯合配体。巨分子和聚合物构成的多羧基基团或者磷酸盐基团（多磷酸盐），也可以对包含阳离子的半导体纳米晶体起到稳定作用[140, 141]。

pH 值也会影响封端基团的亲和约束力。以巯基分子为例，高 pH 值促成巯基-硫醇盐均衡，形成 RS⁻ 物质，这类物质对金属离子的亲和约束力高于对应的巯基化合物[137]。在实验条件的设计过程中，需要考虑金属氢氧化物的均衡。另外，小型巯基封端剂也会与金属离子结合，形成多种分子络合物。这种结合在很大程度上取决于 pH 值和阳离子的游离率。

表面配体的其他极性基团通过静电排斥实现纳米晶体的胶体稳定（例如巯基酸）、强溶解性（例如巯基醇）、空间位阻，例如巯基-PEG（聚乙二醇）和变性牛血清白蛋白（BSA）。有时候，这种稳定作用还取决于表面封端剂的化学结构。由于极性基团的选择依据主要是–COOH 和–$NH_2$ 的功能，除封端基团以外，

pH值还会对极性基团的质子化-脱质子化产生显著影响。

例如巯基乙胺需要略微酸性的pH值才能达到硫属化合物纳米晶体的胶体稳定,而巯基酸则需要碱性pH值才能形成胶体稳定的纳米晶体[134]。

除了稳定效应,极性基团还会在适当的pH值下,与纳米晶体表面阳离子发生相互作用,与巯基乙酸(TGA)或者3-巯基丙酸(MPA)的羧基基团形成二次配位,主要是TGA和MPA稳定CdTe量子点中的巯基-配位钙位点[28, 30, 32, 143]。这种配位可以急剧提高光致发光量子效率[28, 30]。同理,由于–SH、–NH$_2$、–CONH–基团的存在,麸胱甘肽(GSH)三肽也会与Zn$^{2+}$之类的金属离子发生相互作用,如图2所示。这类作用均与pH值有关[142, 144]。

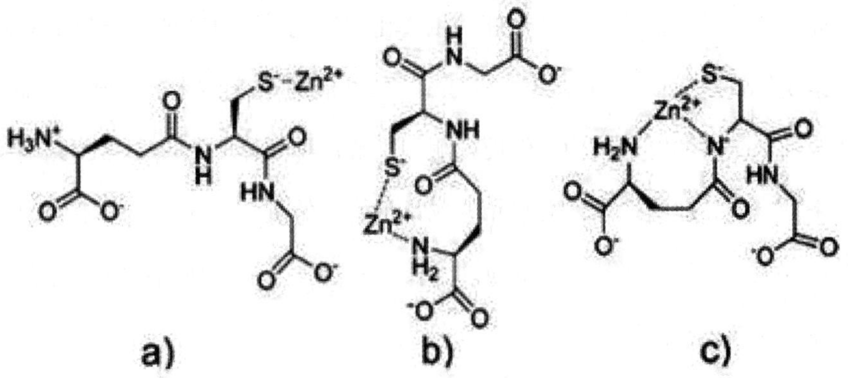

**图2　Zn$^{2+}$-GSH络合物结构随着pH值增大而发生的变化**

注:a)pH 6.5~8.3;b)pH 8.3~10.3;c)pH 10.3~11.5 [142]。

大多数现成的水相合成法都将水溶性巯基用作表面配体。巯基封端基团与纳米晶体金属离子之间的相互作用,既受到pH值的影响,也受到极性基团性能的影响(极性基团的性能又取决于pH值),使得半导体纳米晶体的水相合成更为复杂,后者由于表面功能/结构多变而更加引人注目,用途也比简单的碳氢键更加广泛。

# 3 半导体纳米晶体的水相合成

## 3.1 水相合成的历史概况

历史上，最初通过水合介质以化学合成工艺制作半导体纳米晶体的方法，是依靠阳离子与阴离子前驱物之间的化学反应，介质中添加稳定剂。以 Henglein、Fendler、Gratzel、Brus 和 Nozik 的早期研究成果为基础，首先深入研究 CdS 纳米晶体的物理性能和生物化学性能，发现这种三维禁闭材料与外延半导体工业先前研制的一维禁闭材料差异很大。Efros[145]和 Brus[146-148]借助 CdS 纳米晶体知识发起了一系列理论研究，目的是揭示量子级纳米晶体的电子结构，以便预测、了解这种晶体受粒度左右的光学性能。

从化学角度来看，半导体纳米晶体的水相合成只是简单的沉淀反应，唯一不同的是需要添加稳定剂，以便在初期阶段控制沉淀过程，抑制纳米微粒的生长。早期研究工作则用自组织双亲性分子形成的分子团和囊泡限制半导体纳米晶体的生长。

原则上，凡是生成不溶解物质的化学反应，都可添加适当的稳定剂用于合成纳米晶体。此方法不但适用于 CdS 纳米晶体的合成，也适用于 ZnS[149, 150]、PbS[151]、$Cd_3P_2$[152]、$Zn_3P_2$[152]、$Cd_3As_2$[153, 154]和 CdTe[155]量子点的合成。在 CdS 纳米晶体方面，早期研究主要借助 $Cd^{2+}$ 和 $S^{2-}$ 之间的直接反应。稍后，各种缓慢释放 $S^{2-}$ 离子的阴离子前驱物也用于 CdS 纳米晶体的合成，逐渐代替 $H_2S$ 之类的气相硫化前驱物。在稳定剂方面，早期研究大多使用顺丁烯二酸酐/苯乙烯共聚物、磷酸盐和多磷酸盐。随着稳定技术的发展，开始使用螯合肽和巯基分子，最近还使用了变性 BSA、DNA 和 RNA 这样的生物分子。在上述稳定剂中，巯基配体的效果最好，这种配体不但能够生成超小尺寸的单弥散 CdS 纳米晶体，而且还能够制造出多种类型的半导体纳米晶体，包含钙、锌、铅、银、铜、汞离子。在钙硫化物方面，将控制效果好的巯基分子用作封端剂，可获得尺寸超小而均匀、结构和光学特征明确的分子状团簇[10, 156, 157]，例如$[Cd_{17}S_4(SCH_2CH_2OH)_{26}]$ 和$[Cd_{32}S_{14}(SCH_2CH(OH)-CH_3)_{36}](H_2O)_4$。

借助 CdS 纳米晶体的早期研究成果，水相合成技术又扩展到 CdSe 纳米晶体和 CdTe 纳米晶体。由于块体 CdTe 的间隙能量更为狭窄（即 CdTe 的 1.43eV 对 CdS 的 2.45eV），后期研究得以迅速鉴别出 CdTe 纳米晶体的关键材料。单凭量子限制效应，就能在较大的光谱范围内（特别是可见光区到近红外区）调节 CdTe 纳米晶体的光学性能，从而在多种各样用途上实现各种的光致发光。

水相合成 CdTe 纳米晶体的第一个成功先例，是 $Cd^{2+}$ 在多磷酸盐$[(NaPO_3)_6]$稳定剂的作用下与 $Na_2Te$ 直接发生反应[155]。这个先例沿用水溶液合成光致发光 CdS 纳米晶体的成熟工艺，唯一的区别是，新工艺使用的是 $Na_2Te$ 而不是 $Na_2S$ 和 $H_2S$[155]。然而 CdTe 纳米晶体在光激发下并不会产生光致发光。在另一项研究中，以多磷酸盐和硫代甘油（TG）为联合稳定剂，在水溶液中成功合成光致发光 CdTe 纳米晶体[159]。尽管在早期研究工作中，光致发光和 PLQY 的光学特性并不完全可靠，但却激起人们对纳米晶体水相合成工艺的兴趣。

Rogach 等人将 TG 或者氢硫基乙醇（ME）用作配体，合成稳定的光致发光 CdTe 纳米晶体，从而取得重大进展[12, 13]。由于巯基分子可以借助 Cd–SR 键与 CdTe 纳米晶体表面牢固结合，因而能够有效地调节核的生长，实现有效的尺寸控制。在最理想的条件下，可以观察到激子发射，然而 TG 和 ME 封端 CdTe 纳米晶体的光致发光效率仍然低于 3%[13]。

Gao 和同事们将巯基酸用作表面封端剂，树立起高光致发光 CdTe 纳米晶体的重要里程碑[28]。在最理想的条件下，巯基乙酸（TGA）封端 CdTe 纳米晶体在室温下达到 18% 的光致发光效率[28]。

利用同样的方法，以巯基丙酸（MPA）作为封端剂，合成的 CdTe 纳米晶体达到 38% 的效率[30]。另外，用 TGA 和 MPA 稳定的 CdTe 纳米晶体，多年浸泡在溶液中仍然保持着良好的胶体稳定性。这些在光电子和生物检定领域的潜在用途研究，为 CdTe 纳米晶体水相合成更为详细和持续性的探索奠定了基础。表面羧基部分不仅为纳米晶体提供电荷，稳定纳米晶体，还能够通过离子层间自拼合技术形成固态膜。而且羧基基团还是吸引生物配体的有效反应点位。PLQY 的研究结果表明，适当调节 pH 值、Te/Cd/巯基比、前驱物浓度之类的参数，可以将 TGA/MPA 封端 CdTe 纳米晶体的效率进一步提高到 40%~60%[19, 24, 160–162]。另外，TGA 及其衍生物不但能够调节尺寸，还可以改变 CdTe 纳米晶体的形状，制成纳米棒[163]、纳米线[164]、纳米管[32]、纳米带[165]和纳米片[166, 167]。MPA 可以有效地将 CdTe 纳米晶体的尺寸提高到 6nm，将 PL 发射从可见光区扩展到近红外区（NIR，700~800nm），而 PLQY 仍然高达 70%~80% 不变[19]。

为了加快水合 CdTe 纳米晶体的生长，还在传统的合成方法中添加了水热法[160, 168]和微波辅助法[169–171]。微波辅助法的优点是，微波辐射加热源可以迅速、均匀地加热整个反应装置。我们将在后续章节介绍合成加热的影响，这种方法能够大幅度提高制备重复性、微粒均匀性和相应的光学性能[169, 170, 172]。CdTe 纳米晶体合成的反应时间缩短，表明波长较长的发射更为迅速。

CdTe 纳米晶体的巯基酸水相合成方法已经广泛应用于大多数金属硫属化合物纳米晶体，例如巯基封端 Zn（S，Se，Te）[138, 142, 173–176]、Cd−（S，Se，Te）[14, 19, 24, 28, 134, 156, 177]、Pb（S，Se）[178–180]、Hg−（S，Se，Te）[14, 22, 181–183]、Ag（S，Se，Te）[184–190]、$CuInS_2$[191–194]和 $AgInS_2$[195–197]，还有合金纳米晶体和核/壳结构纳米晶体。这些优点丰富了多功能半导体纳米晶体的水相合成，让巯基酸水相合成跻身于主流方法，获得光学性能更多、更加先进的水合半导体纳米晶体，Weller[134]、Rogach[19, 21, 79]、Gao[33]、Gaponik 和 Eych-muller 以前的研究工作已经证实了这一点[25, 26]。

## 3.2 水合纳米晶体的生长机理

靠近带边的半导体量子点，能级密度趋向于离散而不是连续，在量子点半径小于等于块体激子玻尔半径的情况下，能量会发生蓝位移。这种情况称作量子（或者尺寸）禁闭。从这个时候开始，半导体纳米晶体的光学性能主要取决于晶体尺寸，直接影响纳米晶体吸收光谱的带边光谱特征。调谐吸收对太阳能电池吸收光线[198]、光学下行转换装置中的福斯特共振能量转移（FRET）等极为有利[199, 200]。适当修整表面形状，可以获得狭窄、对称、粒度左右的激子发射，并且达到极佳的光致漂白效果。高 PLQY、发射颜色调谐对激光[203]、发光二极管[29]和生物标记/生物成像[201, 202]极为有益。有鉴于此，为了获得优异光学性能的均匀纳米晶体，了解半导体纳米晶体在水合介质中的生长机理就显得非常重要。

在经典 LaMer 模型中[204]，胶体微粒有三个公认的形成阶段，即单体积累、形核、生长。这个模型指出，快速单体积累能够加快形核速度、降低粒度分散度。将前驱物快速注入反应装置，即可形成快速积累。适当平衡表面配体和羟离子对阳离子的配位，可以有效地缩短形核期，这个步骤对目标纳米晶体的形成极为重要，不但与配体、阳离子、阴离子前驱物之间的浓度和比例有关，而且涉及反应装置的 pH 值。pH 值主要取决于参与反应的各种化学物质。在随后的生长阶段中，缓慢生长有助于缩小粒度分布（或者保持形核阶段的狭窄分布）。胶体纳米晶体的实际生长过程主要是单体在纳米晶体表面的扩散，接下来是纳米晶体生长过程中的表面沉积。从经典动力学理论出发，为上述流程建立了两个生长模型，即扩散控制的生长模型[95, 96]和表面反应控制的生长模型[205-208]，用于解读溶液中的无机胶体微粒的生长机理。前一个模型指出，微粒生长速度取决于单体流量，而流量又会引发尺寸集中效应。后一个模型指出，微粒生长速度取决于单体的沉淀和溶解，以及单体转换成纳米晶体的化学原理，通常会引发尺寸扩张。微粒生长的具体化学原理仍是个有待解决的问题。

水合介质中的化学反应涉及配体、阳离子和阴离子前驱物，往往以小型分子团簇的形式产生种类丰富的分子络合物。生长阶段最初是将小型分子络合物转换成晶体核，晶体核先是快速生长，然后进入慢速生长阶段，形成粒度分布不均，通常表现为发射扩散，扩散明显的时候还会出现带边激子吸收峰。

整体演化动力学的一个要点是分布胶体微粒固有的多分散性，这个特点会引发奥斯瓦尔德熟化。Lifshitz、Slyozov[209]和 Wagner 已经介绍过这个流程的主要优点[210]，他们建立模型，评估微粒在奥斯瓦尔德熟化期间的粒度分布，产生了众所周知的 LSW 理论。这个经典的 LSW 理论预测掺杂系统中的熟化动力学和粒度分布功能，可以用来分析单体在稳定状态下生长成微粒的影响因素。这个理论未能描述微粒生长的早期过渡阶段，而这个阶段对粒度和光学性能的有效控制又极为重要，而且经典理论只能够借助两个扩展项，通过吉布斯-汤普森公式计算粒度左右的溶解性：

$$C(r) = C_{flat}^0 \exp\left[\frac{2\gamma V_m}{rRT}\right] \approx C_{flat}^0 \left(1 + \frac{2\gamma V_m}{rRT}\right) \tag{1}$$

式中，$C(r)$ 表示半径为 $r$ 的微粒的溶解性，$C_{flat}$ 表示块体材料，$V_m$ 为摩尔体积，$\gamma$ 为固体的表面张力。

系数的值通常为 1nm 左右，$\frac{2\gamma V_m}{RT}$ 这个项称作"毛细管长度"。式（1）适用于半径大于 20nm 的胶体微粒。如果半径 $r=1\sim5$nm，毛细管长度和微粒半径的值相近，而微粒溶解性与微粒半径的倒数 $r^{-1}$ 相比，呈现出明显的非线性。另外，纳米晶体的化学电势和表面反应速度也与 $r^{-1}$ 存在非线性关系。反应控制奥斯瓦尔德熟化的经典描述没有考虑这两种效应。

为了解决这个问题，Talapin 等人根据生长过程和溶解过程的粒度左右活化能，以及单体对微粒表面的质量传递建立起理论模型，描述胶体溶液中的微粒聚集与时间的函数关系[206]。在这个模型中，用$\Delta^\ddagger\mu_g$和$\Delta^\ddagger\mu_d$表示 NP 在生长阶段、溶解阶段的粒度左右活化能：

$$\Delta^\ddagger\mu_g(r) = \Delta\mu_g^\infty + \alpha\frac{2\gamma V_m}{r} \tag{2}$$

$$\Delta^\ddagger\mu_d(r) = \Delta\mu_d^\infty + \beta\frac{2\gamma V_m}{r} \tag{3}$$

式中，$\alpha$和$\beta$都是换算系数（$\alpha+\beta=1$），$\Delta\mu^\infty$是平坦表面活化能。

在这个理论中，用活化障壁的高度表示微粒生长、溶解的速度常数：

$$k = B\exp(-\Delta\mu/RT) \tag{4}$$

式中，$B$为常数，数值与$k$相等。

假设单体溶液的浓度[M]恒定，通过式（5）求出单体溶液中微粒半径$r$的变化速度。

$$\frac{dr}{d\tau} = V_m D C_{flat}^0 \left\{ \frac{\frac{[M]_{bulk}}{C_{flat}^0} - \exp\left[\frac{2\gamma V_m}{rRT}\right]}{r + \frac{D}{k_g^{flat}}\exp\left[\alpha\frac{2\gamma V_m}{rRT}\right]} \right\} \quad \text{or} \tag{5}$$

$$\frac{dr^*}{d\tau} = \frac{S - \exp[1/r^*]}{r^* + K\exp[\alpha/r^*]}$$

式中，

$$r^* = \frac{RT}{2\gamma V_m}r \tag{6}$$

$$\tau = \frac{R^2T^2DC_{flat}^0}{4\gamma^2 V_m}t \tag{7}$$

$$K = \frac{RT}{2\gamma V_m}\frac{D}{k_g^{flat}} \tag{8}$$

$$S = [M]_{bulk}/C_{flat}^0 \tag{9}$$

式中，$r^*$为无量纲半径，$\tau$为无量纲时间常数。无量纲比$K$是纯扩散控制过程与纯反应控制过程之比，因此可以有效地描述反应中的各个过程。纯扩散控制过程用$D$（单体扩散系数）表示，纯反应控制过程用$k_g^{flat}$表示（平坦表面附加单体的一阶反应速度常数）。$S$是无量纲参数，用于描述溶液单体的过饱和现象，$\alpha$是活化络合物的换算系数（$0<\alpha<1$）。

根据参数$K$的值，可以发生三种情况[211]：$K<0.01$，表示纯扩散控制过程；在另一种极端情况下，$K>100$表示纯反应控制过程；中间值$0.01<K<100$，表示纯扩散和纯反应对两种流程的混合控制效果。由于这个模

型的应用更为灵活,从经验结果的对比来看,在预测粒度分布、评估微粒集合与微粒生长方面,比LSW理论更胜一筹。在微粒集合的直径小于10nm的情况下——这是半导体纳米晶体显示量子粒度效应的典型粒度范围。可以利用上述理论描述生长速度动力学,还可以利用这项理论预测粒度分布"聚集""发散"产生的条件,表明扩散控制生长产生的粒度分布,要比反应控制生长产生的粒度分布更为狭窄。

在扩散控制条件下,例如 $K=0.01$,粒度分布出现明显的缩窄效应,这种现象在单体初始过饱和加剧的情况下显得极为重要。缩窄效应最早出现于非水合成的CdSe纳米晶体和InAs纳米晶体,但是水相合成的CdTe纳米晶体观察不到这种情况。这种差异可能来自下列原因。在CdTe纳米晶体的水相合成工艺中,溶解的钙盐和NaHTe都是广泛应用的反应物。

在典型的碱性条件下,$Te^{2-}$会与$Cd^{2+}$迅速发生反应,以至于$Te^2$源溶液注入之后,完全不需要惰性气体保护。这意味着,大部分$Te^2$像整个单体一样快速分解成$Cd^{2+}$分子络合物,又在后续的加热过程中很快凝结成量子点核。在典型的CdTe量子点合成工艺中,反应混合物回流之后光致发光立即开始,表明大多数单体已经在反应溶液回流之前,在形核过程中消耗殆尽,供应微粒生长的残余单体差不多已经进入奥斯瓦尔德区。最近针对巯基封端剂水合ZnSe纳米晶体的研究工作,为这个假设提供了证据。溶液和量子点中的Zn浓度在回流30min后保持恒定[175]。这项研究结果表明,水溶液中的阳离子和阴离子以主要单体的形式快速发生反应,随着温度升高,微粒生长迅速过渡到奥斯瓦尔德熟化区。需要注意的是,CdTe量子点从绿色转变到红色的典型发射时间,从几十分钟到几百小时不等,取决于合成参数。这样一来,由于微粒生长主要受控于奥斯瓦尔德熟化,水相合成量子点的光致发光通常会变得越来越宽。

反过来对于非水合成无机纳米晶体(例如量子点的有机金属法)和热分解铁氧化物纳米晶体(例如$Fe_2O_3$和$Fe_3O_4$)来说,金属-有机前驱物的缓慢分解限制微粒生长动力,微粒生长主要发生在扩散控制区。因此"热注入法"或者"加热法"非水合成纳米晶体的粒度分布,通常比水合介质纳米晶体的粒度分布狭窄。有机溶剂合成CdSe量子点与水相合成CdTe量子点相比,CdSe量子点的纳米晶体进入红色光区的时间较短,原因是微粒生长需要消耗前驱物释放的单体,而CdTe量子点的生长主要依靠溶解和小型微粒的重新聚集。

Talapin等人理论研究的另一项重要贡献,是可以协调生长速度和微粒光致发光量子效率[211]。理论上,多分散微粒集合中的大型微粒的生长速度为正,小型微米的生长速度为负,这是奥斯瓦尔德熟化产生的后果。在这两种情况之间,微粒达到均衡,溶液中的单体接近零生长速度(ZGR)。净零生长速度下的半径称作临界半径($r_{ZGR}$)($d_r*/d_\tau=0$),可以用式(5)表示$d_r*/d_\tau$:

$$r_{ZGR} = \frac{2\gamma V_m}{RT \ln S} \tag{10}$$

可以借助蒙特卡罗模型模拟评估纳米晶体集合在扩散控制奥斯瓦尔德熟化期间的粒度分布。可以根据给定的单体过饱和,计算出实际生长速度和集合粒度分布,结果表明,从生长阶段开始到结束,粒度对应的 ZGR 始终位于整个集合的低粒度端。

实验观察结果表明，在整个反应母液的粒度分布内，选定粒度区的 PL 量子效率呈现明显的非单调变化[211]。PL 量子效率最高的量子点群对应的发射能量，往往高于母液的 PL 峰值。

根据这项实验观察结果，数据模拟表明 ZGR 粒度完全对应集合中光致发光效率最高的微粒群。纳米晶体的内部晶格相对完善，表面缺陷成为发光性能的主要影响因素。均衡条件促成纳米晶体的理想表面重建，形成无缺陷表面。因此可以通过上述理论研究深入了解量子点集合中的 PL 量子效率分布情况。

再回到合成化学，由于理想封端剂会与纳米晶体表面配位，显著影响奥斯瓦尔德熟化过程，进而影响 PLQY，所以理想封端剂的地位十分重要。另外，以水作为配位溶剂的合成化学，要比非水合成的化学原理复杂得多，原因是调节微粒生长动力和 PLQY 以维持封端配体结合强度，势不可免地将溶液的 pH 值纳入调节参数。正是这种调节作用突出显示了半导体纳米晶体水相合成法的优点。

## 3.2.1 配体对生长动力学的影响

### 3.2.1.1 配体亲和力

表面封端配体的结合强度持续影响配体与金属前驱物的反应性，因此也同时影响水相合成纳米晶体的形核和生长动力学[19, 24, 97, 161, 163, 175]。以水相合成 CdTe 纳米晶体为例，成熟合成工艺通常包含三道主要工序：①在适当的 pH 值下，用可以溶解的金属盐配制原液，原液包含稳定剂和金属离子；②加入硫属阴离子，通常是 $Na_2E$、$NaHE$ 和 $H_2E$，启动反应；③纳米晶体在规定温度下的反应混合物中生长，通常借助回流保持温度。上述工序适用于大多数水合纳米晶体的制作，但在某些情况下，根据合成工艺使用的材料，有时候直接进入工序 2。不论哪种情况，封端配体都会在整个生产工艺中与金属离子发生相互作用，有时候是在沉淀反应之前与分子络合物反应，有时候是在纳米晶体形成之后与纳米晶体表面反应。适当保持配体–阳离子–阴离子相互作用的平衡非常重要，这样才能有效控制粒度。前半部分可以用形成常数表示，后半部分则用溶液产物（溶液积）描述。

羟离子作为水中的典型配体，会与阳离子/阴离子反应发生相互作用，在阳离子的硬度足以形成稳定金属氢氧化物的情况下扮演重要角色。如果原则上可以在水合介质中合成纳米晶体，配体的动态黏附/脱离将会对纳米晶体的形核、生长产生影响[211, 212]。在生长阶段，强配体会限制单体的反应性，抑制配体的解吸均衡。微粒表面点位会动态限制微粒生长[212]。反过来，由于弱配体易于脱离，会引发无控生长。

最近配体亲和约束力对巯基水合介质 ZnSe 纳米晶体的生长影响得到仔细研究[175]。回流之后不久，ZnSe 纳米晶体进入线性生长期，如图 3 所示，不考虑巯基封端剂——TGA、MPA、硫代乳酸（TLA）、巯基乙酸甲酯（MTG）的分子结构。由于溶液和纳米晶体中的 Zn 质量保持恒定，线性生长期的主要支配因素是奥斯瓦尔德熟化。根据作者的分析结果，亲和约束力的顺序为 TGA、MPA、TLA、MTG、$Zn^{2+}$，通过连续法绘出奥斯瓦尔德熟化的线性区。作者发现，生长速度与配体脱离微粒表面的均衡常数存在比例关系。在另一个示例中，通过两种广泛用于 CdTe 量子点的表面配体，即 TGA 和 MPA 的对比，可看出配体亲和约束力的影响。Yang 和同事们在理论模拟中借助 MP2/Lanl2DZ 高斯程序，计算出 Te$^{2-}$ 和 Cd-SR 络合物在过渡状态下的活化能，用 Te…Cd…SR（SR：TGA，MPA）表示[213]。结果表明，Cd-TGA 络合物的活化能高于 Cd-MPA 的活化能。因此 MPA 稳定的 CdTe 纳米晶体，生长速度高于 TGA 封端的 CdTe 纳米晶体。

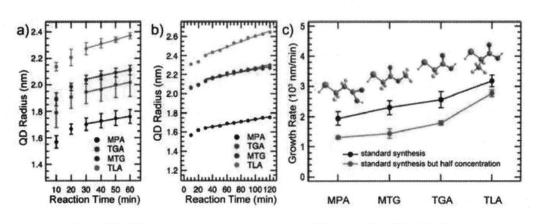

图 3　四种配体（MPA、TGA、MTG、TLA）封端的 ZnSe 量子点生长曲线

注：a）采用标准反应条件（24mM 配体，9.6mM Zn，Se 浓度 5mM，pH 值 11.9，反应时间 1h）；b）采用配体、Zn、Se 的半标准浓度，反应时间 2h，线段与表面反应控制奥斯瓦尔德熟化模型的数据吻合；c）各种配体获得的量子点生长速度，均与 a）、b）中的线段完美吻合[175]。

因此，可以借助封端配体的重要作用，通过亲和约束力巧妙地利用微粒生长动力学。例如，由于 Cd-DTC 络合物的稳定常数远远低于 Cd-巯基络合物，可以将脯氨酸二硫代氨基甲酸钠盐（ProDTC）用作新型配体，在大幅降低的反应温度下（即 30~50℃）加快 CdTe 量子点的生长速度[214]。虽然在快速生长过程中，一开始只能达到相对低的 PLQY（4%~16%），但可以通过巯基酸的表面钝化作用，将这个比例提高到 50%[214]。如果亲和约束力过强，纳米晶体的生长会显著放慢速度。例如将二氢硫辛酸（DHLA）用作双原子螯合配体，巯基配体同 Cd 离子形成的络合物，热力稳定性高于单巯基配体，很难在 100℃ 的温度下合成 CdTe 量子点。通过高温（例如 160℃）促进水热法合成 CdTe 量子点的生长速度[141]。上述研究工作在借助微粒生长动力学、选择表面封端配体和反应条件、达到期望尺寸的胶体稳定纳米晶体方面树立了基本导则。量子点的 PLQY 与生长动力学有关，但由于 PLQY 与配体分子结构密切相关，无法总结出 PLQY 与亲和约束力之间的简单关系。

与钙硫属化合物量子点相反，由于 Ag$_2$S、Ag$_2$Se、Ag$_2$Te 之类的银硫属化合物的间隙能量小很多，这类化合物的纳米晶体 NIR-I 区和 NIR-II 区呈现出波长较大的近红外区（NIR）发射[43, 187, 189, 215-220]。在化学性能方面，根据 HSAB 原理，由于 Ag$^+$ 的软度高于 Cd$^{2+}$，银硫属化合物的溶度积也较小。亲和约束力较强的封端配体，往往形成粒度较小的胶体纳米晶体[218, 221]。多原子螯合配体例如麸胱甘肽[188, 222, 223]、二巯基丁二酸（DMSA）[224]、核糖核酸酶 A[225]、BSA[226, 227]和合成巯基聚合物[185, 228]均已用于 Ag$_2$S 量子点和 Ag$_2$Se 量子点的合成。由于这类量子点的溶解度低，合成通常是在较低的温度甚至是在室温下完成的。为了避免快速无控生长，单独使用或者与 GSH 硫脲结合使用 GSH 作为硫来源，以缓慢的速度供应 S$^{2-}$ 离子。

GSH还用作封端剂，用于制作水合Ag$_2$S量子点。另一个有趣的例子，是利用生物矿化工艺合成Ag$_2$Se量子点[218]调谐近红外区光致发光超小Ag$_2$Se量子点的合成，则是借助Na$_2$SeO$_3$的仿生还原效应提供Se$^{2-}$，在添加丙氨酸的准生物装置中与Ag$^+$发生反应。调节Ag、Se前驱物之比，可以将超小水合Ag$_2$Se量子点（<3nm）的发射置于700~820nm的范围内[218]。快速提供Se$^{2-}$、提高反应温度，通常可以将Ag$_2$Se量子点的调谐发射提高到1000nm以上。使用巯基多齿聚合物，可以让Ag$_2$S、Ag$_2$Se、Ag$_2$Te量子点的PLQYs达到15%左右[185, 188, 228]。

三元、四元阳离子-合金化量子点配体亲和力的影响更为复杂，但光学性能也更好。光学性能取决于量子点的尺寸和成分[229, 230]。以I–III–VI型CuIn(S，Se)$_2$和AgIn(S，Se)$_2$为例[43, 229–243]，根据HSAB原理，参与反应的阳离子的硬度各不相同，水相合成需要各种结合亲和力的多封端基团。GSH的功能基团包含–SH、–COOH和–NH$_2$，可以选择性地与硬阳离子（In$^{3+}$）和软阳离子（Cu$^+$，Ag$^+$）结合，因而可以满足上述要求，有助于Cu–In–S、Ag–In–S和Zn–Ag–In–S量子点的水相合成[191, 195, 244, 245]。通过类似的方法，由于TGA适合与Cu$^+$和Ag$^+$结合使用，而羧基酸适合与In$^{3+}$结合使用，因此TGA可以同明胶、柠檬酸钠、聚丙烯酸（PAA）结合，产生水溶性Cu–In–S和Ag–In–S量子点[192, 246]。

### 3.2.1.2 配体的化学结构和空间结构

纳米晶体水相合成使用的水溶性配体，与非水合成使用的水溶性配体相比，结构更为复杂。通常情况下，水溶性配体包含至少一个附加的强极性基团，除用作–SH的封端基团（如上文所述）以外，还赋予纳米晶体水溶性。配体结构对微粒生长动力学的影响非常复杂，但是额外的功能基团又为光电子现象、结构和性能增加了多样性。

第一，极性基团会影响纳米晶体的生长动力学。根据类似合成条件下的观察结果，TG熟化对CdTe纳米晶体的稳定效果，要比TGA和MPA之类的巯基酸产生的稳定效果缓慢得多[134, 163]。

根据以前的研究结果，在钙和巯基乙酸乙酯按照1∶2的比例形成的晶体结构中，即[Cd$^{II}$($\mu$-SCH$_2$COOCH$_2$CH$_3$)$_2$]$\infty$，钙原子主要与Cd($\mu$-SR)$_4$配位，四个羧基氧原子与钙配位，形成Cd($\mu$-SR)$_4$四面体改性的十二面体[14]。以此推测巯基乙酸乙酯，除S与Cd之间的一次配位以外，TGA和MPA也应当与钙离子构成二次配位，分别形成五原子环和六原子环。二次配位导致Cd–TGA、Cd–MPA配位分子之间的静电排斥大部分复原，这种情况在Te$^{2-}$反应发生之后，有利于CdTe量子点的形核和生长[163]。如果出现更多的配位单元（比如氨基基团），配位会变得更加复杂。例如TGA的衍生物L-半胱氨酸会产生极小型CdSe量子点（<2 nm）[247]。增加碳链长度、引入阻滞基团，会将CdSe量子点的尺寸进一步降低到1.2 nm[247]。研究还发现，由于Cd∶TGA分子络合物的线性结构与[Cd$^{II}$($\mu$-SCH$_2$COOCH$_2$CH$_3$)$_2$]$\infty$相似，这种络合物会通过二次配位形成一维聚集体[32]。聚集体呈一维螺旋结构，添加聚丙烯酸、增加宽度之后，螺旋消失。一维聚集物与NaHTe发生反应，可以转换成各种直径的CdTe纳米管[32]。Zhang等人发现，具有

TGA类分子结构的TGA及其衍生物能够在低于80°C的温度、前驱物浓度复原的情况下形成CdTe纳米棒，也可以用二次配位解释这种现象[163]。

第二，极性基团影响纳米晶体的胶体稳定性。CdTe纳米晶体在半胱胺（MA）快速生长的情况下保持稳定，而在pH值为9、反应时间过长的情况下又会变得胶体失稳[163]。胶体稳定性降低可以归因为MA封端CdTe量子点在碱性条件下的弱相互排斥。需要降低pH值以便硬化氨基基团，使得MA-封端纳米晶体达到胶体稳定。

第三，如果pH值适当，极性基团会与纳米晶体表面阳离子发生相互作用，如前文所述，TGA/MPA羧基基团之间形成二次配位、CdTe量子点表面的巯基钙形成一次配位，都为这种现象提供了证据[28, 30]。这种配位还会引发PL增强效应、降低pH值，从而提高表面钝化效果，加快微粒的形核和生长。将TGA和L-半胱氨酸用作共稳定剂，会产生－SH、－NH$_2$和－COO－的综合螯合效应，形成CdTe纳米棒和CdHgTe纳米棒[248, 249]。

除了极性基团，配体相对于惰性主链的分子结构也会影响纳米晶体的生长动力学。以前的研究发现，侧链、主链分子结构的长度会对微粒生长动力学产生影响[250-252]。尽管TGA和MPA广泛用于钙硫属化合物量子点，但过度延长巯基酸配体的长度会增加配体的疏水相（例如4-巯基丁酸和5-巯基戊酸），所以并不利于CdTe量子点的生长[252]。侧链也会根据各种表面配位状态而发挥积极影响。以3-巯基丁酸封端的CdTe量子点为例，这种量子点的PLQY高达71%，明显高于类似条件下合成的MPA封端CdTe量子点（51%），表明甲基侧链可以约束羧基基团的二次配位，提高钝化效果[252]。

本节打算摘要列举多功能半导体纳米晶体水相合成配体选择的基本原则。由于封端基团和极性基团的化学性能，这两种基团与阳离子之间的相互作用，大多缘于结合效应的后果，不仅与分子结构有关，还受到浓度和pH值的影响，所以很难根据封端配体功能基团的分子结构，明确区分各种功能基团的具体作用。

### 3.2.1.3 配体浓度

配体浓度，特别是用配体-金属比表示的浓度，能够连续调谐单体的反应性[207, 253-255]。配体－金属络合物的构成和化学电势，明显取决于配体和阳离子的摩尔比。例如TGA可以按照2∶1的比例与钙形成稳定络合物（二巯基化物络合物），也可以按照1∶1的比例形成稳定络合物（单巯基络合物）。TGA∶Cd越低，Cd离子的化学电势越高，这就是CdTe量子点在1.3∶1条件（经过后期优化19, 24）下的生长速度高于2.4∶1条件（通常用于早期研究[134]）的原因。

TGA∶Cd越低，越容易形成Cd－TGA单巯基络合物，这种络合物不带电荷，几乎不能溶解，通常在反应期间（例如回流阶段）形成白色沉淀物。Cd(L)$_n$（L=TGA，n=1，2，3）络合物、Cd(OH)$_2$络合物和Cd(OH)$_3^-$络合物分布情况的数字模拟研究结果表明，在水溶液中的TGA∶Cd为1∶1~1∶4的情况下，Cd(L)$_n$主要采用钙络合物结构[24]。图4的对比结果表明，无电荷Cd－TGA单巯基络合物与CdTe量子点形成的 PLQY 成正比。因此可以假设，不溶解的 Cd–TGA 络合物充当 Cd 离子储备库，当溶液在回流作用下逐渐转入溶解均衡之后，维持 CdTe 量子点继续生长。

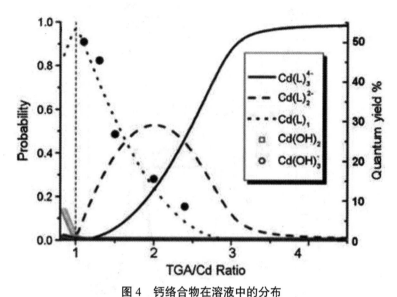

图 4　钙络合物在溶液中的分布

注：CdTe 纳米晶体经过 20h 合成之后，PLQY（黑点）取决于初始反应混合物的 TGA：Cd[24]。

因此，理论上可以预测扩散控制生长[206, 211]，这种生长有助于缩窄粒度分布，在动态均衡条件下强化表面质量，从而提高光致发光量子效率。Murase 和同事们在以前的研究工作中，将 TGA：Cd 从 2.43 降低到 1.25，从而观察到 PL 的缩窄效应[256]。Gaponik、Eychmüller、Rogach 等人也通过降低 TGA：Cd 的方式，验证过 PL 强化效应[19, 24]。除 TGA 以外，在 CdTe 量子点的 MPA 合成过程中，也曾观察到上述配体浓度对光致发光量子效率和生长动力学的影响[161]。

## 3.2.2　pH 值对生长动力学的影响

鉴于半导体纳米晶体的水相合成可以广义地归类为酸/碱反应，所以反应装置的 pH 值在微粒生长动力学中发挥着重要作用。第 2 节已经全面阐述过 pH 值对半导体形成的影响，本节将着重讨论 pH 值对半导体纳米晶体生长动力学的影响。

对于典型的 Cd–TGA 体系来说，TGA：Cd 为 1.3，将原液（包含 TGA 和 $Cd^{2+}$ 离子）的初始 pH 值从 10.5 提高到 12.5，可以显著加快 CdTe 量子点的生长速度[19, 24]。如图 5 所示，与 pH=12.5 和 pH=11.5 相比，在 pH 值为 12.0 的条件下合成的量子点，斯托克斯位移最小，PL 发射最窄，PLQY 最高。可以通过"CdTe 量子点在规定巯基：Cd 下达到最佳生长速度"来解释这类实验结果。微粒相对快速生长（pH=12.5）导致材料质量差、结晶度低、缺陷数量多和表面状态高密度。反之，较低的生长速度形成微粒对硫（源于 TGA 分解）的高吸收率，从而提高纳米晶体氧化的概率[19, 24]。

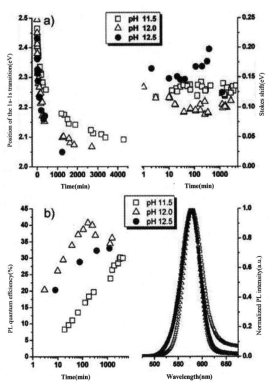

图 5　pH 值为 12.0 的条件下合成的量子点

注：a）在 pH11.5（□）、12.0（△）、12.5（●）的合成条件下，根据吸收光谱（左）和斯托克斯位移（右）推算出的 1s-1s 过渡位置；b）CdTe 纳米晶体在各种 pH 值合成条件下的 PLQY 评估结果（左），同样位置的 CdTe 纳米晶体 PL 光谱（右）。PL 光谱是在合成 285min（pH=11.5）、171min（pH=12.0）、42min（pH=12.5）之后绘制的[24]。

　　Zhong 和同事们还在较大的 pH 值范围（9.0~12.2）内，对 pH 值对 Cd–MPA 微粒生长动力学的影响进行过深入研究[161]。发现，CdTe 量子点的生长速度随着原液（包含 MPA 和 $Cd^{2+}$，摩尔比为 1.7∶1）初始 pH 值的升高而单调增加，如图 6 所示。

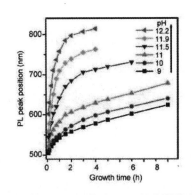

图 6　Te∶Cd 为 1∶10 情况下 pH 值对 CdTe 纳米晶体生长的影响[161]

　　但在 pH 值提高到 11.5 以上之后，这种影响显著增强。在初始 pH 值设定在 11.9~12.2 之间的情况下，PL 发射只用了不到 0.5 h 就从峰值位置转移到 700 nm 左右的位置，而在初始 pH 值设定为 10 的情况下，需要至少 24 h 才能达到类似的净生长效果。虽然在初始 pH 值为 12.2 的情况下获得最快的生长速度，然而 PLQY 却在下降。可以用 Cd–MPA 络合物 pH 左右的溶解性，解释 MPA 封端 CdTe 量子点的这种 pH 左右的生长。通常情况下，如果 pH 值越低，$Cd^{2+}$ 越容易与 MPA 形成不溶解的白色沉淀物。但在 pH 值较高的情况下，难溶络合物的溶解度提高，据认为这种情况有助于释放 $Cd^{2+}$，满足 CdTe 量子点的生长需求。

提高pH值不仅可以让Cd-巯基络合物的分解趋于均衡,还能够借助浸蚀作用提供$Cd^{2+}$,有利于微粒和小型CdTe团簇的分解。同时,对于临界尺寸以上的微粒,浸蚀作用还会提高表面化学电势,从而增强表面动态效应。因此微粒会在高pH值条件下加快生长速度。

另一个有趣的例子是pH值对GSH溶液中的ZnSe量子点的生长影响[142]。如前所述,GSH是多功能稳定剂,可以提供-SH、-$NH_2$、-CONH-和-COOH之类的多封端基团。由于封端基团的质子化/脱质子化常数各不相同,基团会根据pH值,选择性地与阳离子结合[144]。

这样一来,就可以研究表面配位结构与微粒生长动力学之间的相互关系[142]。从傅里叶变换红外光谱(FTIR)可以看出,在pH值较低的情况下(6.5~8.3),半胱氨酸巯基基团主要黏附在$Zn^{2+}$表面点位,如图2所示;如果pH值介于8.3~10.3的范围内,谷氨酰基结构上的氨基功能基团也会脱质子化,氨基基团继续充当配位点。如果pH值继续升高(高于10.3),酰胺键中的氮原子也会脱质子化,将配体中另一个带电基团用作量子点表面阳离子的配位点。据认为,GSH结合状态的这类变化会影响$Zn^{2+}$前驱物的活性,所以ZnSe量子点会在pH值提高的情况下快速生长,如图7所示。[142] pH值不但会左右生长速度,PLQY也强烈依赖于pH值,约为2%(pH=6.5~9.5)和23%(pH=11.5),由于GSH在高pH值下分解的时候会释放出$S^{2-}$,所以这种情况有利于ZnSe/ZnS核/壳结构的形成。

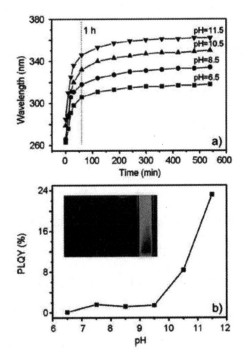

图7 ZnSe量子点在pH值提高情况下的生长

注:a)在pH值为6.5、8.5、10.5、11.5的条件下合成的ZnSe纳米晶体吸收峰的临时评定结果;b)在各种pH值下合成的ZnSe纳米晶体的PLQY的变化。照片是在365 nm紫外线灯下拍摄的(从左到右,pH值分别为6.5、8.5、10.5和11.5)[142]。

## 3.2.3 离子强度对生长动力学的影响

纳米晶体的形核和生长阳离子的现状存在紧密联系,也就是说,往往在水相合成中与封端配体结合,形成各种络合物。分子络合物的聚集主要受到静电相互作用的左右,因而影响微粒的形核和生长。Zhang、

Yang 和同事们研究了反应装置离子强度对 CdTe 量子点生长动力学的影响[163, 257-261]，发现提高 NaCl 浓度会加快 CdTe 纳米晶体的生长，原因是减小双电荷层的厚度，会减轻络合物－络合物、络合物－微粒、微粒－微粒之间的静电排斥作用。

双电荷层收缩不便有利于小型团簇在早期生长阶段聚集，还能够刺激 Cd－MPA 络合物的扩散，实现纳米晶体的快速生长。研究结果还表明，钠盐在微粒形成、生长的早期阶段影响显著，这两个阶段主要消耗单体。当微粒生长进入奥斯瓦尔德熟化阶段之后，这类影响几乎全部消失。

利用上述效应，引入高浓度肼以改变微粒生长的静电环境，成功实现发光 CdTe 量子点的室温合成[259]。$CdCl_2$ 在上述合成工艺中用作阳离子前驱物，与水中的巯基封端剂（MPA、TGA、TG、MA、GSH 等）混合，然后注入 $N_2H_4-H_2C$ 和 $Na_2TeO_3/NaBH_4$。Cd：MPA：$TeO_3^{2-}$：$NaBH_4/N_2H_4-H_2O$ 之间的典型比例为 1：2.0：0.2：3.2：120000，$Cd^{2+}$ 的浓度为 0.125mmol/L。在室温下静置 2 h 以后，形成红光量子点。改变上述比即可获得光线颜色各异的量子点。在这项合成工艺中，$N_2H_4$ 具有保护功能以防止 $Te^{2-}$ 氧化，这是这项合成工艺与原有合成工艺的显著差别之处，原有工艺需要在阳离子与碲化物离子反应期间实施惰性气体保护。研究人员还认为，肼会削弱 Cd 单体与纳米晶体之间的静电排斥作用，从而极大地促进纳米晶体在初期生长阶段的聚集。虽然这项工艺合成的量子点的浓度较低，但仍不失为量子点水相合成的一项重大进步。

## 3.3 核/壳结构纳米晶体

由于大部分小型纳米晶体处于非饱和状态（所谓的不饱和），微粒表面有可能存在各种键，所以表面积、体积之比较大。这种不符合要求的键位有可能形成非辐射通道，重新合成光生成电荷载流子，从而产生不良影响。所以有效的表面钝化是形成 PLQY 高、稳定性较好的光致漂白量子点的重要因素。已经证明，用 CdS、ZnS 之类的宽间隙半导体壳包覆量子点，再与 CdSe 核组合，是实现纳米晶体表面电子钝化的极为有效的手段。核壳之间带阶的多种选择也为精细调节间隙和能量提供了可能性，进而实现了光学性能和电子性能的精细调节。这类核/壳结构的成功构建有赖于两个参数：晶格失配小到一定程度以致不会新增缺陷，核壳之间达到足够低的溶解性以减小内部扩散。大量研究工作都在文献中提到，普遍借助有机金属合成法合成过 CdSe/CdS 和 CdSe/ZnS 核/壳量子点[93, 94, 262, 263]。基本程序是，首先合成核，二次材料的沉积物（壳）纯化之后用作种子。借助壳体厚度优化，CdSe/CdS94 量子点的 PLQY 可以高于 50%，CdSe/ZnS 量子点的 PLQY 可以达到 30%~50%[93]。

最近的研究结果表明，限制 CdSe/CdS 异质结构量子点 CdS 壳的生长速度，PLQY 可以达到 97%，因而能够更加精确地控制壳体厚度和质量[44]。

由于上述程序通常不适用于核/壳量子点的生成，所以核/壳量子点的水相合成工艺落后于有机合成法。如第 2 节所述，水是强配位溶剂，能够改变表面反应动力学。例如，纯化巯基封端 CdS 量子点和 CdTe 量子点都易于聚集，在水溶液中再次扩散之后，借助定向黏附机理形成较大的微粒[64-266]。纯化过程（沉淀、离心分离、烘干、再溶解）会在一定程度上分离表面配体，具体程度取决于纯化方法，而纯化巯基-封端量子点的再扩散，则有可能出于阳离子、羟离子和封端配体的失衡，导致表面巯基配体的重新分布。由于核生长位于壳生长之后，上述因素均不利于量子点的胶体稳定性。从壳形成的化学原理来看，巯基配体水相合成法与有机金属合成法的另一个明显区别是，阳离子会与巯基封端配体形成复杂的分子络合物，特别是多核络合物，这种络合物会与阴离子争夺核，导致水溶液中的壳材料产生均质形核。反过来有机金属合成法依靠简单小型分子前驱物之间的反应，只要壳前驱物供给速度足够缓慢，这种机理对壳沉积的促进作用就会高于独立形核。除壳生长在水相合成中遇到的这些困难以外，还有阳离子在反应之前与封端剂和羟离子配位的复杂状况，目前通过水合介质中的壳生长形成核/壳微粒的先例较为罕见。借助 Gao 和同事们的研究成果[31]，以巯基配体缓慢分解为基础的合成方法在近十年来逐渐成为水相合成核/壳结构量子的主流方法。

### 3.3.1 巯基配体分解法

按照经典形核理论，异质形核的活化能要比均质形核的活化能低得多。界面应变会提高微粒表面异质形核的能量势垒，促进均质形核。有效抑制均质形核是合成核/壳纳米晶体的重要因素，这种方法与壳前驱物的供给速度存在明显的关系。

Gao 和同事们用 CdS 壳包覆 CdTe 核，首先制成光致发光量子效率高达 85%的水相合成量子点，如图 8 所示[31]。壳键工艺通过照明辅助光分解表面封端剂 TGA，向水溶液中的 TGA 封端 CdTe 量子点缓慢释放 $S^{2-}$离子。Gaponik 和 Rogach 曾经报告说，用紫外线照射氧-饱和溶液，会逐渐提高 TGA 封端 CdTe 量子点的光致发光量子效率[134]。他们利用增强效应侵蚀碲陷阱状态，然后用封端配体释放的硫填补氧化 Te 点位。换言之，紫外线照射有助于清除 Te 不饱和键，改善巯基配体的表面钝化。这项工艺将 TGA 封端 CdTe 量子点的 PLQY 提高了 3 倍，达到 30%。

**图 8 光致发光量子效率高达 85%的 CdTe/CdS 核/壳纳米晶体水溶液**

注：照片是在正常室内光线下拍摄的，没有添加外部光源。黄绿色是 CdTe 纳米晶体光致发光产生的颜色[31]。

Gao 和同事们更加系统化的研究表明，即使在无氧环境下，紫外线照射也会在碱范围内导致 TGA 退化[31]。TGA 在紫外线的照射下首先形成二硫醇二羟基乙酸。二硫醇二羟基乙酸在碱性范围内经过复杂的化学程序进一步退化，形成 thioglyoxylate，thioglyoxylate 在后续分解阶段释放出硫离子，如方案 1 所示[31]。由于环境光线包含紫外线，日光照片也能够加快上述过程。借助传统的吸收光谱、光致发光光谱、X 射线衍射（XRD）和 X 射线光电光谱（XPS）分析，得到详细的钝化机理，表明硫化物缓慢释放之后，离子会沉积在 CdTe 纳米晶体表面。前驱物继续释放的钙离子会形成 CdS 壳，CdS 壳会显著提高异向性纳米晶体的光致发光量子效率[31]。

**方案 1. 碱性溶液中的 TGA 接受照射之后的化学反应[31]**

$$^-OOCCH_2S^- \xrightarrow{h\nu} {}^-OOCCH_2S\cdot + e^- \quad (1)$$

$$2\ {}^-OOCCH_2S\cdot \longrightarrow {}^-OOCCH_2S\text{-}SCH_2SOO^- \quad (2)$$

$$^-OOCCH_2S\text{-}SCH_2COO^- \xrightarrow{OH^-} {}^-OOC\overset{\sim}{C}HS\text{-}SCH_2COO^- \quad (3)$$

$$^-OOC\overset{\sim}{C}HS\text{-}SCH_2COO^- \longrightarrow {}^-OOCCH_2S^- + H\text{-}\overset{\overset{S}{\|}}{C}\text{-}COO^- \quad (4)$$

$$H\text{-}\overset{\overset{S}{\|}}{C}\text{-}COO^- \xrightleftharpoons{OH^-} {}^-OOC\text{-}\overset{\overset{O}{\|}}{C}\text{-}H + S^{2-} \quad (5)$$

上述研究成果第一次清晰揭示了 TGA 稳定 CdTe 量子点的照明辅助光致发光增强效应，虽然整个过程过于缓慢，无法合成高亮度的 CdTe/CdS 核/壳，但至少已经了解到，可以用额定亮度的紫外线光源代替环境光线。用紫外线辅助法提高 PLQY 的研究成果，目前已经广泛用于高亮度 CdTe 量子点的合成，TGA 封端 CdTe 量子点在室温和环境光线下，可以达到 98%的 PLQY。另外，CdS 壳包覆并没有拓宽微波辅助法合成的 CdTe 量子点的原始发射，该量子点的半高宽降低至 27~35 nm。上述照明辅助壳生长技术还扩展到 TGA 封端 ZnSe/ZnS、ZnSeTe/ZnS、CdTe/CdS/ZnS 核/壳/壳结构的构建[173, 174, 267-269]。最近还用类似的方法分离了 $S_2O_3^{2-}$，以便在大幅度降低紫外线照射强度的情况下释放 $S^{2-}$，在 CdTe 核周围形成 CdS 壳。壳的生长时间缩短到 3 h。

核/壳量子点的上述水相合成方法至少有两个共同特点：①壳生长之前无需纯化量子点核，这一点与有机金属合成中的壳形成法明显不同；②核/壳结构形成于量子点的早期生长阶段（进入奥斯瓦尔德熟化区之前）。例如几乎所有充当核的 CdTe 量子点，都显现低于等于 550 nm 的绿光。换言之，照明辅助生长只能应用于 Cd–巯基络合物被微粒消耗殆尽之前，表明 Cd–巯基络合物既是 CdS 壳生长的 $Cd^{2+}$ 源，又能保持 CdTe/CdS 量子点的胶体稳定性。将 Zn/巯基溶液注入 ZnSe 量子点溶液能够促进 ZnSe/ZnS 的生长，为这个假设提供了证据。

实际上，光致沉积对于 TGA 十分特殊，但对于均质 MPA 却比较普通。但是热分解巯基配体以便释放 $S^{2-}$、促进壳生长，仍然没有超出基本机理的范围。特别有趣的是，通过水合介质中的 Cd–MPA 络合物的分解，可以得到厚度 5nm 以下的 CdS 壳，而 CdTe 核的尺寸可以达到难以置信的 1.6 nm。研究人员发现，CdS 壳开始在包含 $Cd^{2+}$–MPA 络合物的水溶液中生长之后，核的初始发射逐渐从 480 nm 转向 820 nm，而不是简单地增强，详细说明参见第4.3.1项。借助类似的方法，利用$Cd^{2+}$–TG络合物的分解[272, 273]和$Cd^{2+}$–MSA络合物的分解，在水合介质中的CdSe核和CdTe核外围形成CdS壳，通过壳生长温度[273]、疏基浓度[272, 273]和回流时间等[274]调节CdS壳的厚度。除了上述壳沉积方法以外，CdS壳在phosphorothiolated phosphorodiesterDNA（ps-po-DNA）环境中的生长，也证明这种新方法能够在DNA中合成核/壳量子点[107]。

目前，由于备选的热分解封端配体多种多样，如MPA[271, 279]、TG[271, 299]、MSA[274, 281]、n-乙酰半胱氨酸（NAC）[300]和麸胱甘肽[34, 278, 301-305]，上述巯基热分解法已经广泛应用于各种核/壳量子点的合成，又如CdTe/CdS[275-282]、CdSe/CdS[283, 284]、CdSe/ZnS[285]、CdTe/ZnS[286, 287]、CdSeTe/CdS[288]、CdHgTe/CdS[289]和ZnSe/ZnS[290-292]，以及CdTe/CdS/ZnS[293-297]和CdSeTe/CdS/ZnS[298]之类的核/壳/壳量子点。应用类似的原理，硫代乙酰胺[282, 283, 289, 297, 301-305]和硫脲[97, 246, 277, 279, 280, 290, 306]也用于硫前驱物的热分解。由于分子结构的原因，巯基配体热分解产生的硫前驱物能够极大地影响壳生长动力学，以及核/壳量子点的光学性能。最近研究人员发现，用GSH热分解形成的CdS壳包覆2.8 nm的CdTe核，PL峰值位置明显地从红光区转移到100 nm。研究表明，CdS壳生长速度会对核/壳量子点的光学性能产生极其不良的影响，详细说明请见第4节。

除经典的水相合成法以外，Choi和同事们最近又将水热法直接用于核/壳结构量子点的水相合成，制成近红外区光致发光的CdTe/CdS量子点。在他们采用的合成工艺中，将$CdCl_2$、NaHTe和NAC用作配体和前驱物，NAC还在200°C的壳生长阶段充当$S^{2-}$离子源。他们合成的CdTe/CdS量子点PLQY高达62%，PL发射峰值位于650~800 nm的范围内[300]。

阳离子交换法已经用于CdTe/HgTe核/壳量子点的合成[310]。可以用$Hg^{2+}$置换$Cd^{2+}$，实现核的红光转换发射。但在Hg：Cd高于某种水平的情况下，微粒中的$Hg^{2+}$浓度会随着Hg：Cd的提高和反应时间的延长而加大，表明阳离子交换趋向于放射状浓度梯度结构的合金化$Cd_xHg_{1-x}Te$量子点的形成，而非核/壳结构[310]。这可能是因为$Cd^{2+}$和$Hg^+$的离子半径几乎相同，二者的闪锌矿晶格也很接近，相差只有0.3%[130]。Rogach和同事们在深入研究中，通过量子点的间隙和消光系数与合金的相应理论值的对比，进一步证明了$Cd^+$和$Hg^+$的成分梯度结构[311]。阳离子交换通常分为两步，即溶解性常数驱动的表面交换，浓度梯度和缺陷生成和点位跳跃活化能驱动的输入阳离子内部扩散。第二个步骤伴随着驱逐活化缺陷在相对方向上的阳离子，这种活动虽然速度较慢，但通常借助这种活动改变某些光学性能，即速度较快的初始表面层阳离子交换期间形成的光学性能[312]。

如前述，阳离子交换会导致核/壳界面结构的分级/梯度，不利于期望核/壳结构量子点的形成，但可以借助这种现象，通过梯度甚至纯合金化结构，调节量子点的光学性能。由于量子点的直径只有几纳米，从技术角度来看，绘制量子点阳离子的空间分布图十分困难。目前大多数研究工作都依靠常规光谱，难以清晰地对其成分与结构进行表彰。例如用$Cd^{2+}$交换GSH水溶液中的ZnSe量子点的$Zn^+$，合成CdZnSe核/壳量子点。在阳离子交换的早期阶段观察到红光转换吸收峰，ZnSe量子点的大部分陷阱发射遭到抑制，证明ZnSe/CdSe核/壳结构的形成。但如果吸收红光转换持续不断，用延长回流的办法收敛$Cd^{2+}$就很值得商榷，

因为 $Cd^{2+}$/GSH 的回流仍会产生 CdS。由于 CdS 的间隙小于 ZnSe，也可以用这种现象解释吸收红光转换。最近 Nie 和同事们对阳离子交换法合成的 $Cd_xHg_{1-x}Te$ 量子点进行了深入研究。他们通过相对振荡强度对比，通过理论模型推算出各种电荷载流子的位置，借助吸收过渡强度的经验值建立模型，展示核/壳结构量子点和合金化 $Cd_xHg_{1-x}Te$ 量子点的阳离子分布。除了稳态光谱，Rogach 和同事还研究了瞬态光谱，完成了理论分析，探索了离子交换动力学，希望建立起 $Cd_xHg_{1-x}Te$ 量子的光学性能与混合阳离子空间分布之间的关系。

### 3.3.2 采用辅助阳离子/阴离子前驱物的直接生长法

1993 年通过 TOP/TOPO 法演化出有机金属合成法之前，一直试图以阳离子前驱物、阴离子前驱物注入量子点核溶液的方法，实现水合介质核/壳量子点的直接合成。前驱物散布在表面活化剂约束的块体水溶液或者水微滴内部，表面反应条件适合壳生长。这些方法虽然成功，但成果非常有限。随着巯基配体水相合成纳米晶体的发展，公布了越来越多的研究成果。

其中的一个成功例子是 HgTe/CdS 核/壳量子点，在 TG 稳定的 HgTe 量子点溶液中添加辅助 $Cd^+$ 和 $H_2S$，通过辅助 $Cd^+$ 与 $H_2S$ 之间的反应直接生成 CdS。HgTe 核的红光转换激子 PL 发射明确表明 CdS 壳的形成。HgTe 量子点形成的厚 CdS 壳更为牢固，能够耐受相当高的温度（至少 100℃）而不会明显改变光学性能。TG 封端 HgTe 核具有热失稳特点，有生长时间过长、过度加热的趋势，从而逐渐发生红光转换，降低 PL 发射的量子效率[181]。然而不依赖核/壳量子点而单独形成 CdS 微粒的可能性仍然存在，如果新成核微粒远远小于核/壳微粒，可以通过选择沉淀物尺寸的方式解决这个问题。

借助类似的方法，在 pH 值为 10 的条件下，可通过 MPA 中的 ZnTe 表面沉积物合成 MPA 封端 CdTe/ZnTe 核/壳量子点[315]。具体而言，MPA 封端 CdTe 核经过纯化，然后滴入一定 pH 值的水溶液，再先后添加 NaHTe、$Zn^{2+}$ 和 MPA 的混合物。通过前驱物的浓度调节 ZnTe 壳的厚度，前驱物在注入期间保持低浓度以避免发生独立形核。研究人员观察到，随着厚度的增加，吸收峰和 PL 峰值转移到红光区，如图 9 所示。同时核/壳量子点平均发射寿命延长。II 型核/壳纳米结构合成期间发生的上述变化，将在第 4 章第 3 节详细说明。在化学原理方面，与巯基配体分解法和阳离子交换法相反，通过辅助阳离子/阴离子前驱物之间的反应实现壳生长这一事实表明，壳材料直接生长的可能性仍然存在，但在很大程度上取决于反应混合物中的阳离子/巯基络合物的分子结构。巯基基团对 $Zn^{2+}$ 的亲和力远远低于 $Cd^{2+}$，因而 $Zn^{2+}$ 可以形成较小的、稳定性较差的物质，迅速沉积在核微粒表面而不是形成独立微粒，在碱性范围内起到核的作用。

通常采取两项措施以防止壳材料在直接壳生长过程中发生均质形核。其一是降低单体的供给速度，这项措施主要用于合成法，形成核/壳结构纳米晶体；其二是降低反应温度。例如，$SeO_3^{2-}$ 就曾用作 $Se^{2-}$ 离子前驱物，借助 $NaBH_4$ 降低前驱物的浓度，通过反应参数调节 $Se^{2-}$ 的释放量[316]。通过上述措施，以发射波长超过 600 nm 的 MPA 封端 CdTe 量子点为核，在水溶液中合成 CdTe/CdSe 量子点。从发射位置来看，核微粒位于奥斯瓦尔德熟化生长区。

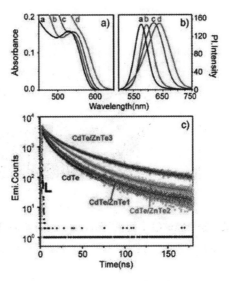

图 9 吸收峰和 PL 峰值转移情况

注：a）CdTe (a)、CdTe/ZnTe1 (b)、CdTe/ZnTe2 (c)、CdTe/ZnTe3(d)量子点的标准稳态吸收光谱；b）CdTe (a)、CdTe/ZnTe1 (b)、CdTe/ZnTe2 (c)、CdTe/ZnTe3 (d)量子点的发射光谱；c）CdTe、CdTe/ZnTe1、CdTe/ZnTe2、CdTe/ZnTe3 量子点的时间衰减轨迹。"L"表示激光激发脉冲剖面[315]。

## 3.3.3 表面阳离子交换途径

原则上阳离子和来自固态量子点、溶度积较低的阴离子，都可以引入表面阳离子交换，形成壳结构。与巯基配体分解法不同的是，巯基配体分解法只能合成用于单一共用阴离子物质的核/壳量子点。这种方法还会导致核/壳异质结构分级、偏析[8, 9, 307, 308]。

二十世纪九十年代早期，Weller 小组依据上文提及的半导体壳包覆水合量子点的原理，发表了大量论文[8, 9, 307]。例如在多磷酸盐稳定的 CdS 微粒水溶液中加入 $Hg^{2+}$ 离子和 $H_2S$，合成 CdS/HgS/CdS 微粒，称作量子点量子阱（QDQW）。由于 HgS 的溶度积比 CdS 低 22 倍，可以置换 CdS 中的 $Cd^{2+}$ 离子，但只能从微粒表面开始。合成方法极其巧妙，$Hg^{2+}$ 离子的数量经过调整，足以置换表面的 $Cd^{2+}$ 并形成 HgS 单分子层，而后续加注的 $H_2S$ 量稍微超过表面释放到溶液中的 $Cd^{2+}$ 离子量。通过这种方法获得 HgS 单分子层的 CdS/HgS/CdS 核/壳/壳微粒。重复上述置换、再沉淀步骤，即可调节 HgS 壳的厚度。继 $H_2S$ 之后额外加注 $Cd^{2+}$，即可单独调节 CdS 壳的厚度而不会影响 HgS 壳的厚度[9, 307]。根据上述研究，通过 CdS 壳较厚的核/壳微粒，即可获得双阱 HgS 壳散布于 CdS 区的核/壳量子点。

$Cd^{2+}$、$SeO_3^{2-}$ 和 $NaBH_4$ 在 75~78°C 的温度下发生反应，产生 CdSe 表面沉积物，然而量子点的光致发光峰值位置大多转移到近红外区，表明 PL 寿命延长之后，形成 II 型 CdTe/CdSe 核/壳量子点（详细情况参见图 10）[317]。将 $SeO_3^{2-}$ 用作阴离子前驱物，在水热条件下以分层方式形成 CdTe 核包覆的 CdSe 壳，每层沉积一定数量的阴离子/阳离子前驱物（每次沉积的数量只能够形成一个层）。相对于壳厚度，量子点的光稳定性明显提高[318]。硫脲与 $SeO_3^{2-}$ 相似，也可以在金属硫化物的壳生长过程中提供阴离子，因此也被列入备选物质[197, 275, 279, 294, 306]。同理，上文提及的 GSH、TGA 之类的巯基配体也有类似的功能，只是 GSH 和 TGA 不能用作微粒表面配体。

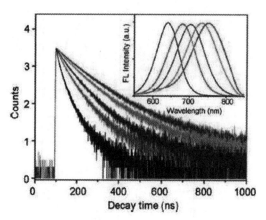

**图 10　CdTe 核的光致发光衰减曲线（黑线）和 CdTe/CdSe 核/壳量子点的光致发光衰减曲线**

注：该曲线记录了激发波长 400 nm 下的最大发射。衰减寿命随着 CdSe 壳的生长而逐渐延长（从左到右，壳生长时间：0、15.3 h、28.5 h、45.5 h、66.4 h）[317]。

除上述措施以外，间歇性注入一定数量的辅助阳离子/阴离子前驱物，也能够抑制壳生长期间的均质形核。以 $Cd^{2+}$-半胱氨酸水溶液为例，$HSe^-$ 离子在 100℃ 的温度下按顺序注入反应装置，在半胱氨酸封端 CdTe 量子点周围形成 CdSe，显示波长 613 nm 左右的橙色发射，如图 11 所示[319]。

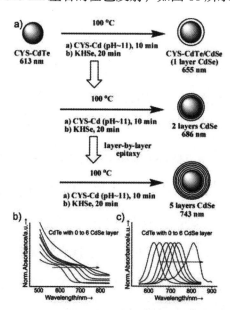

**图 11　辅助阳离子/阴离子前驱物抑制壳生长期间的均质形核**

注：a）NIR 光致发光 CdTe/CdSe 核/壳量子点的层间晶膜；b）紫外/可见光吸收光谱；c）CdTe 和 CdTe/CdSe（附带 1~6 层 CdSe 壳）量子点的光致发光光谱[319]。

第一轮注入期间，$Cd^{2+}$ 离子的注入量相当于 CdTe 核中的 $Cd^{2+}$ 离子的 30%，以便在注入 $HSe^-$ 之后形成 CdSe 的单层生长。阳离子注入 10 min、阴离子注入 20 min 之后，注入其余的 $HSe^-$ 离子，以便在回流状态下促成 CdSe 的沉积。重复上述步骤，即可获得壳厚增加的 CdTe/CdSe 量子点。随着壳的生长，激子吸收经过六轮 CdSe 壳生长，在 572 nm 处形成平台，然后转移到 750 nm，与 PL 峰值位置从 613 nm 到 813 nm 的红光转换相应。上述现象为 CdTe 核周围的 CdSe 晶膜生长提供了坚实的依据。PLQY 以非单调方式在 724 nm 处显示 12% 的最大值。虽然上述程序较为复杂，核/壳量子点的 PLQY 仍然较低，但却显出辅助前驱物在精心调整下直接形成壳结构的可能性。除传统经验条件下的合成以外，还有核/壳量子点的微波辅助生长。微波是高频电场，会迫使极性分子在辐射场中旋转，从而迅速提高极性分子的温度。

因而显著改变化学反应动力学，特别是纳米晶体生长的化学反应动力学。例如通过微波照射加热 CdCl$_2$、Na$_2$S、MPA 水溶液中的纯化 MPA 稳定 CdTe 量子点，合成 CdTe/CdS 核/壳量子点[320]。CdS 壳生长导致吸收发光和光致发光逐渐转入红光区，PLQY 在 5 min 内达到 75%的最大值（~560 nm），然后随着 CdS 壳厚的增加而逐步降低。在微波照射反应后的 15 mim，发射峰值从初始核的 520 nm 变成 CdTe/CdS 核/壳量子点的 623 nm [320]。这种方法的优点是加快他合成速度，而且还可以形成第二层壳。Huang 和同事经过上述研究之后，又公布了微波辅助生长法合成的 MPA 封端 CdTe/CdS/ZnS 核/壳/壳量子点，如图 12 所示[321]。ZnS 壳生长的基本程序与 CdS 壳的程序十分相似，即在一定的 pH 值下，加热 ZnCl$_2$、Na$_2$S、MPA 溶液中的纯化 MPA 稳定 CdTe/CdS。由于 ZnS 包覆的效果，各种尺寸的 CdTe/CdS 量子点的 PLQY 全面提高，在 530~615nm 的发射范围内高达 40%~80%。由于晶格常数失配过大，难以在 CdTe 量子点周围形成 ZnS 包覆。为了解决这个问题，将晶格常数介于 CdTe 和 ZnS 之间的中间 CdS 壳用作缓冲层，减小核表面的晶格应变，允许 ZnS 的外部包覆，从而抑制生物用途的钙硫属化合物的细胞毒性。

尽管壳生长技术取得上述进步，水相合成核/壳纳米晶体仍是困难重重。由于 II-VI 型半导体的电子密度差异很小，很难单个识别传统电子显微镜描述的异质结构核/壳界面。

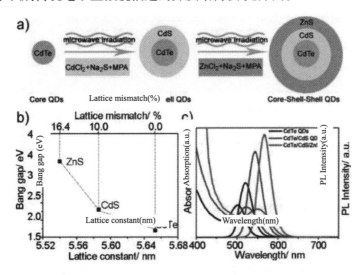

图 12　MPA 封端 CdTe/CdS/ZnS 核/壳/壳量子点

注：a）水扩散 CdTe/CdS/ZnS 核/壳/壳（CSS）量子点（QD）的微波辅助合成示意图；b）块体 CdTe、CdS 和 ZnS 的间隙能量、晶格常数、晶格失配的相互关系，本文中的晶格失配是相对于 CdTe 的失配；c）CdTe 核量子点（PLQY~30%）、CdTe/CdS 核/壳量子点（PLQY~65%）的吸收光谱和 PL 光谱，对应于 100℃和 1 min 微波照射、100℃/5 min、60℃/5 min 条件下合成的 CdTe/CdS/ZnS 核/壳/壳量子点（PLQY~80%）[321]。

出于上述原因，通常需要更多的证据来证明上述核/壳结构的假设和文献中的假设，因为在很多情况下，也有可能优先组成梯度结构和合金化结构。在添加 L-半胱氨酸的 Cd$^{2+}$、Zn$^{2+}$、NaHTe 水溶液中通过直接反应单点合成 CdTe/ZnTe 核/壳量子点即为一例[322]。尽管量子点的成分结构和结构形成机理仍然有待澄清，这种水相合成核/壳量子点的新型合成方法值得进一步研究。

## 3.4 合金化纳米晶体

合金成分量子点的合成-生长，在某些方面与核/壳异质结构量子点的合成存在共同之处，后者的合成方法参见第3.3节。核/壳量子点可充当阳离子和阴离子（少数情况）原始层间热驱动再分布的起始点。再分布促成合金化微粒的均质化，也可以在某些情况下，形成空间剖面各不相同的梯度核/壳微粒。

合金化量子点（包括梯度核/壳）的另一种潜在方法是离子交换[130]，即用周围溶液中的离子置换量子点中的离子。阳离子交换也是半导体量子点的常用工艺。交换流程既快又彻底，反应时间通常只有1~2s，有些反应会导致部分置换而且速度较慢，通常会持续几天甚至几个星期。慢速交换流程和上文提到的核/壳量子点热驱动再分布，都受到离子收敛的影响，如果量子点晶格离子的内部扩散速度较慢，会通过量子点溶液的温升活化/加快离子收敛以满足要求。在高温下延长反应时间是通常采用的手段，但是这种方法也有局限性，主要来自水的沸点和表面封端剂的热化学稳定性，特别是水相合成巯基配体的热化学稳定性。

合金化量子点合成的第三个选择，是通过多阳离子、阴离子前驱物直接合成三元、四元化学计量微粒。困难在于，在反应性完全不同的阳离子（或者阴离子）之间保持平衡，从而获得期望成分的纳米晶体。反应温度、前驱物的类型和浓度、反应装置的pH值、配体结构等，都会显著影响反应性失配的严重程度。

我们将在以下章节中详细介绍各种方法。我们还会根据量子点的类型——混合阳离子、混合阴离子等，分门别类地完成研究工作。

### 3.4.1 直接合成

如第2.1.1项所述，二元半导体的溶解性常数与半导体的相对稳定性、合成期间的反应速度密切相关。在三元、四元量子点的直接合成过程中，各种金属硫族化合物和通用硫族离子的相对溶解性将成为目标合金的主要决定因素。成分的溶解性通常相差很多倍，所以很难实现化学计量控制，但可以通过许多方法缓和这个问题。在量子点的水相合成工艺中，最简单的方法是不成比例地提高反应性差的前驱物的浓度，Lesnyak等人在$Cd_xHg_{1-x}Te$的直接合成中就采用了这种方法[323]，然而化学计量控制还会受到反应持续时间的影响。由于$K_{sp}$值差异很大，所以过大的前驱物比很难奏效。

反应温度也是平衡合金化量子点各项成分的重要手段，反应温度能够大幅改变合成期间的反应动力学，促进阳离子迁移，这种现象在延长反应时间的老化阶段更为明显，后者的详细说明参见第3.4.3项。

除溶解度常数和反应温度以外，pH值也是一个重要参数，用于平衡水相合成合金化量子点各种阳离子的反应性。过渡金属离子在水解作用下构成各种形态的金属羟基化合物，而金属羟基化合物的分裂是目标半导体合成的前提条件。根据HSAB理论，硬酸/硬碱对和软酸/软碱对会形成更为稳定的化合物。水和羟基离子属于强碱，$Cd^{2+}$和$Hg^+$属于软酸，而典型的巯基配体和硫族离子则属于软碱。由于水和羟基离子的干扰相对较轻，相对来说，容易形成水合介质中的Cd/Hg硫族合金。如果阳离子的软度（或者硬度）失配严重，pH 值会成为合金化量子点合成的决定性因素，如果阳离子过硬，甚至很难同硫族离子之类的软碱合成半导体，更不用说水相合成合金化量子点了。HSAB 理论对水相合成合金化量子点的用处很大（直接合成或者通过离子交换），但对于四元合金合成来说，最关键的因素是平衡反应性和精确的化学计量控制。具体示例参见第 3.4.1.1 条和第 3.4.1.2 条。

通过单点混合物前驱物直接合成的均质分布合金化量子点，应当尽可能优先采用离子交换法和异质结构再分布法，因为这两种方法速度更快（步骤更少），原料的合成效率更高，在很多情况下易于生长。与间接方法相比，这种方法的难题有上文提及的前驱物反应性平衡，以及化学计量控制、产品形态和粒度分布。第 3.4.1.1 条和第 3.4.1.2 条着重介绍合金化量子点的直接合成，重点是水相合成方法（或者能够让量子点在水中扩散的方法）。

### 3.4.1.1 合金化量子点

#### 3.4.1.1.1 三元合金

II–II–VI NC 型阳离子混合。这组合金种类较多，包括 $Zn_xCd_{1-x}Se$ [324,325]、$Zn_xCd_{1-x}Te$ [326,327]、$Zn_xHg_{1-x}Se$ [328] 和 $Cd_xHg_{1-x}Te$ [329,323]。通过这类合金合成量子点的方法有：单独/综合注入 Cd 或者 Hg，调节 Zn/Cd 硫族化物量子点以降低间隙能量，某些用途的量子点，还要在成分范围的另一端注入 Zn 以便减小 Cd 成分的细胞毒性、"硬化"晶格（减少缺陷数量和非辐射复合中心）。某些情况下，这类合金的直接生长还可以采用其他合成法，合成速度高于室温离子交换，如果合成工艺注重量子效率，更应当尝试其他方法。

金属系列反应性 Hg>Cd>Zn 表明，Hg 的利用率远远高于 Cd 和 Zn，虽然 Cd 与 Zn 之间的失配明显降低，但 Cd 仍有益于量子点的最终成分。控制低反应性阳离子最简单的方法是，以高于 $pK_{sp}$ 阳离子的超额比例供给前驱物[324, 325]。根据文献，提高供给比例不仅能够调节溶度积的差异，合成时间也能够得以延长，因为这种调节作用不但发生于初始反应阶段，有时候还能延长回流时间/水热时间。这些方法再加上后续的加热阶段，可以降低超额比例。这种情况下由于阳离子收敛可能会在高温下活化，所以很难描述合金直接合成与后续高温离子交换的联系。到了反应的第二阶段，初始阶段未能吸收的低反应性阳离子（大概这时候已经超过周围溶液的浓度），可能会通过交换、奥斯瓦尔德熟化、残留前驱物的继续生长而吸收到合金当中。这种吸收会纠正早期的化学计量失衡，促进反应性阳离子向低反应阳性离子的转变。对加热阶段间歇清除的残留物进行元素分析，即可验证这一点[323]。由于 Cd 与 Zn 之间的相互干扰，水相合成的 pH 值和稳定剂对超额比例的影响，可能会大于 Cd 和 Hg 之类的因素。在有机合成中，溶剂-配体体系内部两种阳离子的相对溶度积的相关性，比其他水合参数更为明确，而且与水基溶液明显不同，从而产生前驱物比的差异。

对比 Liu 等人[324]和 Lesnyak 等人[325]的 $Zn_xCd_{1-x}Se$ 合金生长研究结果，可以看出初始合成之后的各种热处理工艺对阳离子加权的影响。在这两项研究中，Zn、Cd 供给比明显偏向于 Zn，前一项研究中量子点中的 Zn 含量只有 x=0.1 至 x=0.01。后一项研究中的 x 则几乎覆盖整个成分范围（x=0.97），由于成分范围和量子点粒度范围不同，两项研究的 PL 发射范围也各不相同。Liu 等人将合成后热处理的温度限制在 80°C，处理时间为几小时，而 Lesnyak 等人则将反应混合物回流，以便在加热阶段提高 Zn 的利用率。用这两种方法合成的初始产物，PLQY 只有百分之几，勉强超过 10%，但在通过巯基配体的部分加热/紫外线分解，添加富含硫化物的壳之后，PLQY 可以提高 2.5~3.0 倍。

Du 等人[326]采用类似的方法，通过水溶液中的金属氯化物与 $Na_2TeO_3$ 混合，合成 $Zn_xCd_{1-x}Te$ 合金化量子点。$Na_2TeO_3$ 用作碲源，稳定剂为 GSH。前驱物初始混合阶段结束之后增加微波快速加热阶段，抵消了 Zn、Cd 供给比较高而 Zn 利用率较低的趋势，通过几次延长期限获得的化学计量范围高达 0.42。由于使用了亚碲酸盐前驱物，不需要惰性气体保护碲源，所以加热阶段可以直接进行，不必等待反应混合物充氧。供给 Zn、Cd 比和量子点的最终 Zn、Cd 比极其相近，这表明虽然阳离子的相对反应性一开始明显倾向于 Cd，可以在后期阶段消耗 Zn 前驱物，加热期也会促进两种阳离子的重新分布，从而均匀分布于合金内部。Li 等人[327]采用类似的单步合成法，也将 GSH 用作稳定剂。虽然 PLQY（最高 75%）稍低一些，但回流时间较长，得以在较大的范围内调节成分（最高 0.43）和发射（470~610nm），这种情况要比以前的研究较为有利，原因大概是熟化导致量子点尺寸进一步增大。

含 Hg 三元合金中的 Hg，与 Zn、Cd 之间的反应性甚至高于 Zn 与 Cd 之间的反应性。Liu 等人[328]用 $Zn_xHg_{1-x}Se$ 的高浓度 Zn（x=0.96-0.7）直接水相合成法代替更为普通的纯 ZnSe 量子点有机溶剂合成法。这种方法的 $Hg^{2+}$ 盐用量极少，目的是维持较高的 Zn、Hg 供给比，回流时间为 1 h，获得发射范围 548~621nm 的量子点，PLQY 高达 78%，比高温有机热注入法获得的量子点要好得多。

根据 Sun 等人[329]和 Lesnyak 等人[323]的研究结果对比，可以看出多种基团合成 $Cd_xHg_{1-x}Te$ 量子点期间采用的 Cd、Hg 超额比例的差异。前者使用金属氯化物混合溶液和超额供给比例的 Cd：Hg，超额程度相当于合金化量子点成分比例的 3~5 倍。40°C 下加注前驱物后的反应时间只有 30min，虽然水振泛音和组合波段有效淬火发光的波长达到1200nm 左右，但 CdTe 量子点发射的 IR 转换相对平稳，峰值范围接近 1300nm，PLQY 高达 45%。利用蚀刻剂 ICP 分析之前对合金化量子点部分侵蚀若干次，能够观察到阳离子辐射浓度梯度（Cd 富集于表面附近）。

Lesnyak 等人[323]还极大提高了原料的 Cd、Hg 比（98：2 或者 95：5），注入 Te 前驱物之后即开始反应混合物的回流。然而，这项研究的加热持续了若干次，加热期间 PL 峰值位置会从 640nm 转移到接近 1600nm。PLQY 的最大值为 60%左右，但在时间较长的回流初始阶段（22 h）回流，PLQY 只能达到 25%的水平。Lesnyak 等人在以前的研究工作中提出，长期回流期间降低 Cd、Hg 比，不仅可以观察到量子点生长，还发生了成分重组。由于量子点核在初始生长阶段吸收了高比例的 Hg 前驱物，使得原料中的阳离子大部分都是 Cd，所以这种现象并不奇怪。随着 Hg 在回流期间进一步消耗，进一步提高了回流后期阶段的 Cd 浓度，材料顺利地沉积在量子点表面。例如原料比为 0.95：0.05（Cd：Hg），初始成分值 x 经过 4 h

回流之后从 0.89 降低到 0.77，相应地 PL 从红光区转移到近红外区。

需要注意，这个研究小组在这项 II–VI 型三元量子点的直接合成中使用了巯基稳定剂和长时间回流，配体可能会逐渐分解，导致硫沉积在量子点表面。硫化物富集的表面能够消除表面硫属缺陷点位（即 Te 或者 Se 空位），通常能够提高 PLQY。硫还有可能迁移到量子点内部，构成四元而不是三元合金，但在水相合成的温度范围内（通常≤100°C），发生阴离子收敛的概率通常很低。Li 等人[327]（$Zn_xCd_{1-x}Te$）和 Liu 等人[328]（$Zn_xHg_{1-x}Se$）在合成的热处理阶段通过元素分析跟踪了硫的增长情况。这两个研究小组都将 GSH 作为配体，缓慢释放硫前驱物。而在本节前段提及的研究工作中，都是前驱物（硫脲和硫代乙酰胺）快速释放硫。

上述合成取得的成果是，在阳离子反应性差异很大的情况下，前驱物比应当大大超过化学计量的期望值，但在初步混合前驱物之后延长回流时间，可以降低超额程度。低反应性阳离子在加热阶段后期减慢吸收速度，会导致阳离子的内部辐射状分布，具体情况取决于温度、回流时间和阳离子晶格硬度。

3.4.1.1.2 混合阳离子 I–III–VI 型纳米晶体

近年来，掺杂 $AgInS_2$、$ZnInS_2$、$CuInS_2$ 的三元合金化量子点由于生物检定结果的无 Cd 特点，开始越来越多地应用于太阳能电池，以及低金属毒性要求的用途。在某些情况下，尽管粒度低至几十纳米的范围，但仍然可以通过掺杂形成成分变化（即 $Cu_xIn_yS_{0.5x+1.5y}$）获得间隙调谐，在某些情况下，还可以和其他半导体构成固态溶液纳米晶体。由于较小的微粒量子仍然会产生限制效应，所以有很多机会制造间隙。可以通过有机溶剂法和水相合成法制作这类材料，在当前的文献中，有机溶剂法是主要的反应类型。在 Kolny-Olesiak 和 Weller[242]最近针对 $CuInS_2$ 领域发表的综合论文中，只提到少数几项水相合成方法。同样在 Liu 和 Su[330]对 I–III–VI 型材料的全面评论中，也将有机溶剂法视为主要方法。然而水相合成法却有几项很有益处的优点：水基溶剂能够满足生物领域最终用户的要求；太阳能电池使用短链离子封端剂而不是长链稳定剂，赋予量子点太阳能电池更为灵活的结构；水相合成可以制成多种形态的纳米晶体，在某些用途上性能更好；水相合成的工业应用也比有机溶剂更加环保。

最常用的 $AgInS_2$、$CuInS_2$ 和 $ZnInS_2$ 在两种阳离子反应性的控制上，仍存在问题。在精心选择配体和辅助络合剂以便 $Ag^+$、$Cu^+$、$Zn^+$ 软酸的反应性对较硬的 $In^{3+}$ 离子达到平衡方面，HSAB 理论仍是十分有效的工具。前驱物释放硫的速度也是一个重要因素，硫的慢速释放通常用于壳的后期合成（通常为 ZnS），以改善表面质量，提高 PLQY。虽然初始阶段较小的单价阳离子结合速度远远高于 In 离子，甚至后期供给比超额的情况下仍是如此，但延长加热阶段会让阳离子比接近平衡。例如 Liu 等人[193]在 $CuInS_2$ 量子点的水热法合成中使用了 Cu、In 氯化物混合的原料，以 MPA 为稳定剂，pH 值为 11.3。硫源为 $CS(NH_2)_2$。试剂混合之后，在 150°C 的温度下高压加热 21 h。虽然反应初期 Cu 离子的结合速度较快，但高温长时间热处理为 In 的结合提供了充足时间。反应产物具有黄铜矿结构，660nm 下的 PL 相对较低（量子效率 3%）。

Xie 等人[331]也用类似的方法合成纤维锌矿 $CuInS_2$ 纳米晶体，只是反应物混合之后的热处理温度只有

80°C，持续时间 48 h。他们使用的稳定剂也是 TGA，$Na_2S$ 充当硫源，$CuCl_2$ 和 $In_2(SO_4)_3$ 用作金属前驱物。然而他们在热处理之前将反应 pH 值调整到 10.3，因为高 pH 值有利于纤维锌矿的形成。TGA 还有另外一种作用，即保证二价 Cu 还原到一价 Cu。Fernando 等人[332,333]以前研究过各种巯基（包括 TGA）对金属离子的螯合作用和还原作用。TGA 在形态控制方面的主要作用是，影响 $Cu^+$ 和 $In^{3+}$ 的反应性平衡。前者与三价阳离子相比是较软的酸，所以能够与软碱 TGA 发生反应。较强的金属-巯基配位抑制 $Cu^+$ 离子的反应性，使得 $Cu^+$ 和 $In^{3+}$ 达到较为理想的平衡。Chen 等人[192, 246]在 $CuInS_2$ 量子点的水热法合成中加入硬碱，进一步平衡硬酸 $In^{3+}$ 的反应性。在这项合成中，除将 TGA（或者代替 TGA 的麸胱甘肽）用作软碱与 $Cu^+$ 配位之外，还用碱性较强的柠檬酸钠调节 $In^{3+}$ 的反应性。加注硫源（$Na_2S$）之后，在 116°C 下发生反应，将 Cu、In 比调整到 1∶1.5~1∶8 的范围内，以更加平衡的方式控制成分。虽然核量子点的 PLQY 只有 2%~5%，但在添加 3 个 ZnS 单层之后即提高到 38%~40%。核、壳在低 pH 值（4.5）环境中生长，合成闪锌矿结构的 $CuInS_2$ 微粒。纯化之后，用发射范围 545~610nm 的低细胞毒性光致发光细胞成像剂测试核/壳量子点。上述合成工作是在家用 5L 电高压锅中完成的。

Wang 等人[334]利用水相合成法制作出多种成分的 $Cu_xIn_yS_{0.5x+1.5y}$ 正方纳米晶体，以 BSA 作为配体，硫代乙酰胺用作硫源。合成完全是在室温下完成的，额外添加硫源之后，总反应时间为 24h。Cu、In 原料比的范围能够让间隙在 1.48~2.30eV 的区间内变化，具体数值取决于吸收的测量方法，但没有公布 PL 性能。在生物成像方面，$AgInS_2$ 纳米晶体已经开始取代 $CuInS_2$。早期的有机溶剂法现在已经扩展到水相合成法，这种材料较低的 PLQY 可以用添加 ZnS 壳的方式提高到 40%左右。Xiong 等人[195]使用混合金属盐/$Na_2S$/GSH 在 pH=8.5 的条件下发生反应，用 $Ag^+$ 溶液代替 $Cu^+$ 溶液达到较低的 pH 值。试剂混合之后，溶液在微波装置中迅速加热到 100°C，仅用 5min 的时间。将醋酸锌和 $Na_2S$ 注入纳米晶体溶液并用微波再次加热 5min，温度达到 100°C，纯化之后形成 ZnS 壳。合成的量子点发射波段为 570nm，细胞毒性筛选的结果是：在代表性的光致发光浓度下，细胞活性只降低了 10%左右。

Kang 等人[197]也利用上文 $CuInS_2$ 量子点使用的 5L 高压锅完成了类似的合成工作。每次制备 4L$AgInS_2$/ZnS 核/壳纳米晶体溶液。虽然这次合成使用了 TGA，但也添加了明胶。一部分原因是为核/壳结构形成优良生物相容性的表面，另一个原因是明胶包含各种硬度的碱性多功能基团，可以作为结合剂平衡 $Ag^+$ 和 $In^{3+}$ 的反应性。$(NH_3)_2S$ 作为快速释放硫源，用于核生长。在壳生长期间，硫脲更加缓慢地释放硫，以免干扰 ZnS 纳米晶体形核。壳生长之后的 PLQY 再次升高到 39%，在 1∶1~1∶8 的 Ag∶In 化学计量区间内，发射范围为 535~607nm。

对于第 3.4.1.1.1 条描述的 II-II-VI 型三元合金，化学计量控制有赖于两种阳离子的相对反应性控制。然而 I-III-VI 型合金的控制依靠配体就能迅速实现，通常是一种硬碱和一种软碱，与相应的硬酸阳离子和软酸阳离子配位，调节各种离子的反应性。

3.4.1.1.3 混合阴离子 II–VI–VI 型纳米晶体

间隙较大的 II–VI 型量子点覆盖发射光谱的绿色区和蓝色区，通常用高温有机溶剂法合成，而水相合成制成的材料 PLQY 往往较低。只有 CdTe 之类的水相合成红色区、近红外区量子点呈现出较高的 PLQY（>50%）。波长范围较短的水相合成法能够合成阴离子合金，其中包含 Te，即两种硫属中的一种。这类合金包括 $CdS_xTe_{1-x}$、$CdSe_xTe_{1-x}$ 和 $ZnSe_xTe_{1-x}$，通过 S 或者 Se 扩大量子点的间隙，同时也能够水相合成碱性碲化物。由于混合硫属化合物的晶格常数与硫化物相近，有助于高质量的外壳生长，添加硫壳可以提高后者的 PLQY。这种方法易于平衡两种阴离子的相对反应性，从而实现化学计量控制。

Mao 等人[335]和 Xue 等人[336]都利用水热法合成 $CdS_xTe_{1-x}$ 量子点，以 NaHTe 为碲前驱物，两种方法都将巯基配体作为硫源，形成混合阴离子合金化 $CdS_xTe_{1-x}$ 量子点。在前一种方法中，MPA 用作封端剂，而后者则使用 n-乙酰半胱氨酸。这两种方法的加热时间都略微超过 1h，Mao 等人加热到 180°C，Xue 等人加热到 200°C。两个小组采用的 pH 值都接近 9，这是为了稳定 NaHTe，使得 Te 前驱物的反应性与 S 前驱物保持一致。Mao 等人对比了 TGA、GSH、MPA，发现后者的 PLQY 较高，即 MPA 在 750nm 左右的下，PLQY 为 65%~70%。原因是 MPA 的分解速度与微粒生长速度（在 Te 源释放的驱动下）接近，而 TGA 和 GSH 释放硫的速度过快。加热时间和（硫源）供给比用于阴离子化学计量的调节。这两种方法制成的合金化量子点都接受过生物标记用途的筛选：Mao 等人的产品显示出体外细胞标签和细胞毒性，Xue 等人的产品则接受过体内、体外试验。

有人研究，利用水相合成法制成 $CdS_xTe_{1-x}$ 合金化量子点，例如 Piven 等人就合成出各种尺寸和成分的量子点[337]。他们在 pH 值为 11.2 的条件下以 TGA 为稳定剂，同时向过氯酸镉溶液添加各种比例的 NaHTe 溶液和 NaHSe 溶液。简单混合两种前驱物溶液，就足以平衡阴离子的反应性。溶液先是在室温下混合，然后在 100°C 的温度下回流若干次，以便微粒生长。PL 调谐范围为 550~690nm，但 PLQY 明显低于有机合成法合成的相同材料的数值。Liang 等人采用另一种方法，分两步添加 NaHTe 和 NaHSe，得到较高的 PLQY[338]。实际上他们采用的合成方法是在核/壳生长之后，在加热状态下完成核转变。第一阶段以 L-半胱氨酸为配体，向 $CdCl_2$ 碱性溶液添加 NaHTe，然后回流 90min，合成 CdTe 量子点。在第二阶段继续添加 NaHSe 并回流以便形成合金。发射可以高达 814nm，这个区间的 PLQY 最高达到 53% 左右。PLQY 较高的原因部分来自 L-半胱氨酸在延长回流阶段释放的硫。Liang 等人还指出，合金化量子点的硫实际上以四元合金或者更接近三元合金的形式存在，硫化物富集的壳也有利于表面钝化。

Tan 等人[339]利用巯基丁二酸、$CdCl_2$、$Na_2TeO_3/Na_2SeO_3$ 和 $N_2H_4$，通过水相合成法制成 CdTe 量子点和 $CdS_xTe_{1-x}$ 合金化量子点。金属盐和配体在微碱性溶液（pH=8）中溶解，与硫属前驱物溶液混合，添加一定比例的 $NaBH_4$ 以还原亚碲酸盐/亚硒酸盐。利用 $TeO_3^{2-}$ 前驱物和 $SeO_3^{2-}$ 前驱物获得高 pH 值的不利影响被下列情况所抵消：由于 Se 前驱物和 Te 前驱物的形成是硼氢化物还原剂促成的，反应之前几乎立即有效地产生了前驱物，也就是说空气敏感的硫属化合物不需要稳定池来延长反应时间。随后添加 $N_2H_4$ 以加快量子点的生长速度。溶液混合之后，仅用45min就在空气中加热到95°C。通过现场还原快速提供Se前驱物和Te前驱物，也是缩短反应时间的原因。提高$N_2H_4$浓度以便测定PLQY，而纯CdTe的出现对合成更为有利。此外，合金化量子点的PL发射可以返回到518~750nm，PLQY峰值在$N_2H_4$存在、x=0.5的情况下达到60%左右。

对于II-VI型材料的蓝-绿发射，优先使用$ZnSe_xTe_{1-x}$，这样就可以避免使用Cd。间隙较大的II-VI型二元半导体通常在有机溶剂中、在较高的反应温度下生长良好，而在较低温度的水溶液中生长缓慢，PLQY较低，主要原因是陷阱重组[340, 341]。$ZnSe_xTe_{1-x}$合金的晶格参数接近ZnS，ZnS可以在$ZnSe_xTe_{1-x}$量子点表面生长，表面钝化效果较好。Li等人[267]将$Al_2Te_3$与$Al_2Se_3$的固态混合物装入同样的烧瓶并与酸反应，生成$H_2Se$气体和$H_2Te$气体，两种气体混合后在水溶液中合成$ZnSe_xTe_{1-x}$量子点。混合气体的各种成分取决于固态前驱物的摩尔比，高氯酸锌和TGA在pH=6.5的条件下会在溶液中产生气泡，这可能就是硫属化合物快速分解形成Te和Se的原因。首先添加阴离子前驱物，然后回流48~72h。合成的量子点用高氯酸锌和TGA处理，再用紫外线照射，以便添加的TGA光降解、形成合金化量子点之后，在合金化量子点周围形成ZnS壳。PL发射区间为410~448nm，最大PLQY为45%。Li等人的研究工作并没有试图调节两种硫属化合物前驱物的相对反应性，而是通过延长回流时间的方法解决这个问题。他们还用原料的Te、Se比而不是量子点的分析比表示研究结果。

与前述章节提及的多金属三元合金阳离子反应性相比，上文提及的三元合金量子点合成、阴离子反应性的平衡相对困难一些。

### 3.4.1.2 四元量子点

四元量子点合成的化学计量控制难题十分突出。可能同时会有两个甚至三个阳离子互相干扰，或者两个阳离子和两个阴离子互相干扰，这样就让前驱物反应性平衡/调节的方法显得十分重要。有机合成法和水相合成法也会遇到类似的问题。掌握这种合成方法生产高PLQY材料的原因之一，是以低成本的方式生成大块的太阳能电池材料，即单点法，这种方法不像热注入法那样受到批量的限制。

Kim等人提出，通过有机热注入法合成InPZnS合金化量子点，添加ZnS壳以消除表面陷阱导致的发射，可以将PLQY提高到40%[342]。V族化学元素很难通过水相合成法制成四元量子点。这族元素可以分为两大类，即Cu掺杂$ZnInS_2$和$ZnAgInS_2$(ZAIS)，后者亦称作$ZnS-AgInS_2$固态溶液。Jiang等人在水热法中[343]采用了HSAB平衡法，试图平衡3种阳离子的反应性。如前所述，硬路易斯酸$In^{3+}$往往与硬碱（柠檬酸钠）配对，较软的路易斯酸$Zn^{2+}$和$Cu^+$（由$Cu^+$还原而成）则与硫基（GSH）配对，平衡各自的反应性。$Zn^{2+}$和$Cu^+$会通过部分离子互换位置，所以添加$Zn^{2+}$和$In^{3+}$能够有效地调节、形成阳离子体系的主要部分，某些$Cu^+$离子会在阳离子晶格建立之后结合，所以作者提出Cu掺杂$ZnInS_2$假设。采用的Cu、(In+Zn)供给比相对较低，例如4:(30+10)。添加ZnS壳之后，PLQY上升到35%，PL的成分调谐范围为465~700nm。

Deng等人[245, 244]公布，通过单个烧瓶反应完成ZAIS纳米晶体的水相合成。用水+GSH溶液溶解3种金属盐,例如 AgNOs、醋酸铟和醋酸锌,然后将 pH 值调节到中度碱性范围,即 8.5,防止 $In^{3+}$ 发生水解作用。有一种合成方法用 $Na_2S$ 代替硫脲/硫代乙酰胺充当快速反应硫源。温度达到 100℃之后,反应混合物连续回流 4h。PLQY 达到 30%,但由于斯托克斯位移的作用,发射区间较大,Deng 等人[244]将这种现象归因于陷阱状态。

Chen 等人[344]在少许掺杂 $Cu^+$ 和 $Ag^+$ 的水溶液中合成 $Zn_xCd_{1-x}S$ 四元纳米晶体。晶体中的掺杂物浓度仅为金属总原子含量的 5%。从量子点传导能带到金属掺杂状态的可见光发射(450~620nm),主要依靠 Zn、Cd 比,在规定的 Ag、Cu 掺杂浓度下实施控制,但是合成的量子点相对较弱(PLQY<10%)。随后将 Zn 盐溶液和硫脲/GSH 注入 GSH 稳定的量子点溶液,继续加热 45min 并形成 ZnS 壳之后,将 PLQY 提高到 20%~30%。调节 Zn 前驱物和 S 前驱物的数量以便每次形成一个 ZnS 单层,以重复壳生长流程的方式增加单层。通常情况下,4 个单层壳就能达到最佳 PLQY。例如离散核/壳、辐射阳离子梯度,包含 Cd 阳离子和 Hg 阳离子的均质合金化量子点,然后与相对强度对比。这种方法可以借助带边吸收光谱拟合鉴别各种类型的混合阳离子成分,而阳离子成分会与交换条件发生相互作用。

Zheng 等人借助后期核合成,通过另一种类似的阳离子交换法合成 $Zn_xCd_{1-x}Se$ 合金,如图 13 所示[356]。

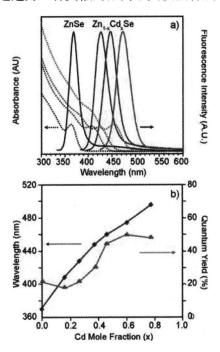

**图 13 阳离子交换法合成 $Zn_xCd_{1-x}$ 合金**

注:a)ZnSe 和 $Zn_{1-x}Cd_xSe$ 合金化量子点的吸收光谱和光致发光光谱,$Zn_{0.75}Cd_{0.25}Se$、$Zn_{0.62}Cd_{0.38}Se$ 和 $Zn_{0.4}Cd_{0.6}Se$ 量子点的光谱分别用蓝色、绿色和红色表示;b)$Zn_{1-x}Cd_xSe$ 合金化量子点的 PLQY 和发射波长均为 Cd 摩尔分数的函数[356]。

在 pH 值为 11.5 的 $ZnCl_2$、GSH、NaHSe 水溶液中合成核 ZnSe 量子点。这种方法与大多数宽间隙 II-VI 型量子点的水相合成法相似,首先在室温下混合各种试剂,然后是主加热阶段(95℃,30min)。进一步添加 $CdCl_2$ 盐和 GSH,滴入 NaOH 将 pH 值恢复到 11,再连续加热 2h,即可获得 $Zn_xCd_{1-x}Se$ 合金。通过这种工艺获得的 Zn、Cd 比可以高达 0.4:0.6。Zheng 等人还测定了合金中的硒、硫含量。推测表面钝化改善可能缘于 GSH 配体的缓慢、部分分解,表面 CdS 壳的形成将 PLQY 提高到 48%(此时的发射峰值为 475nm)。

Lou 等人[357]通过有机法合成核量子点，试图提高水溶性 $Zn_xCd_{1-x}Se$ 合金使用的 ZnSe 核材料的低下 PLQY。将油酸锌注入 310°C 的煤油 – Se 前驱物混合液，然后在 300°C 的温度下反应 3min，制成 ZnSe 核。核煤油溶液冷却之后与 MPA – 醋酸镉水溶液混合。混合物装入高压锅，在 120°C 的温度下加热[24]，再一次配体交换之后形成水相中的水溶性 $Zn_xCd_{1-x}Se$ 量子点（图 14）。

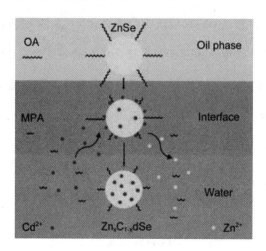

图 14　通过 ZnSe 纳米晶体与 $Cd^{2+}$ 在油-水界面发生的阳离子交换反应合成 $Zn_xCd_{1-x}Se$ 纳米晶体的示意图[357]

通过这种方法，可以得到成分 x= 1-0.08 的水溶性量子点，PL 调整到 412~570nm，最大 PLQY 为 44%。然而这个 PLQY 值与 Zheng 等人通过上文提及的水相合成法获得的峰值 PLQY 相差不大。

Shao 等人[35]试图找到某种方法，通过两阶段阳离子交换过程，在室温下加快 Cd 在水相合成 ZnSe 量子点内部的扩散速度。通过 $Zn(NO_3)_2$/MPA/$H_2Se$ 前驱物、混合之后回流 2h 制成水相合成 ZnSe 核，然后实施两阶段离子交换。在室温合金化的第一阶段，通过添加 $AgNO_3$ 和 MPA 的方式注入 Ag 离子，同时添加一定数量的肼，将溶液的 pH 值保持在 10 左右。阳离子交换开始之后立即观察到颜色变化，但如果没有肼，交换不可能持续进行。在交换的第二阶段中，添加摩尔量 50 倍的 Cd 离子和更多的 MPA，以便置换先前吸收的 Ag 离子。通过第一阶段调节 Zn、Ag 比控制最终的 Zn、Cd 比（在第二阶段中，只有 Cd 离子在反应条件下置换 Ag 离子）。同样的两阶段工艺也可以合成 Cu 离子中间体。这种方法的缺点是，很难在第二阶段实现 Ag、Cu 的完全交换，某些小型单价阳离子仍然存在，这些杂质主导着发光程序。上述低浓度掺杂物会引发量子点传导能带与掺杂物原子价 d-状态之间的低 PLQY 过渡[359, 360]。Jain 等人[352]通过离子交换法，利用 $Cu_2Se$/$Cu_2S$ 模板合成 CdSe/CdS 异质结构期间，发现残余 Cu 掺杂也会产生类似的问题。在他们采用的方法中，合成和离子交换是在有机溶液中完成的，量子点在额外添加 TBP（软碱）的溶液中静置几天以清除 $Cu^+$ 残余杂质。

Chen 等人通过水相阳离子交换将光致发光 CdTe 量子点置换成 $Ag_2Te$ 量子点，这种量子点可以用于 NIR 生物成像[361]。他们合成的 CdTe 模板量子点的 PLQY 通常超过 30%，但用 Ag 完全交换 Cd 之后，PLQY 降低到 2% 左右。后来添加 ZnS 壳，将量子效率提高到 5.6%。虽然 PLQY 相对较低，但发射调谐达到 1100nm（峰值 PL），所以 $Ag_2S$ 量子点仍然可以用于波长较长的组织成像。

## 3.4.2 离子交换

第 3.4.1 项介绍的合金化量子点直接水相合成，主要优点之一是不包含有毒重金属，为某些三元量子点和四元量子点赋予间隙调谐灵活性的特点。扩展可能性，低毒性前驱物，环保合成工艺，价格低廉，采用无毒溶剂（水）也是明显的优势。如前所述，很多情况下很难通过化学计量有效地控制平衡前驱物的反应性，而这种方法往往会拓宽发射光谱（通过成分和粒度分布扩散）。另外，由于水相合成的化学原理复杂，水的沸点较低，只能在低温下合成，使得很多较为复杂的三元量子点和四元量子点呈现过低的 PLQY。半导体壳包覆钝化表面、减少载波功能与表面的接触，似乎是初始表面质量不佳的唯一解决方法，这种方法对光致发光用途有效，但不一定适合电荷载流子注入/萃取以及光伏装置和电发光装置的能带匹配。

离子交换，特别是局域阳离子交换，为合金化量子点的直接合成提供了另一种方法。这种方法能够有效地控制微粒的尺寸、形状、形态，保证模板材料的精确度，随后全部/部分替代某个甚至多个阳离子。离子交换还为异质结构的合成提供了手段，这类异质结构会在各层之间产生分级界面。我们将在下文着重介绍量子点与周围离子溶液的离子交换。这个过程包括量子点表面的交换，输入阳离子的量子点内部收敛，驱逐相对方向上重叠的阳离子。

阳离子收敛在很多量子点的合金形成中发挥着重要作用。通常假设阴离子构成一定刚性的框架，阳离子就在这个框架上移动、混合。阳离子的松弛只是局域性的，不会破坏阴离子框架和晶格形态，微粒形状仍然保持不变。粒度在某些情况下存在尺寸下限，但是这个假设被 Son 等人对 CdS 纳米晶体与 $Ag_2S$ 纳米晶体之间的可逆转变的研究结果推翻。离子扩散过程中也有可能发生形态转变，这种转变会导致晶格的形状、结构发生变化。后者可以是局部的，但也可能涉及整个纳米颗粒[308, 346, 347]。

有很多关于纳米晶体合成的离子交换法论文，Regulacio 和 Han 的小型综述列举了水、有机溶剂交换法制作的材料，还介绍了材料的应用范围[348]。Rivest 和 Jain 的论文从形态、形状角度，着重说明了离子交换法对难以合成的异质结构的灵活性，以及物理、结构方面的优点[349]。Moon 等人[350]的论文为场引入建立了一个良好的起始点，不仅包含形态交换流程，还更加全面地收纳了形状改变和空心微粒（球、管等）方面的各种原理（置换反应、Kirkendall 效应和非局域阴离子交换）。本文和 Moon 等人出版的碲基纳米线转变论文一起，将为离子交换领域的新来者奠定良好的基础[133]。棒内核异质结构主要应用于激光和颗粒介质，Sitt 等人针对颗粒介质的论文也列举了几个示例，即通过阳离子交换法制作的这类结构[351-353]。

在 II-VI 型异质结构的早期研究工作中，Schooss 等人[354]和 Mews 等人[9]介绍了水溶液阳离子交换法合成的 CdS/HgS/CdS 多壳量子点 QW 纳米晶体，第 3.3.2 项的开头部分介绍过这种纳米晶体。Rogach 和同事们试图通过水合介质将这种结构转用于碲化物的时候，却发现合金形成而不是单离散层的核/壳–壳结构形成的迹象[310]。其他研究人员又通过水相合成、有机介质合成的 $Cd_xHg_{1-x}Te$ 量子点进一步研究这种合金化效应，并将这种效应应用于其他 II-VI 型合金化量子点的合成。Gupta 等人[311]、Smith 和 Nie[355]等通过合金化流程以及汞盐和量子点在氯仿中的扩散，研究离子交换对 PLQY 水相合成 $Cd_xHg_{1-x}Te$ 量子点的影响，最近又开始研究水相合成和有机溶剂合成的核/壳 CdTe、HgTe 和 $Cd_xHg_{1-x}Te$ 合金[314]。他们用交换量子点吸收光谱与多个高斯峰值拟合，求出材料最低点的振荡强度值。通过量子点的有效质量近似模型（EMA）预测各种类型的阳离子分布趋势，Shao 等人在 $Ag^+$ 和 $Cu^+$ 掺杂 I-VI 型量子点中选用 Ag 浓度高的量子点以解决杂质发射问题[358]。

最近，Choi 等人[362]在 PLQY 较低的水相合成材料中添加 I 型壳（例如 ZnS），通过钝化消除表面陷阱，解决了高 PLQY 宽间隙 II-VI 型量子点水相合成的难题。添加是在整个生长阶段，或者通过表面阳离子交换完成的。核壳界面晶格常数的突然过渡会引发应变，而各层中的应变产生的变形电势会改变传导性和价带偏移[34,363-365]。在这种情况下，核与壳阳离子比的梯度过渡可以达到较为理想的状态。Choi 等人[362]对比了四种情况（图 15）：水相合成 CdS 量子点，没有附加层；通过 Zn/Cd 前驱物混合物直接合成的合金 $Zn_xCd_{1-x}S$ 量子点；两个连续步骤合成的核/壳 CdS/ZnS；在 $Zn^{2+}$ 盐溶液和 MPA 中处理 CdS 量子点并将处理过的溶液在 100°C 下静置 2h 后合成的梯度成分量子点。I 型核/壳结构的突变界面的 PLQY 稍高于 CdS 核量子点和直接合成合金化量子点，梯度核/壳结构的 PLQY 最高，达到 20%，几乎是其他 3 种量子点的 2 倍。PLQY 的趋势分别用辐射率和非辐射率（l<Cr 和 Knl）表示。梯度核壳的辐射率最高，非辐射重组率最低。合金量子点的辐射速度高于 CdS 核量子点，前者的非辐射率高于简单核量子量而 PLQY 略低，可能是附加成分调谐产生的后果。

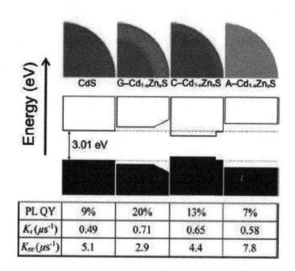

图 15 CdS 量子点、成分梯度 CdS/ZnS 核/壳 $Cd_{1-x}Zn_xS$ 量子点（G-$Cd_{1-x}Zn_xS$），CdS/ZnS 核/壳 $Cd_{1-x}Zn_xS$ 量子点（C-$Cd_{1-x}Zn_xS$），合金 $Cd_{1-x}Zn_xS$ 量子点（A-$Cd_{1-x}Zn_xS$）的内部结构和能量水平排列示意图
注：合成量子点的直径相似，均为 3.0 ± 0.2nm[362]。

如果某种材料难以合成，可以用阳离子交换法合成另一种易于合成的材料，将这种材料用途模板合成第一种材料。HgTe、HgSe、PbTe、PbSe、InAs 和 InSb 之类的极低间隙材料可以合成准球形量子点，借助这种材料的直接间隙性，通过增加微粒直径的方法获得波长较长的发射。

纳米棒和分段纳米棒（异质结构+间接 IR 间隙）为长波长发射提供了另一种方法。经典有机溶液法利用 TOPO/十六烷基膦酸（HDA）之类的混合配体合成 CdSe 纳米棒和 CdTe 纳米棒，但不太适合球形量子点的合成[366]。由于 HDA 配体更容易与 100 控面上的 Cd 点位结合[367,368]，混合配体有利于纤维锌矿纳米棒的生长，而TOPO配体则能够促进球形量子点的形成。相形之下，HgTe只能在水合量子点室温合成闪锌矿的阶段生长。生产IR材料的另一种方法，是将纤维锌矿CdTe和CdSe纳米棒等的转变应用于HgTe和$Cd_xHg_{1-x}Te$之类的纳米棒。

Tang等人[249]通过水溶液离子交换合成尺寸较大的$Cd_xHg_{1-x}Te$闪锌矿纳米棒。他们首先在TGA和半胱氨酸配体水溶液中合成60~300nm长、10~20nm宽的CdTe纳米，然后再向溶液中添加过氯酸镉和NaHTe，初步混合之后回流一段时间。在pH值为11的CdTe纳米棒溶液中添加醋酸盐、引入汞离子，不再添加配体。TEM测量值表明阳离子交换没有显著改变纳米棒的尺寸。初始CdTe模板在575nm左右出现发射峰值（对于球形闪锌矿量子点来说，这种现象对应直径3.1nm左右的微粒）。由于汞的存在，阳离子交换的发射高达830nm。

### 3.4.3 核/壳转变和热活化收敛

对于热激活或者离子交换松弛核/壳结构合成的量子点合金，需要了解纳米晶体尺寸对性能的影响，例如熔点、表面张力和离子扩散系数。半导体量子点合金的尺寸对性能的影响不大。Goldstein等人已经确定纳米晶体熔点下降与CdS量子点表面张力、密度和熔解潜热之间的关系[369]。与块体材料相比，直径4nm的CdS量子点，熔点可以降低800K左右。Shibata等人对Au/Ag核/壳异质结构内部粒度左右的自发Au/Ag合金化进行了研究，发现金属纳米晶体的熔点也会发生类似的明显下降[370]。他们还建立了分子动力学模型，模拟缺陷在直径为3~23nm的微粒金属内部扩散中发挥的作用。没有初始点位缺陷的纳米晶体，室温下的Arrhenius松弛时间的计算值>$10^7$年，而添加5%缺陷点位之后，松弛时间急剧缩短到几天，10%缺陷甚至缩短到几分钟。因此，可以将缺陷类型、浓度、激活视为纳米晶体扩散过程动态变化的主要参数。Wang等人[371]还研究了粒度左右因素对熔点、表面弹性和机械模量的影响。他们提出一种通用比例关系，可以根据熔解过渡附近的相图了解量子点尺寸的影响。

如果收敛速度受限于室温甚至较高的反应温度，可以形成核/壳结构。还可以将核/壳结构作为起始点，通过后期热退火形成完整的均质合金。由于水沸点的限制，通常可以观察到很多核/壳量子点的热活化转变，对高沸点溶剂有机合成法制成的核/壳结构量子点进行全面研究。

Zhong等人合成异质结构之后可在高温下转变CdSe/ZnSe核/壳量子点，制成$Zn_xCd_{1-x}Se$合金化量子点[372]。他们发现，在290~320℃的温度下向CdSe量子点添加$Zn^{2+}$和TOP：Se前驱物，可以直接合成合金成分量子点，表明ZnSe分解和阳离子合金化分解会在规定温度下同时发生。在对比实验中，首先在较低的温度（220℃）下通过壳沉积合成CdSe/ZnS、CdSe/CdS和CdSe/ZnSe的核/壳结构，然后在300℃的温度下分别将各批核/壳量子点加热10min。只有共用阴离子的CdSe/ZnSe量子点显示表明，CdSe核的蓝色位移PL受到合金成分的影响，说明两种阳离子都发生了收敛。阴离子不同的其他组合没有显示出明显收敛，至少在短时间内没有发生收敛。对温度研究的进一步结果表明，CdSe/ZnSe样品的合金化从270℃左右的温度开始，尺寸 5nm 左右的量子点在高于 290°C 的温度下，在 5min 内完成混合过程。上述温度低于纳米晶体的熔点。随着这种合成方法的改进[372]，PLQY 提高到 70%~85%，发射从 490nm 转移到 620nm。另一种相反的方法，从 ZnSe 核量子点开始，在高温合成的第二阶段添加 $Cd^{2+}$，由于合金化和奥斯瓦尔德熟化导致的直径略微增加，产生 PL 相对于 ZnSe 核发射的红光置换[373]。

Groeneveld 等人还合成了 ZnSe/CdSe 核/壳量子点，详细研究了热激活对层间阳离子收敛的影响[312]。他们发现合金化温度会形成不同的扩散区：在 150°C 的温度下用 $Cd^{2+}$ 溶液处理 ZnSe 核量子点，可以形成离散核/壳异质结构；在 200°C 和 220°C 的温度下会出现辐射阳离子梯度，相对于温度而言，过渡变得平缓（更加平直）；高于 240°C 则会合成均质合金化量子点。可以用两阶段过程解释这种现象：先是快速表面阳离子交换，然后是慢得多的热活化扩散过程，涉及内部阳离子。在扩散流程的第二阶段，Frenkel 对（空隙位置和 $Zn^{2+}$ 空位中的 $Zn^{2+}$ 离子）在较高的温度下形成，据推测，这种现象缘于热激活和温度敏感的阳离子扩散效应（图 16）。与块体半导体的扩散参数进行对比，结果表明，收敛的扩散率和活化能都在大幅度波动。即使在 220°C 的温度下，块体收敛的速度也会慢得几乎无法察觉，而在上述研究中，交换所需的时间只有几分钟到几小时。

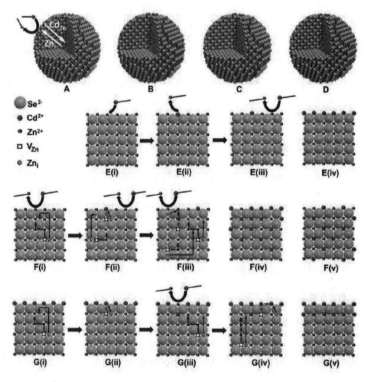

**图 16　$Zn^{2+}$ 在 ZnSe 纳米晶体 $Cd^{2+}$ 阳离子交换（CE）中的作用示意图**

注：CE 机理中的动力学步骤示意图（A）。快速 CE 发生在纳米晶体表面，随后是速度较慢的热活化固态阳离子扩散。Frenkel 对减缓扩散，所以对外扩散流包含空隙 $Zn^{2+}$ 阳离子（Zni），而输入的 $Cd^{2+}$ 阳离子伴随着 Zni（即 CdZn）跃入 $Zn^{2+}$ 空位，形成内部扩散。由于 CdSe 结合强度增大、$Zn(oleate)_2$ 稳定性提高而促成 CE 反应。根据 CE 反应条件，合成 ZnSe/CdSe 核/壳 H 纳米晶体（B）、$(Zn_{1-x}Cd_x)Se$ 梯度合金纳米晶体（C）或者 $(Zn_{1-x}Cd_x)Se$ 均质合金纳米晶体（D）。Frenkel 对(Zni-VZn)在低温（150°C）下的浓度可以忽略不计，因此也不会发生纳米晶体内部扩散。阳离子交换局限于纳米晶体表面，产生 ZnSe/CdSe 核/薄壳 HNC[图 E(i)-E(iv)]。在较高的温度下，Zni-VZn 达到一定浓度，因此 $Zn^{2+}$-$Cd^{2+}$ 表面交换伴随着纳米晶体内部的固态扩散过程，同时发生[图 F(i)-F(iii)]。在上述条件下，根据交换速度与扩散速度之间的平衡状况获得梯度合金纳米晶体或者均质合金纳米晶体[分别用 F(iv)和 F(v)表示]。由于纳米晶体表面转换为 CdSe 之后[G(i)-G(v)]，固态扩散过程开始，可以后续加热（150°C，然后是 220°C）产生 ZnSe/CdSe 核/厚壳 HNC[312]。

Wang 等人[374]在异质结构量子点光闪烁抑制研究中，同时合成了 $Cd_xZn_{1-x}Se$ 合金化量子点和 ZnS 封端合金化量子点。他们也是在热溶液（300°C）中先后注入 $Zn^{2+}$ 前驱物和 TOP：Se，合成 CdSe 核量子点。核壳之间的软化阳离子浓度梯度引发的闪烁抑制持续几毫秒至几小时，是 PL 平均重组速度的 4 倍，单个纳米晶体发射线的形状与严重抑制的非辐射俄歇重组一致。

Lee 等人利用纳米棒（14nm×6nm）CdSe/ZnSe 异质结构实现核/壳转变。CdSe/ZnSe 核/壳的形成温度为 180°C，低于上述材料的阳离子收敛激活温度。在 270°C 下处理 3h，形成 $Cd_xZn_{1-x}Se$ 合金化纳米棒，与原始 CdSe 纳米棒相比，间隙能量和 PL 发射峰值在处理期间转移到蓝光区。转变后的纳米棒 PLQY 为 0.6%，核/壳形成之后提高到 15%。在 270°C 下合金化 2h，量子效率降低到 5%，第三小时结束之时又恢复到 10%。恢复原因可能是应变在核/壳形成期间松弛，以及缺陷的退火热处理。

Koo 和 Korgel 还在 CdSe/CdTe 区段纳米棒上观察到 Se 阴离子和 Te 阴离子的内部扩散。他们合成 CdTe 纳米棒区段之后注入 Cd 前驱物和 Te 前驱物，让区段继续生长，从而获得 CdSe/CdTe 区段纳米棒[376]。区段纳米棒在 300°C 的溶液中时效处理，改变纳米棒的比例和聚结。他们还通过纳米束能量色散 X 射线光谱绘制纳米棒轴线上的阴离子剖面，获得时效时间样本，观察到两种阴离子的区段间跨边界侧部扩散。根据时效时间和 Te 轴向浓度剖面，推算出 300°C 下的 Te 内部扩散系数（$D$）。作者提出，应变并未影响扩散过程，$D$ 值的计算值（$1.5×10^{-17} cm^2/s$）接近块体材料文献公布的数值（$2×10^{-17} cm^2/s$）。后者表明，阴离子晶格在高温下仍然能够保持相对稳定性，与 II–VI 型材料中扩散性更强的阳离子晶格截然不同。

Maroudas 等人[377]也研究了三元量子点阴离子扩散过程并建立了模型，部分原因是预测稳定性，以及某些离子在核/壳结构内部自动积累的趋势，特别是合成阶段后期和合成之后的高温退火处理阶段。他们为扩散到三元量子点内部的原子建立了现象学连续流模型，涉及 Fickian 扩散和表面积累，后者可以用参数积累强度 As 表示，与积累原子的 Peclet 数 Pe 有关。连续流模型的结果与 DFT 法+力场获得的原子结构模拟相对比，描述晶格结构内部原子的相互作用。两种方法都支持表面积累结构的形成，即核/壳结构+某些情况下出现的中间分级成分层。这项研究选择的示例既有阴离子合金（$ZnSe_xTe_{1-x}$ 和 $ZnSe_xS_{1-x}$），也有阳离子合金（$In_xGa_{1-x}As$）。作者指出，探索原子模拟与扩散系数和活化能参数（主要来自经验数据，通常用于描述收敛过程）之间的联系，将是十分困难的事。从严谨角度出发，建立这种联系需要详细了解各种类型的晶格缺陷、各种扩散原理，以及各种机理的扩散途径。他们也为基本必要参数的合理预测提供了某些方法，以闪锌矿晶格中的 VI 族原子为例

$$D = \frac{1}{6}\left(a_0 \frac{\sqrt{2}}{2}\right)^2 v_0 \exp\left(-\frac{E_a}{k_b T}\right) \tag{11}$$

式中，$D$ 为扩散系数；  为原子封端距离（闪锌矿晶格）或者最近原子的相邻间距，$a_0$ 为晶格参数。$E_a$ 为原子跳跃频率，$v_0$ $a_0 \frac{\sqrt{2}}{2}$ 频率，$v_0 \exp\left(-\frac{E_a}{k_b T}\right)$ 是扩散的活化能屏障。

由于无法通过纳米结构中的各种扩散机理了解 $E_a$ 和 $v_0$ 在纳米结构中的变化，只能用式（11）简单预测

母块体晶格的行为。应变效应也可能改变封端距离。式（11）也无法解决桥式原子能级模拟方面的问题。从模拟和经验角度来看，纳米晶体尺寸对这类参数的影响，似乎阳离子收敛比阴离子收敛更为明显，至少 II-VI 型材料是这种情况。

## 3.5 掺杂纳米晶体

已证明，掺杂量子点+顺磁过渡金属离子能够有效扩展寄主量子点的物理性能范围[378-382]。内部掺杂杂质可改变寄主半导体化合物的光学、磁性和其他物理性能，而纳米晶体的掺杂物与电子状态的尺寸禁闭效应结合，可产生独特的非块体现象[383-386]。这种通过掺杂从根本上控制块体半导体性能的能力，激起了掺杂半导体纳米晶体生产的热情。纳米晶体掺杂的目标之一，是制造 n 型或者 p 型量子点，这类量子点可以为太阳能电池使用的量子点部件构成高传导性的纳米晶体膜[379]。重点是研制过渡金属掺杂纳米晶体，例如 Mn 和 Cu，这两种元素都可以充当发光中心，对技术材料具有重要意义[379]。例如掺杂原子杂质可以有效地改变 ZnS、ZnSe 之类的宽间隙半导体的光致发光发射光谱，这类半导体的发射区位于紫色区和蓝色区。

由于 $Mn^{2+}$ 离子的磁性特点，这种离子可以用作掺杂物，制作多功能 NP[387, 388]。产生的磁性和光致发光纳米结构尺寸较小（例如<5nm），可以调谐高效发射，以及 T1 对比度增强的能力[387-391]。以 Gao 和同事们通过水相合成法合成的高光致发光 CdTe/ZnS 核/壳结构量子点为例[392]，他们用 $Mn^{2+}$ 掺杂 ZnS 壳，获得强光致发光和高松弛度的水合量子点。这项研究之后，他们进一步使用同样的方法合成了无镉 $CuInS_2$/ZnS：Mn 量子点，这种量子点不但具备优异的光学成像和磁共振（MR）成像潜力，相对于 CdTe 量子点，细胞毒性极低[236, 388]。值得一提的是，由于掺杂量子点尺寸较小，可以制成静脉注射探头，促成快速分泌，从而减小积累副作用。另外还可以减小主要器官的 nonspecific 反应的机会[51, 393]。顺磁离子掺入 II-VI 型量子点和 I-III-VI 型量子点的晶格部位，能够防止离子渗漏到周围介质中。由于量子点是顺磁离子的载体，可以提高 MR 信号的稳定性。

若干合成参数会对量子点寄主的掺杂发射和内部激子发射的掺杂效率产生严重影响。除寄主成分以外，寄主微粒生长期间/多步合成期间的反应温度和 Mn 加注阶段的选择，也会决定掺杂物原子在纳米微粒中的位置，从而产生显著影响[397, 415]。有时，Mn 离子会通过自净化效应完全排出寄主之外，这是一个有待解决的问题[379]。如果正确调整合成条件，仔细选择掺杂离子在寄主量子点中的目标位置，可以有效地抑制 $Mn^{2+}$ 的排斥。掺杂合成的某些局限性，与第 3.4 节介绍的合金成分量子点的局限性相同。HSAB 理论仍是基本概念，频繁用于掺杂合成，同时还需要平衡反应性，精确控制掺杂浓度。

## 3.5.1 核掺杂

### 3.5.1.1 同时注入掺杂物和寄主前驱物

这种方法能够在形核阶段和生长阶段同时注入掺杂物和寄主前驱物。掺杂量子点的水相合成依靠掺杂物离子与寄主阳离子前驱物的共沉淀反应，需要添加阴离子前驱物作为表面配体。通过单点混合前驱物的直接生长合成掺杂量子点的方法，简单而且应用广泛。这种简单方法与水相合成法相比，可以制成 $Mn^{2+}$ 掺杂 ZnS[395,416-420]和 CdS[394]之类的掺杂量子点。这种掺杂方法并不适合高温度有机金属法。大多数情况下，临界尺寸的核排斥掺杂物原子是常见现象，这时候掺杂物只能依附在纳米晶体表面[394]。掺杂物不可能穿过纳米晶格实现均质结合。由于标准热注入法的掺杂效果相对较差，正确设计单分子前驱物、完成动力学驱动的低温生长，即有可能在有机阶段更好地控制掺杂物浓度[403, 421-426]。

通过掺杂物前驱物注入寄主前驱物水相溶液的简单方法，在 $Mn^{2+}$ 掺杂 ZnS 方面取得了重大进展。最早的研究工作发现，将多磷酸盐[396, 417, 419, 420]和组氨酸[427]用作配体，甚至在没有配体的情况下，也能够实现水相 ZnS 量子点的 Mn 掺杂[395, 416]。

这类最早的合成工作基本上都是在室温下完成的，由于量子点结晶度低，表面陷阱密度高，削弱了掺杂物发射。为了进一步提高 Mn 掺杂的效率和重复性，MPA 之类的巯基配体广泛应用于水相合成 ZnS：$Mn^{2+}$ 量子点[418, 428]。

根据 HSAB 原理，$Mn^{2+}$ 离子的硬度高于 $Zn^{2+}$ 离子，由于溶度积差异较大，难以实现 ZnS 和 MnS 的共沉淀。注入阴离子前驱物之后，在反应物彻底混合之前就会发生沉淀，所以混合程序对 ZnS 和 MnS 沉淀的影响很大，而混合程序又很难控制。这种情况导致合成工艺的重复性很差。在添加阴离子前驱物之前，MPA 与 $Zn^{2+}$ 配位，使得 ZnS 和 MnS 的溶解度相互接近，有利于 ZnS 和 MnS 的共沉淀。Zn-MPA 能够逐渐释放 Zn 离子，因而能够改善掺杂过程的重复性。研究表明，在以 MPA 和 TG 为配体的情况下，ZnSMn 的 PLQY 为－8%[428]和－13%[429]。另外，在有氧条件下对掺杂量子点微粒表面进行后期处理，可以消除表面陷阱状态，促进寄主对 $Mn^{2+}$ 掺杂物的能量传递，以便增强掺杂物发射[396, 418, 419, 430]。通过掺杂核周围的宽间隙半导体壳的过度生长，例如 ZnS：Mn/ZnS，大幅度提高 Mn 掺杂物发射，可以得到 18%左右的最高量子效率[431,432]。同样，由于 $Mn^{2+}$ 的反应性低于 $Zn^{2+}$，ZnSe 核周围吸收的 $Se^{2-}$、$Mn^{2+}$ 可以在壳包覆之后有效地植入晶格内部，远离表面缺陷，从而提高 ZnSe：Mn/ZnS[433, 434]和 ZnSe：Mn/ZnO 的 PL[435]，使得 PLQY 分别高达 35%和 12%。这种 Mn-PL 增强效应还为 Mn 离子存在于量子点晶格内部的假设提供了有力的证据。

除 Mn 对 Zn 硫属化合物寄主的掺杂以外，只有不多的文献提及水相合成 Cd 硫属化合物的 Mn 掺杂。$Cd^{2+}$ 离子是软路易斯酸，相对于溶液中的极性 $H_2O$ 和 OH 离子之类的硬路易斯碱，更易于与软硫属离子结合。反过来，$Mn^{2+}$ 更倾向于较硬的配体。化学电势失衡有助于 $Mn^{2+}$ 溶解，阻碍水合介质中的 $Cd^{2+}$－$Mn^{2+}$

交换。以前的研究发现，掺杂物离子半径和寄主阳离子半径之间的小规模失配有助于掺杂结构的形成，而大规模失配则会在共沉淀过程中排斥掺杂物[412, 436]。目前知道 $Mn^{2+}$ 离子与闪锌矿 II-VI 型纳米晶体（001）控面之间存在很高的结合能[378]。由于 $Zn^{2+}$ 离子半径（0.74A）与 $Mn^{2+}$ 离子半径（0.80A）之间的失配，小于 $Cd^{2+}$ 离子半径（0.97A）与 $Mn^{2+}$ 离子半径之间的失配，所以顺磁离子对 Zn 基晶格的掺杂速度远远高于 Cd 基晶格的掺杂速度[436]。同理，由于 $Co^{2+}$ 离子半径（0.74A）与 $Cd^{2+}$ 离子半径之间的失配较大，ZnS 晶格更容易接纳 $Co^{2+}$ 掺杂物，简单共沉淀导致 CdS 微粒与 $Co^{2+}$ 离子简单物理吸附于表面。$Mn^{2+}$ 掺杂 CdS 量子点 394 和 $Mn^{2+}$ 掺杂 CdSe 也观察到类似的 $Mn^{2+}$ 离子排斥现象[412]。通过直接配位法（例如多磷酸盐封端 CdS：Mn）成功实现 CdS 量子点 Mn 掺杂的报道数量极少[420]。

曾经有人通过反相微乳液合成法制作 CdS：Mn 和核/壳 CdS：Mn/ZnS 量子点[389, 437-440]。Radovanovic 和 Gamelin 发明的 isocrystafline 核/壳合成方法与直接水相合成不同，这种方法以反相微乳液中的两阶段水相共沉淀为基础[436]。在 CdS 量子点外围的 CdS 层附加一层沉淀物，覆盖表面结合 $Co^{2+}$ 离子，防止 $Co^{2+}$ 进入 CdS 纳米晶体，保证 $Co^{2+}$ 离子掺杂在 CdS 晶格内部[436]。按照类似的方法，快速搅拌 10~15min 制备 $Mn^+$ 掺杂 CdS 核。389'437 以极低的速度（1.5~2.0mL/min）向掺杂核溶液添加 $Zn^{2+}$ 前驱物微乳液，形成目标掺杂核/壳纳米晶体。后一种溶液保留过量的硫离子以支持 ZnS 壳在各个 CdS：Mn 量子点上的生长。由于 ZnS 晶体层与外围的 CdS：Mn 核极度匹配，合成的 CdS：Mn/ZnS 量子点呈现极强的 $Mn^{2+}$ 掺杂物发射，而未钝化的 CdS：Mn 量子点的发射可以忽略不计。由于 ZnS 层的宽间隙，CdS：Mn/ZnS 纳米晶体中的光生成激子有效地进入 CdS：Mn 核区[440]。在钝化不良的情况下，假定发射很弱，原因是已经激发的电子–空穴对大多在未钝化表面陷阱点位上无辐射松弛。掺杂物发射明确表明 $Mn^{2+}$ 离子已经成功掺入量子点晶格，随后用超导量子干涉仪磁强计测定的顺磁性能也证明了这一点[389]。

与 $Mn^{2+}$ 离子相反，$Cu^+$ 离子属于软酸，$Cu^{2+}$ 属于硬酸和软酸之间的边界酸。因此铜离子掺杂物对硫属阴离子的反应性高于 $H_2O$ 和 $OH^-$ 之类的硬碱，这种情况有助于铜在寄主金属硫属化合物晶格内部的结合。在共同硫离子的情况下，硫化铜的溶解性低于 Zn 基、Cd 基硫化物的事实，也证明了这一点。$Cu^+$ 离子在水溶液中不稳定，只能与某些络合物共同存在。早期研究工作利用硫脲/巯基硫化物稳定 $Cu^+$ 离子，这种方法降低了 $Cu_2S$ 与 ZnS 之间的溶解性差异，从而提高了 $Cu^+$ 在水相合成阶段掺入 ZnS 量子点的效率。绿发射和蓝发射在不同掺杂物浓度下同时出现，即为 $Cu^+$ 成功掺杂的证据。

以水溶性 $Cu^{2+}$ 盐为掺杂物前驱物，使用合适的稳定剂，将 $Cu^+$ 注入寄主前驱物溶液之后加热，可以获得各种 Cu 掺杂量子点。例如用壳聚糖稳定的 ZnS：Cu 纳米晶体在 420nm 左右的波段上呈现弱寄主发射。但是增添还原剂（$NaBH_4$）会在 540nm 出现较强的掺杂物发射，量子效率高达 10%。寄主先前的弱峰值这时候变成平台状。XPS 和 ESR 测量结果表明，合成量子点包含 $Cu^{2+}$，而 ESR 测量结果和发射状况都证明，经过 $NaBH_4$ 处理之后形成的 $Cu_2$ 正是发射出现的原因。研究人员发现，在包含柠檬酸钠、硫氰酸铵和维生素 C 的还原环境中合成的量子点，可以直接观察到绿发射。由于 $Cu^+$ 在环境条件下氧化成 $Cu^{2+}$，一段时间以后发射消失。精心设计量子点晶体结构可有效抑制寄主表面 $Cu^+$ 离子的氧化，形成较强的 $Cu^+$ 掺杂发射。

得益于 MPA 等硫醇配体的使用，成功地在水相中制备了铜掺杂锌硫族化合物量子点，例如 ZnS 和 ZnSe[443-447]。在大多数情况下，铜离子以单价态存在，因为 MPA 可以将 $Cu^{2+}$ 还原为 $Cu^+$[333]。这与正十二烷硫醇还原 Cu(II) 形成 Cu(I) 相似[231, 236, 239, 448]。利用这种方法，通过混合 $Cu^{2+}$ 和 $Zn^{2+}$ 前驱物，然后引入阴离子前驱物，用水相法合成了内部掺杂 Cu：ZnSe 的纳米晶体[445, 447]。据称内部掺杂涉及两个步骤，即掺杂离子的表面吸附和内部掺杂。前一步涉及水相纳米晶体的静电，而后一步涉及氧化还原反应，例如通过纳米晶体表面的 MPA 将 $Cu^{2+}$ 还原为 $Cu^+$，从而促进 $Cu^+$ 掺杂剂的吸收[447]。在第一阶段中，观察到静电排斥力的减弱促进了 $Cu^{2+}$ 等金属杂质在纳米晶体表面的吸附，从而有利于第二阶段粒子表面的氧化还原反应。增加 $Cu^{2+}$ 浓度也会促进 MPA 配体的过氧化，从而导致所得纳米晶体的胶体稳定性大大降低。由于 $Cu^+$ 的最高占据分子轨道（HOMO）位置位于基质量子点的带隙内，因此靠近纳米晶体表面的 $Cu^+$ 离子也有利于 MPA 配体的光氧化为二硫化物[444]。这也是 Cu：ZnSe 纳米晶体稳定性弱的原因。为了抵消这种固有的不稳定性，Xu 等人[443]在 60°C 和 pH=11.5 的条件下将所制备的核注入 $Zn^{2+}$、TAA 和 MPA 的混合物中，用 ZnS 壳包覆掺杂的 ZnSe：Cu 核。这种内部掺杂的 ZnSe：Cu/ZnS 核/壳纳米晶体的 QY 约为 8.9%，显示出较强的化学和发光稳定性[443]。ZnS 壳一方面使 $Cu^+$ 远离量子点表面，另一方面其宽带隙还促进了空穴从 ZnS 壳向 ZnSe 核的转移，这使得空穴出现在新外表面上的可能性大大低于纯 ZnSe 核内。因此与 ZnSe：Cu 和纯 ZnSe 纳米晶体相比，ZnSe：Cu/ZnS 纳米晶体的化学稳定性得到改善主要是由于纳米晶体表面上出现空穴的可能性降低了[444]。

仅观察到掺杂铜的 ZnS 和 ZnSe 量子点显示出蓝绿色和绿黄色发射。因此还选择了 CdS 量子点和合金化 CdZnS 量子点作为掺杂基质，以将铜掺杂物的发射扩展到红色甚至近红外区域[449-451]。例如，在 $N_2$ 空气中存在 MPA 的条件下，通过回流 $Cd^{2+}$ 和 $Cu^{2+}$ 的混合物来制备 CdS：$Cu^+$ 量子点[449]。通过改变 $Cu^{2+}$ 的添加量和反应时间，可以得到 545~605nm 可调发射的不同尺寸的 CdS：$Cu^+$ 量子点，PLQY 范围为 8%~22%。发现在 $N_2$ 下进行回流时获得了较高 QY（22%），但是在空气中制备量子点时 QY 降低到 12%，这表明 $Cu^+$ 掺杂剂在合成过程中倾向于被氧化。CdS：$Cu^+$ 量子点也可以在存在 pH=8 的 L-半胱氨酸的条件下通过水热方法使 $Cd^{2+}$ 和 $Cu^{2+}$ 混合物回流制得[450]，通过调节掺杂剂浓度和量子点尺寸可以在 580~730nm 的范围内广泛调节发射。作者建议在合成过程中将 $Cu^{2+}$ 还原为 $Cu^+$，因为使用 EPR 未在量子点中观察到 $Cu^{2+}$ 的可见信号。

在存在 MPA 的条件下，同时将 HTe-加入 $Cd^{2+}$ 和 $Ag^+$ 离子的混合溶液中来合成 CdTe：$Ag^+$ 掺杂的量子点[452]，反应溶液在 pH=11.0 下回流。与支持 $Ag^+$ 掺杂的未掺杂量子点相比，合成中 0.3%银掺杂剂的化学计量百分比有效地提高了 PL 和辐射速率，降低了斯托克斯位移，并抑制了非辐射速率。掺杂量子点的光学性能改善主要是由于 $Ag^+$ 掺杂使表面缺陷最小化。荧光增强的主要机制主要是由于额外的载流子以及掺杂的 Ag 杂质引起的带正电的中心。据称这些额外的载流子可以填充量子点的陷阱态，并且由剩余的带电杂质中心产生的静电场也可以增强荧光[453]。与 CdTe 相比，Ag：Te 化合物的极低溶解度可能是成功掺杂的原因。

在上述掺杂方法中，在一锅掺杂合成过程中同时发生掺杂剂吸收和基质生长，获得掺杂过程的定量动力学以及用于控制掺杂物径向位置的反馈非常困难，在 Cu 掺杂过程中发生的氧化还原反应是复杂的。尽管据称纳米晶体[454,455]中的其他还原剂（例如硫醇配体和阴离子）将 $Cu^{2+}$ 还原为 $Cu^+$，但仍然需要确定这些假设的确切依据。有利于 $Cu^+$ 的其他解释主要是基于不存在 $Cu^{2+}$ 电子顺磁共振（EPR）信号。强自旋轨道和 Jahn-Teller 效应会大大加宽 $Cu^{2+}$ EPR 线，使其无法检测[456]，在实验上仅通过 ESR 验证铜离子的价态仍然很困难。

稀土离子（镧系元素，$Ln^{3+}$）由于其 4f 轨道而具有出色的发光特性，并且自从二十世纪八十年代以来已广泛用作照明和显示应用中的磷光体以及电信中的红外光增益介质。掺 $Ln^{3+}$ 的量子点的例子非常有限[457-462]，由于 $Ln^{3+}$ 和基质离子（例如 $Zn^{2+}$，$Cd^{2+}$）之间的化学性质不同，将镧系元素离子掺入水相的 II-VI 量子点中仍然是一项挑战。硬路易斯酸 $Ln^{3+}$ 离子与水或硬碱 $OH^-$ 而不是常用的硫醇配体牢固结合，以获得 II-VI 金属硫族化合物半导体。

### 3.5.1.2 基质成核之前加入掺杂剂

Peng 的团队通过仔细调整反应条件以控制基质和掺杂剂前驱物的反应性，即允许成核掺杂或生长掺杂，证明了掺杂与基质成核/生长过程的解耦[399,463]。在成核过程中，成核掺杂采用混合掺杂剂和基质前驱物，其各自的反应性和反应条件经调节来控制所得核中的掺杂剂浓度。成核后调整反应条件以优先激活基质生长，同时使掺杂剂前驱物失活，因此不再参与生长。结果基质过度生长完全占主导地位，而掺杂物只埋在量子点的中心。通过这种策略合成的 Mn：ZnSe 量子点在 MnSe 核与 ZnSe 壳之间具有扩散界面，具有很高的 PLQY 和高达溶剂沸点的热稳定性[399]。在极端情况下，核（掺杂剂）/壳结构（即仅由掺杂剂组成的核）通过纯硫族化合物掺杂剂的核化生成，随后基质壳单独过度生长[399,463,464]。这种成核掺杂已被证明是合成 Mn：ZnSe 量子点的有效方法，并且这些内部掺杂的纳米晶体具有出色的光稳定性和环境稳定性。

按照上述极端成核掺杂策略，使用 MPA 作为水溶液的稳定剂成功制备了 $Mn^{2+}$ 掺杂的 ZnSe 量子点[465,466]。例如，首先在存在 MPA 的条件下将 $Mn^{2+}$ 和 $HSe^-$ 的反应混合物回流以形成 MnSe 粒子，注入 $Zn^{2+}$ 前驱体溶液，然后进一步回流 5h[467]。在 570nm 处出现 $Mn^{2+}$ 掺杂物发射，证明可以将锰掺杂到 ZnSe 量子点中。所得的掺杂量子点显示 PLQY 为 2.4%。或者当采用多步注入锌前驱物和 MPA 来生长 ZnSe 时，ZnSe：Mn 量子点的最大 PLQY 可达 4.8%，并且发射可在 572~602nm 范围内调整，如图 17[468]。这可以通过以下事实来理解。$Zn^{2+}$ 比 $Mn^{2+}$ 柔软，并且倾向于与 $Se^{2-}$ 形成稳定的化合物。因此如果注射一次，$Zn^{2+}$ 离子将与 $Mn^{2+}$ 大量交换。但是如果将锌前驱物与 MPA 一起逐步注入，将抑制 $Mn^{2+}$ 与 $Zn^{2+}$ 的交换，这有利于有效地进行锰掺杂[468]。

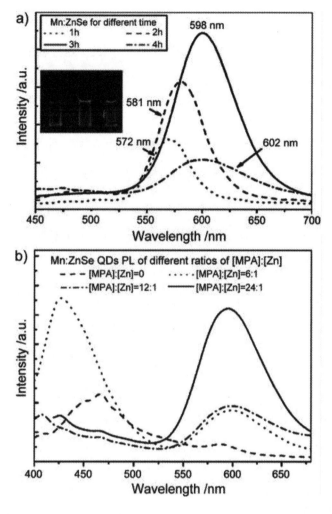

图 17 掺杂 $Mn^{2+}$ 的 ZnSe 量子点在不同反应时间和不同 MPA、Zn 比率时的 PL 光谱[468]

## 3.5.2 壳掺杂

除了在上述基质成核之前或过程中加入掺杂剂之外，还可以在壳涂覆过程中进行掺杂，以实现同晶或杂晶结构的壳掺杂。该策略可以控制掺杂物的径向分布，并可以产生较高的荧光量子产率（例如在 ZnSe/ZnS 469 和 CdS/ZnS 量子点[397, 415, 470] 的锰掺杂物发射中 > 50%）以及量子点激子发射的额外强淬灭。由于 $Mn^{2+}/Cd^{2+}$ 的掺杂剂和基质阳离子半径的失配较大，在基质（例如 CdS/ZnS）的 $Zn^{2+}$ 位点处取代掺杂剂离子更为有利[436]。该策略可用于研究掺杂态对基质和锰掺杂行为的依赖性，例如核内、核与壳的界面处或壳内部的锰[397, 471]。ZnS 壳内锰离子的总浓度及其与 CdS 基质的径向距离对基质能带边沿 PL 和锰相关 PL 都起着重要作用[471]。不同的核/（掺杂）壳量子点，例如有机溶液生长的 ZnSe/ZnS：Mn [469, 472]、CdS/ZnS：Mn [397, 415, 471, 473]、CdSSe/ZnS：Mn [474]、CdSe/ZnS：Mn [390] 和 $CuInS_2$/ZnS：Mn 量子点[236] 均证明一系列底层未掺杂核上添加了掺杂锰的 ZnS 壳。在这些示例中，当掺杂有 $Mn^{2+}$ 离子时，基于 CdS、ZnSe 和 ZnS 的量子点可以导致淬灭量子点激子发射，而基质可以有效地敏化 $Mn^{2+}$ 掺杂剂。即以合适的带隙将 $Mn^{2+}$ 离子掺杂到量子点基质中，可以通过有效的能量传递来增强掺杂剂的发射，其中基质量子点的激子态为供体，而锰离子为受体。这也减少了来自量子点基质的激子荧光。这种发光机制的细节将在 4.4.1 项中讨论。

对于较窄带隙的量子点，例如 Cd（Se，Te）和 CuInS₂，可以通过尺寸控制来调节基质带隙，从而阻止上述能量传递过程，导致未观察到 Mn²⁺ 掺杂剂的特征发射。因此，这种较窄的带隙材料中可以保持量子点激子发射。即使当基质量子点能级适合 Mn²⁺ 掺杂物发射时，仍然很难获得强荧光，因为结构中存在的掺杂物原子也是有效的杂质，并可能带来与激子辐射复合竞争的其他非辐射复合通道。如果掺杂离子的半径与未掺杂晶格中的规则位点严重不匹配，则即使每个基质量子点的掺杂剂离子密度较低，也可能引起结构缺陷并导致较大的局部晶格应变。减轻此类问题的一种方法是在发射量子点核和掺杂剂之间插入垫片，或者调整掺杂剂的径向位置，尤其是对于核/壳异质结构，可以改善失配引起的应变的影响[236, 390, 392, 415, 471]。

以基于顺磁性量子点的双模态探针为例，需要仔细选择和设计纳米晶体结构，以同时获得强大的光、磁特性，同时将量子尺寸保持在绝对最小水平，这既符合量子限制效应，又保证进入生物系统的通道。在某些情况下，此类考虑可能导致用掺杂 Mn²⁺ 的半导体壳包围基质量子点，其中掺杂剂的破坏性比核中的破坏性小。目前，具有锰掺杂的 ZnS 壳[390, 471]（图 18）和水相生长的 CdTe 量子点核[392]上类似的掺杂壳的有机生长的 CdSe 已证明可以维持强基质激子发射（QY 分别为 20%和 45%）。在这些研究中，由于核的带隙在能量上低于 6A1→4T1 跃迁，能量转移不活跃，因此未观察到 Mn²⁺ 掺杂剂的特征性橙色发射。除保持强的激子发射外，水相 CdTe/ZnS：Mn 还表现出高松弛度，范围为 5.4~10.7 mM⁻¹s⁻¹[392]。在生长过程中，使用谷胱甘肽（GSH）三肽作为热驱动的缓释硫源和配体，通过将掺杂离子与 Zn²⁺ 离子和共沉淀来实现 Mn²⁺ 离子与 ZnS 壳的结合。通过这种方式，ZnS 壳为锰掺杂提供了更好的基质晶格，因此保持了较强的基质 PLQY。添加掺杂壳还增强了量子点核的化学稳定性[392]。系统研究了 Mn²⁺ 掺杂浓度对锰掺杂的 CdTe/ZnS 核/壳量子点光学和磁特性的影响。这种核/壳结构在保持较小尺寸的同时，适当地平衡了光学和磁特性（此处未涉及锰掺杂剂的磁特性优点），这有利于将荧光/磁性纳米晶体构造为生物应用的双峰探针[388]。进一步采用了相同的策略来实现无镉的 CuInS₂/ZnS：Mn 量子点，该量子点不仅具有出色的光学成像和磁共振成像（MRI）潜力，而且与 CdTe 量子点相比也具有极低的细胞毒性[236]。

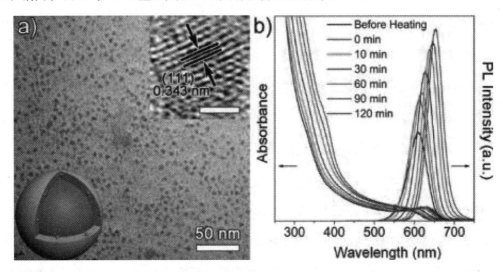

图 18 通过水相法合成的 4.3nm 锰掺杂的核/壳 CdTe/ZnS：Mn 量子点的 TEM 图像（插图中的比例尺为 2nm）以及吸收和 PL 光谱在不同生长时间的演化[392]

CdTe/CdS：由 MPA 封端的铜量子点是在 CdS 壳生长期间通过掺杂剂生长合成的[475]。在掺杂 $Cu^{2+}$ 之前，pH=11 的 Cd/MPA（1∶2）条件下，在 70~100℃ 的温度下老化 2.2nm 的 CdTe 核，CdS 壳涂层可以达到一定厚度。然后在 $Cd^{2+}$/$Cu^{2+}$/MPA（1∶0.01∶2）溶液中，在 100℃ 下进一步老化核/壳，合成具有各种壳厚度的 MPA 封端的 CdTe/CdS∶Cu 量子点。PLQY 为 50%~70%的 CdTe/CdS∶Cu 掺杂量子点的铜掺杂水平为 0.5%~1.5%，近红外荧光范围为 700~910nm，如图 19。观察到的 PL 寿命约为 1μs，比未掺杂的 CdTe/CdS 量子点（寿命约为 100ns，发射波长为 560~820nm）寿命更长。掺杂后的光学差异是由于从 CdS 壳的导带到充当有效陷阱态的铜能级的新复合途径取代了 CdTe 核的价带，这可以支持对量子点内部铜掺杂的解释，但是未明确铜掺杂剂的价态。

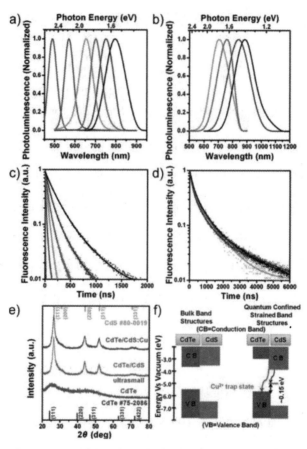

图 19　合成具有各种壳厚度的 MPA 封端的量子点

注：a）CdTe/CdS 超小核/厚壳量子点的 PL 光谱（从左至右：CdTe 超小核、QDs-560、QDs-640、QDs-700、QDs-760、QDs-820）；b）CdTe/CdS∶Cu 超小核/厚壳量子点（从左至右：QDs-700、QDs-760、QDs-840、QDs-910）；c）用不同厚度的 CdS 壳封端的 2.2nm CdTe 超小核；d）CdTe/CdS∶Cu 超小核/厚壳量子点的时间分辨荧光衰减曲线；e）CdTe 超小核、CdTe/CdS 超小核/厚壳 QDs-820 和 CdTe/CdS∶Cu 超小核/厚壳 QDs-910 的粉末 X 射线衍射（XRD）数据，顶部和底部的条分别代表 CdS 和 CdTe 的整体立方结构；f）CdTe/CdS 核/壳结构的体能带偏移和 CdTe/CdS∶Cu 超小核/厚壳纳米结构的能带偏移图，考虑了量子约束和晶格应变的影响，根据模型固体计算理论[475]。

顺磁性离子掺杂量子点的设计需要不断仔细地确定掺杂物的位置、分布与其弛豫行为之间的相关性。上述掺杂核/壳策略可以提供精确的空间控制掺杂，这也有助于控制顺磁离子（例如 $Mn^{2+}$，$Gd^{3+}$ 等）与附近水（在基于溶液的应用中）之间的相互作用，从而增强弛豫性能。显而易见的是，当 $Mn^{2+}$ 离子具有缓慢的翻滚速率并通过自旋质子偶极耦合与周围的水分子发生强烈的相互作用时，将其掺杂到壳晶格的表面中将有益于高性能 MR 对比。关于粒子表面结构以及量子点尺寸和壳厚度如何通过整体掺杂水平/位置依赖性影响弛豫特性的详细机制尚待完全解决，增强弛豫特性的确切方法尚未完全阐明，但是自旋质子偶极相互作用似乎得到了有利的增强，这种相互作用与金属离子-质子距离成反比，换言之与 $Mn^{2+}$ 离子与周围水分子的分离距离成反比。鉴于此，对在壳中具有顺磁性离子掺杂的核/壳纳米晶体提出了一种潜在的关键方法，因为它们可以使光信号和磁信号同时独立地保存在同一信号粒子中，而掺杂的结构足够坚固，可以在复杂的生理条件下运行。如果要减少顺磁性掺杂剂与量子点发生不良相互作用，这些异质结构的设计（例如，荧光核和磁性离子之间空间间隔可以增加的程度）以及对 PL 淬灭效应的更详细的探索仍有待解决。

## 3.6 半导体纳米晶体的非常规水相合成

### 3.6.1 仿生合成

活生物体能够通过生物矿化的自然过程排泄出无机物质。生物体使用一系列生物分子模板和支架来完成这一过程[372,373]。目前已使用酶、核酸、多糖、肽和蛋白质等生物分子辅助模仿这些过程的水相量子点的生长[71,105,476,477]。这些天然生物分子既可以钝化正在生长的量子点的表面，也可以利用这些生物分子的三维结构、水溶性、多重螯合能力和内在还原能力促进非球形粒子的定向生长。生物分子通常在温和的条件下（pH 和温度）执行合成任务，但效率极高。量子点生长完成后，生物分子继续充当生物相容性稳定配体。另外，仿生方法允许化学家从多种生物和生物医学应用相关的各种生物分子中进行选择，也可以扩大规模，从而带来制造效益。目前已经对如下所述的一系列仿生模板进行过研究。

#### 3.6.1.1 肽和蛋白质作为生物模板

由于肽和蛋白质中的氨基、硫醇和羧基等官能团能够与跃迁金属离子（例如 $Ag^+$，$Cu^{+/2+}$，$Hg^{2+}$，$Zn^{2+}$ 和 $Cd^{2+}$）配位，因此蛋白质和肽可以充当量子点水相合成的表面封端剂。

天然存在的谷胱甘肽分子等肽类已广泛应用于该领域。半胱氨酸已被证明是量子点合成的关键肽单元，并已在多个量子点生长的仿生策略中发挥了重要作用，具有出色的尺寸控制、光学性能和生物相容性。

Lu 及其同事在存在精氨酸-甘氨酸-天冬氨酸（RGD）肽的条件下，在 98℃、pH=8.5 的环境中合成了 CdTe 和 CdZnTe 量子点，并研究了肽结构对量子点光学性质和胶体稳定性的影响[478]。他们发现，将半胱氨酸（Cys）残基掺入 RGD 中获得的 CRGD 是产生 CdTe 量子点的最佳配体，产生的 CdTe 量子点发射范围窄（500～650nm），PLQY 相对较高（最高 15%），进一步表明 Cys 在 CRGD 中的位置在很大程度上影响了量子点的胶体稳定性，而 N 端的 Cys 具有最佳的稳定效果。如果将两个或以上 Cys 残基引入到肽中，CdTe 纳米晶体的生长会受到抑制。他们还报告，使用 Cys 和 CRGD 混合配体合成了 PLQY 高达 60% 的高荧光 CdZnTe 合金量子点。

Ma 及其同事设计了一种二硫醇肽，该肽可以被靶蛋白酶裂解，生成两个单硫醇肽，随后在 Cd 和 Te 前驱物存在的情况下促进荧光 CdTe 量子点的生长，如图 20 所示[479]。这种智能设计不仅可以用于监测靶蛋白酶的活性，还可以用于辅助荧光 CdTe 量子点的仿生合成，原因在于单硫醇分子可能导致荧光 CdTe 量子点，而二硫醇分子则不能。

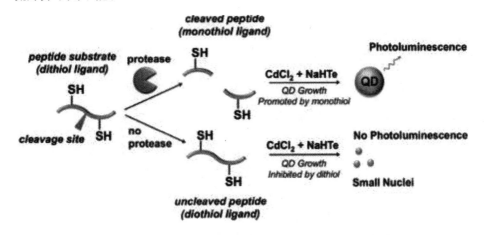

图 20　用于蛋白酶活性无标记检测的 CdTe 量子点的仿生合成示意图[479]

Singh 等人报告了一种具有两个不同片段的双功能肽，分别与 $Cd^{2+}$ 和 $Zn^{2+}$ 选择性结合，以促进 CdSe/ZnS 核/壳量子点的形成[480]。如图 21 所示，该肽配体通过其镉域稳定 CdSe 量子点，即 Cys-Thr-Tyr-Ser-Arg-Lys-His-Lys-Cys 含有两个 Cys 单元，形成一个二硫键，而 Lys-Arg-Arg-Ser-Ser-Glu-Ala-His-Asn-Ser-Ile-Val 用来捕获 $Zn^{2+}$，然后形成 ZnS 壳。初始核尺寸为 4~5nm，而在 ZnS 涂覆后，粒子总尺寸增加到约 12nm。HRTEM 研究证实了核/壳结构的形成导致 PL 增加了 1.5 倍。以上研究可提供有效的方法进行量子点工程设计以形成所需结构。

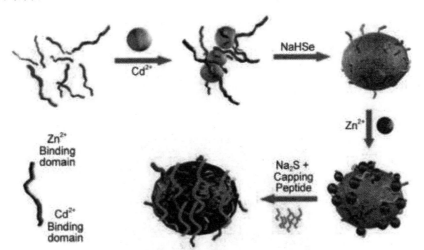

图 21　使用双功能肽的 CdSe / ZnS 核/壳纳米晶体合成示意图[480]

牛血清白蛋白（BSA）及其变性的对应物被大量用于合成各种类型的金属硫族化物量子点，例如 CdS [481, 482]、$Ag_2S$ [227, 483]、Mn：ZnS [484]、HgS [485]、CdSe [482, 486]、$M_xSe_y$（M = Ag, Cd, Pb, Cu）[487] 和 $Zn_xHg_{1-x}Se$ [488] 纳米晶体。例如在 BSA 作为封端配体的情况下，在 pH 约为 9.8 的条件下，合成了直径约为 3.2nm 的 CdS 量子点[481]。通过限制硫代乙酰胺分解释放的 $S^{2-}$ 浓度来控制 CdS 形成的动力学。CdS 量子点富含 Cd 的表面会吸引 BSA 分子带负电荷的区域，有利于形成胶体稳定的 CdS 量子点。Wang 通过 pH

值为 11 的 $Cd^{2+}$ 和 $HSe^-$ 离子之间的反应合成了 BSA 封端的 CdSe 量子点[486]。有人提出在引入阴离子前驱体之前加入 BSA 和 $Cd^{2+}$ 离子之间适当的螯合时间（例如 6h），有助于提高 CdSe 量子点的质量。同样还发现，在引入 TAA 作为阴离子前驱物之前，BSA 与 $Ag^+$ 离子之间适当的螯合时间对于合成 BSA 封端的 $Ag_2S$ 纳米棒至关重要[483]。此外，Ghosh 在不同 pH 值条件下采用 BSA 的不同构型获得了不同尺寸的 CdS 量子点[482]。BSA 通常有三个构型，在 pH 为 6、4 和 2 条件下分别为 N（正常）、F（快）和 E（扩展）。这些依赖于 pH 的构型变化形成不同大小的 CdS 量子点，即在 pH=6 时为 4nm，在 pH=4 时为 5.2nm，在 pH=2 时为 6.4nm。当 pH 低于 4.7 时，$Cd^{2+}$ 可以到达更多官能团，例如 BSA 的 -OH、-NH、-COOH 等。因此，由于粒子的表面钝化更好，在低 pH 下 PL 强度高。由于表面钝化进一步改善，当 $NaBH_4$ 还原 BSA 的二硫键时，PL 可以进一步增加。与 BSA 相比，带硫醇基的变性 BSA 导致形成具有更高 PLQY 的量子点，例如 CdS 量子点为 16%：10%，CdSe 量子点为 36%：20%。

酶是量子点仿生生长的一类重要蛋白质，因为其中包含重要的金属结合位点和金属还原部分[489]。Pavlov 已对酶促反应和酶可能解决的生物分析应用的范围进行了审查。在下文中，我们将给出一些使用酶作为配体的量子点合成的例子。

核糖核酸酶 A（RNase A）等酶仅用作微波辐照下 CdTe 量子点水相合成的表面配体[490]。$HTe^-$ 与 RNase A/$Cd^{2+}$ 复合物反应后，通过改变反应时间和温度获得发射波长在 530~630nm 的 CdTe 量子点，大部分最终量子点的 PLQY 高于 40%。特别是在微波辐射下，在 90°C 温度下反应 5min 后，539nm 波长的 PLQY 高达 75%，但延长反应后[625]，纳米波长的发射降低到 18.5%。尽管由于苛刻的实验条件而几乎不能保留酶的活性，但上述方法还允许制备 $Ag_2S$ 量子点，在 980nm 波长时达到发射峰值[225]。

牛胰腺 α-胰凝乳蛋白酶（CHT）包含五个二硫键。这些二硫键很容易被三（2-羧乙基）膦盐酸盐（TCEP）还原成硫醇基，使还原的 CHT 能够在 pH=4.5 和室温条件下用作合成 CdS 量子点的配体[491]。产生的约 3nm 的 CdS 量子点表现出以 550nm 为中心的宽发射带，这源自与表面陷阱态相关的载流子的复合。由于位于酶催化中心距离内的可还原二硫键，附着在 CdS 量子点表面的 CHT 分子仍具有酶促活性，如图 22 所示。

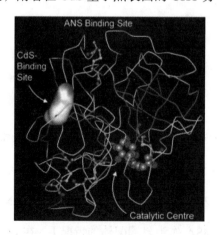

**图 22　α-胰凝乳蛋白酶 CHT 的三维结构**

注：CdS 附着的可能位置表示 Cys136 — Cys201 二硫键的位置，纳米晶体的成核可能发生在该位置。球棒模型用于指示蛋白质的其他二硫键。CHT 结构的坐标下载自蛋白质数据库（ID 代码 2CHA），并使用 Weblab Viewerlite 软件进行处理[491]。

同样，溶菌酶（Lyz）在室温和pH=11的条件下，CdSe量子点的水相合成中也用作稳定剂[492]。Lyz是一种小的单体球状蛋白质，含有129个氨基酸残基，包括6个色氨酸、3个酪氨酸和4个二硫键，可能会与金属离子结合，保证产生的量子点的胶体稳定性。通过$Se^{2-}$和$Cd^{2+}$/Lyz复合物之间的反应，获得了在570nm处发射的CdSe量子点。更有趣的是，尽管Lyz的二级结构发生了变化，但Lyz配体仍保留了生物活性。

另一个有趣的例子是在水相系统中合成的萤光素酶（Luc8）稳定的PbS量子点[493]。通过在环境条件下将萤光素酶与$Pb^{2+}$孵育以使$Pb^{2+}$与Luc8结合来开始合成，然后引入$Na_2S$促进PbS纳米晶体在剧烈搅拌下生长。由于酶的活性得到了很好的保存，因此通过Luc8和PbS之间的生物发光共振能量转移引入腔肠素诱导的PbS纳米晶体近红外发射，如图23所示。

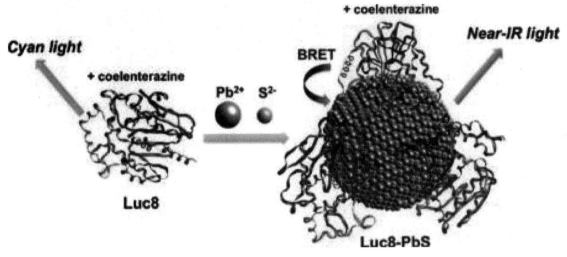

图23 通过生物矿化产生的近红外发光荧光素酶稳定PbS量子点的示意图[493]

除获得具有附加功能的量子点之外，蛋白质还可以帮助调节量子点的生长。胃蛋白酶带有大量的天冬氨酸残基，很容易通过多螯合作用充当量子点水相合成的封端剂。例如，在室温下，在pH=7的胃蛋白酶存在时合成CdS量子点[494]。具体来说，将$Cd^{2+}$离子与胃蛋白酶混合形成Cd-胃蛋白酶复合物，然后引入TAA缓慢释放$S^{2-}$离子，产生"叶形"CdS纳米晶体。有人认为$Cd^{2+}$和酰胺（-CONH-）之间的相互作用可能诱导胃蛋白酶从α-螺旋向β-折叠结构转化，这有助于捕获$Cd^{2+}$离子，这种转化有利于CdS量子点的定向生长。

由于其独特的结构，大量蛋白质（例如S层蛋白[495]、转铁蛋白[488]、脱铁铁蛋白[496]和血红蛋白[488]）可以很好地用作模板。由于铁蛋白包含一个用于铁存储的8nm多肽笼，因此脱铁铁蛋白提供了出色的生物学模板，可用于受控尺寸的纳米粒子的生长。Wong报告了以脱铁铁蛋白为模板、在pH=7.5时合成CdS量子点[496]的情况。在$Cd^{2+}$与脱铁铁蛋白的化学计量比为55∶1时，将$Cd^{2+}$离子引入脱铁铁蛋白溶液中，然后使$S^{2-}$离子超过$Cd^{2+}$离子2.5倍。但是，获得的粒度分布较差。

相反，作为蛋白模板的细菌蛋白酶ClpP表现出对量子点更好的形态控制。ClpP的14个亚基可自组装形成桶状空心腔，其锥形末端向外敞开，内表面有适当的负电荷分布，适合于容纳无机纳米粒子。利用这些结构优势，Moh 等人用 ClpP 作为模板，合成了 3.6nm 的均匀 CdSe 量子点[497]。建议通过以下三个步骤来形成 CdSe 量子点：①由于静电相互作用，CdP 壳内 $Cd^{2+}$ 离子扩散和积累；②ClpP 腔内 CdSe 与硒脲释放的 $Se^{2-}$ 离子发生反应后成核；③在被 ClpP 腔约束之前 CdSe 量子点的后续生长，如图 24 所示。

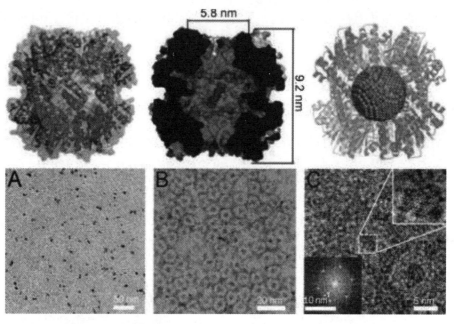

图 24　十四聚体 ClpP 的带状图

注：ClpP 的每个亚基以不同的颜色显示[497]。

总之，肽和蛋白质多种多样的官能团可以提供多种螯合作用，从而能够在水相系统中合成各种类型的量子点，可以将电子捐赠给金属阳离子以钝化量子点的表面，从而获得高 PL 的量子点。一些蛋白质的中空结构也能够使其充当模板，以形成大小明确的量子点。但是肽（尤其是蛋白质）的详细配位化学比单硫醇配体（例如 TGA 和 MPA）的配位化学要复杂得多，更重要的是，将肽/蛋白质的光学性质与生物学功能协同整合仍然具有挑战性。

### 3.6.1.2 核酸作为生物模板

作为另一类重要的生物分子，核酸具有各种金属螯合官能团，例如磷酸盐、羟基和多功能含氮基团，因此原则上可以用作调节量子点成核、生长和表面钝化的生物模板[71, 105, 477, 498, 499]。受益于核酸的工程结构，除了赋予量子点粒子具有识别特性和化学反应性之外，还可以在很大程度上调节量子点的大小、形态和光学性质[500]。另外，作为核酸的基本组成部分，核苷[501-503]和核苷酸[103, 504-506] 也可用于封端无机纳米晶体，如图 25 所示。特别是对核苷酸三磷酸（NTP，即三磷酸化形式的核苷酸）进行广泛研究揭示了核酸对量子点生长的协调作用[103, 477, 505, 506]。

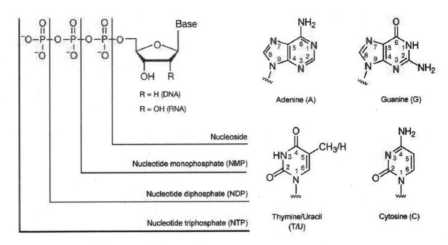

图 25 核苷和核苷酸用于封端无机纳米晶体示意图

注：核苷是核酸的组成部分，由一个核碱基[腺嘌呤（A）、胸腺嘧啶（T）、尿嘧啶（U）、鸟嘌呤（G）、胞嘧啶（C）]和核糖（RNA）或 2'-脱氧核糖（DNA）糖环组成，以蓝色突出显示。核苷酸是单磷酸化的核苷，核苷酸二磷酸酯（NDP）和三磷酸酯（NTP）分别是核苷的二磷酸化和三磷酸化形式。核碱基、核苷和核苷酸包含许多能够与金属离子结合的化学基团。核碱基中负责这些相互作用的原子和基团以红色突出显示，并编号进行区分[477]。

对使用核苷酸形成纳米晶体的机理进行大量研究发现，纳米晶体的钝化主要由碱基部分决定，而磷酸基团通过提供静电排斥来有效防止纳米晶体聚集[105]。鸟苷三磷酸（GTP）被认为是半导体纳米晶体的最紧密结合配体，已被证明是 PbS、CdS、CdTe 等荧光量子点生长最有效的配体[103, 104, 505, 506]。例如 GTP 是成功合成 IR PLQY1%~2%的荧光 PbS 量子点的唯一配体，而到目前为止，三磷酸腺苷（ATP）、三磷酸胞苷（CTP）和三磷酸尿苷（UTP）只能产生非发射式的 PbS 量子点，如图 26 所示[103]。这是由于 GTP 碱基部分的钝化作用，建议使鸟苷的环外 $N_2$ 基团直接与半导体表面相互作用，钝化纳米晶体表面，而 $N_7$ 基团可以调节 PbS 量子点的发射波长，但不能用作配位部分，如图 26 所示。

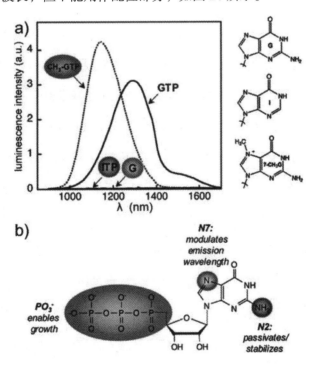

图 26 PbS 量子点合成中 GTP 上存在的特定化学功能的影响

注：a）当 GTP、G、ITP 和 7-CH$_3$-GTP 用于 PbS 量子点合成时获得的发光光谱；b）在纳米粒子成核、生长、终止、稳定和钝化中，磷酸盐的建议作用和 GTP 基本功能[103]。

建议磷酸根的阴离子氧原子最初也与 Pb$^{2+}$ 离子结合，在引入阴离子前驱物后，开始改变其作用以防止纳米晶体聚集并使纳米晶体溶于水。以 CdS 量子点为例，发现 GTP 在稳定纳米粒子的同时能够有效保持 pH=7 时的有效发光，而腺苷、肌苷、胞嘧啶核苷、尿嘧啶和 7-甲基鸟苷的核碱基在 pH 值达到 10 的碱性范围时才能支持发光产物的合成，参见图 27[506]。

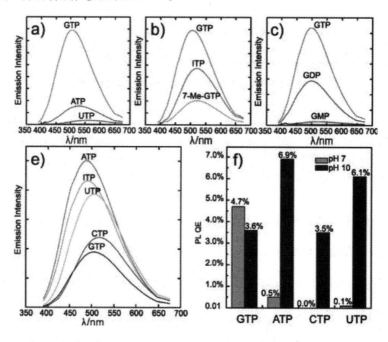

图 27  pH=10 时发光产物的合成

注：a）四种天然存在的核糖核苷酸；b）GTP 类似物 ITP 和 7-MeGTP；c）不同多磷酸盐长度的鸟苷，在 pH=7 时合成的 CdS 纳米晶体的 PL 光谱；d）在 pH=10 的碳酸盐缓冲液中合成的 NTP 稳定的 CdS 纳米晶体的 PL 光谱；e）在 pH=7 和 pH=10 时合成的 PL QY 的比较[506]。

在中性条件下，GTP 可以使 CdS 量子点稳定，尽管 N$_7$ 部分与 GTP 稳定量子点的相互作用使 PLQY 最高达 4.7%，并且在 506nm 处发射值最大。在 pH=10 时，ITP 稳定 CdS 量子点在 495nm 处 PLQY 最高，为 8.5%。经证明，pH 的变化会影响存在 NTP 时量子点的形成及其发射性质。有趣的是，在除 GTP 之外的所有情况下，在 pH=10 时产生的 CdS 量子点的发射性质至少增加了一个数量级，而对于 GTP，发射性质则略有下降。这些结果表明，在除 GTP 之外的所有情况下，CdS 量子点的表面都可能被 Cd(OH)$_2$ 壳覆盖。该发现与鸟嘌呤碱基与镉牢固结合从而防止任何进一步表面反应的事实一致，此外还发现磷酸基团直接与碱部分的氨基一起钝化。在大多数情况下，核苷酸的 Lewis 碱基对粒子的生长起主要作用，而磷酸基团则赋予了水溶性。金属-核酸的结合类型和强度在很大程度上取决于基于 HSAB 原理的金属离子的性质。关于这些金属-核酸的相互作用，请读者参考 Berti 和 Burley 先前的进展评论文章[477]。

得益于上述对核酸单体对纳米晶体形成的影响的认识，DNA 或 RNA 链中序列和组成的合理设计可使这些分子成为纳米晶体合成的高度可调和通用的配体。显然，量子点的物理化学、形态和光物理特性关键取决于核酸的组成、长度、线性/空间结构等[105, 477, 499]。例如，核酸线性序列（一级结构）决定了可用于纳米晶体钝化的每条多核苷酸链上的功能，以及钝化位点的数量和它们之间的间隔[105,500]。核酸的二级和三级结构可通过在不同的生长阶段与纳米晶体表面相互作用而影响纳米粒子的生长动力学，从而导致形成不同大小或形状的纳米粒子[105,500]。可以利用这种额外的自由度来生产更大范围的纳米晶体产品。半导体量子点在 DNA 模板上的生长已经过证明，例如 Coffer 组的 CdS[507]和 Sargent 组的 PbS[498]。Sargent 及其同事通过滴加硝酸铅并随后注入硫化钠，合成了以 DNA 为模板的近红外发射（PL 最大为 1100nm）PbS 量子点[498]。通过调节前驱物比和反应温度，频带边沿发射获得的最高 QY 达 11.5%。

以硫醇基团作为配体结构域对 DNA 的磷酸主链修饰可以提高 DNA 与量子点表面阳离子的结合能力[104-107,508-511]。这些硫代磷酸酯 DNA 链（其中磷酸主链上带负电荷的氧原子被硫取代）可用作纳米晶体钝化片段，经证明，由于硫醇基团和 $Cd^{2+}$ 之间的软-软结合，硫代磷酸酯核苷酸对 $Cd^{2+}$ 离子的亲和力比磷酸盐核苷酸高得多。使用嵌合硫代磷酸酯 DNA 分子作为模板，DNA 模板的量子点合成可直接生成生物功能化的 CdTe 量子点（图 28）[105]。

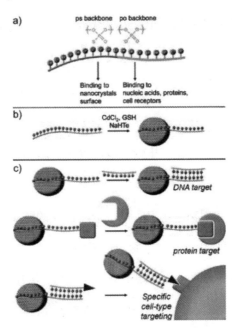

图 28　DNA 编程和功能化的 CdTe 纳米晶体

注：a）具有配体（ps）和识别（po）结构域的嵌合寡核苷酸的设计；b）一锅生物功能化纳米晶体合成；c）与生物靶标结合的示意图[105]。

嵌合 DNA 包含一个硫代磷酸酯结构域，用作量子点生长的钝化域，还包含一个磷酸结构域，作为生物识别结构域，可与核酸、蛋白质和靶细胞进行生物分子结合。因此，可以通过单步水相合成获得用于生物靶向和生物成像的生物功能化纳米晶体。此外，通过核仁素靶向基序和 mRNA 靶向基序同时修饰两个磷酸结构域，使 DNA-量子点组装体具有靶向和成像的双重功能[509]。另外，可以使用此方法精确调整每个量子点上封端的 DNA 分子数量[104]，可以将这些具有不同 DNA 价态的 DNA 封端的量子点组装起来，形成不同几何形状的高阶纳米结构。

RNA 也可用作量子点水相合成的模板，而核苷酸中又具有磷酸酯和碱基单元，可指导合成并帮助稳定量子点产物[500,512]。例如，Kelley 等用 $Cd^{2+}$ 和 $S^{2-}$ 离子源孵育了两种野生型大肠杆菌 tRNA[500]。因此，tRNA

既是量子点生长的模板又是配体。tRNA 的三维结构在量子点的大小和形状控制中起着重要作用，不具有相同三维结构的 RNA 突变株（MT tRNA）形成了具有较大直径和尺寸分散性的纳米晶体。同样，Kumar 合成的 RNA 模板化 CdS 量子点在 pH=9.2~9.8 时、在 530nm 波长[半峰全宽（FWHM）= 160nm]处达到发射峰值，并发现复杂的三维结构在控制 CdS 量子点的物理尺寸中起着重要作用[512]。他们还发现，可以通过改变不同 RNA 单元之间相互作用的强度和 $Cd^{2+}$ 原料浓度来调整形状和大小。随着时间的流逝，粒子尺寸变小，同时发射中出现蓝位移。同一基团还使用 RNA 模板方法在 pH=9.0~10.5 范围内生成 PbS 量子点，尽管 PLQY 小于 1%[513]。这些粒子在 675nm 处显示出相对较窄的发射，而 FWHM 为 70nm 左右。纳米晶体、其前驱物与控制其生长并稳定最终产物的核酸之间形成的复合物的详细结构，仍然有许多悬而未决的问题。对细节的观察，例如每个粒子有多少条核酸链参与该过程、采用何种构型以及与纳米晶体表面相互作用的精确度（通过哪些基团和何种结合机制），仍然有待整合。尽管目前对核酸序列的有限搜索（主要是根据过去的经验和直觉指导）已经产生了有用的序列，显示出制造功能材料的巨大希望，但是通过使用体外组合搜索发现更多灵活、有趣的序列，也许可以获得更好、更复杂的材料。

## 3.6.2 生物合成

近年来，水溶性量子点已经在原核生物（例如细菌）、真核生物（例如酵母、真菌）甚至是活体动物等生物系统中合成。与其他合成方法相比，生物合成可以在更温和、更环境友好的条件下进行，通常避免使用有毒的有机和无机试剂。

在高金属浓度条件下生存的微生物进化出了对抗金属毒性的防御措施。金属离子的毒性通常可以通过改变其氧化还原状态和/或金属化合物沉淀的细胞内形成而减轻或完全抑制，其中一种途径是在阳离子金属存在的情况下，还原硫、硒或碲的氧阴离子以产生金属硫化物、硒化物或碲化物[514]。按照这种机制，Pang 及其同事报告了活酵母细胞中 CdSe 量子点的合成[99]。具体来说，首先将酵母细胞培养 24h 以达到固定相，然后引入 $Na_2SeO_3$ 并与酵母细胞在 30°C 下共同孵育 24h，然后再引入 $CdCl_2$。通过 $Na_2SeO_3$ 的自然细胞内代谢和 $CdCl_2$ 的解毒作用，在细胞质中形成了 CdSe 量子点。他们进一步发现，CdSe 量子点的大小和发射波长可以仅仅通过酵母细胞与 $CdCl_2$ 的孵育时间来调节。当孵育时间从 10h 延长到 40h 时，细胞内量子点的荧光颜色从绿色（520nm）变为黄色（560nm），最后变为红色（670nm），并且 TEM 研究证实相应的 CdSe 量子点的尺寸从 2.7nm 增加到 6.3nm。原则上 $Na_2SeO_3$ 的代谢和 $CdCl_2$ 的解毒过程所涉及的反应必须在适当的时间和空间顺序上匹配，以获得最终产物。

为了提高荧光量子点的产量和光学性质，Pang 团队使用基因修饰的酵母细胞合成 CdSe 量子点，因为他们发现谷胱甘肽代谢途径对于生物合成产量很重要，而 CdSe 量子点的细胞内形成主要由谷胱甘肽代谢基因的表达所控制[515]。对该基因进行特异性修饰后，酵母细胞在单细胞水平上被均质转化为更有效的细胞工厂，以产生 QY 为 4.7% 的 CdSe 量子点，并在 575nm 处发射。

Zhao 及其同事发现，如果同时将 $Na_2SeO_3$ 和 $CdCl_2$ 引入含有酵母细胞的溶液中，则 CdTe 量子点最终会定位在细胞核中，这与 Pang 等人的观察不同[516]。有人提出，蛋白质封端的 CdTe 量子点首先在细胞外形成，并在被酵母细胞摄取后通过核转位最终进入细胞核。生物合成的绿色发射 CdTe 量子点的 PLQY 在 35°C 的反应温度下高达 33%。

除酵母细胞外，球形红细菌还可以用作生物反应器来合成 CdS 纳米晶体，因为球形红细菌分泌半胱氨酸脱硫酶（C-S-裂合酶）以生成 $S^{2-}$。Bai 使用固定的球形红球菌并成功地合成了 8nm 的 CdS 纳米晶体[517]。通过采用金黄色葡萄球菌细胞作为反应器，Pang 及其同事通过生物合成获得了单克隆抗体（mAb）修饰的荧光细胞[518]，最终产物的形成涉及以下步骤：第一步是将 $Na_2SeO_3$ 细胞还原以形成硒代半胱氨酸，然后与内源性生物分子的 S 前驱物一起用作硫族元素前驱物。第二步是使用 $CdCl_2$ 处理硒化的细胞，这可以在细胞内形成荧光 $CdS_{0.5}Se_{0.5}$ 量子点。第三步是将 mAb 分子附着在荧光细胞表面，作为在金黄色葡萄球菌上表达的蛋白 A，该蛋白可与 mAb 的 Fc 片段特异性结合。通过这种方式，可以实现生物靶向荧光细胞[518]。

微生物的使用也可能产生被生物相关配体包被的量子点。Kang 等人在转基因大肠杆菌中合成了荧光 CdS 纳米晶体，并获得了被植物螯合肽（PC）包被的量子点[519]。通过重复的γGlu-Cys 单元，PC 充当 $Cd^{2+}$ 离子模板化结合/成核的位点，并稳定纳米晶体核心，以防止进一步聚集。所得的 CdS 纳米晶体具有相当高的分散性，粒径为 2~6nm 不等，这可能是由于 PC 的异质种群（即 PC2、PC3 和 PC4 的比例约为 1：2：3）充当表面剂引起的[519]。

最近 Green 团队根据蚯蚓的金属解毒途径报告了蚯蚓中发光 CdTe 量子点的生物合成。该合成依赖金属硫蛋白（一种富含半胱氨酸的蛋白质）充当将重金属移至含氯组织/细胞的媒介，与脊椎动物肝脏中和毒素相似。他们使用 $Na_2TeO_3$ 作为 Te 的前驱物，为形成 $H_2Te$ 提出了以下反应途径。碲化物首先与 GSH 反应形成 GS-Te-SG 复合物，随后借助谷胱甘肽还原酶和 GSH，通过烟酰胺腺嘌呤二核苷酸磷酸（NADPH）将其还原，从而形成 GSTeH。GSTeH 与 GSH 之间随后的反应生成了形成 CdTe 所需的 $H_2Te$，如方案 2 所示。在活蚯蚓中形成的 CdTe 量子点在 520nm 处表现出相当高的 PLQY，达 8.3%。

除了细胞内生物合成外，还可以通过在细胞外模拟细胞内过程来制备量子点，以避免从活生物体中分离量子点产物。

方案 2.通过还原 $Na_2TeO_3$ 形成 $H_2Te$ 的反应途径[100]

$$4GSH + 2H^+ + TeO_3^{2-} \longrightarrow (GS)_2\text{--}Te + GSSG + 3H_2O$$

$$(GS)_2\text{--}Te + NADPH + H^+ \xrightarrow{\text{glutathione reductase}} GSH + GSTeH + NADP^+$$

$$GSH + GSTeH \longrightarrow GSSG + H_2Te$$

$$H_2Te + CdCl_2 \longrightarrow CdTe + 2HCl$$

对量子点形成机制的理解促使 Pang 及其同事以类似的方式组装关键成分来模仿生物合成[218]。例如使用谷胱甘肽、还原烟酰胺腺嘌呤二核苷酸磷酸和谷胱甘肽还原酶来还原 $Na_2SeO_3$，通过模仿 GSH 将 $SeO_3^{2-}$ 还原为 GSSeH 来提供 Se 前驱物。他们通过丙氨酸的多齿螯合效应使用丙氨酸将银离子转化为 Ag-丙氨酸复合物，用这种方式调节 Ag、Se 前驱物比率，可以得到发射波长在 700~820nm 范围内的 3nm 尺寸以内的水相 $Ag_2Se$ 量子点，所得的丙氨酸封端的 $Ag_2Se$ 量子点的 PLQY 仍然很低（约 3%）。

Li 及其同事使用大肠杆菌分泌的蛋白质来协助 CdTe 量子点的生物合成。通过调整 Cd 和 Te 前驱物与蛋白质的孵育时间以获得蛋白质包被的量子点，QY 高达 15%的荧光从 488nm 调整至 551nm[520]。同样，Chen 及其同事采用白腐真菌分泌的半胱氨酸和蛋白质合成了 CdS 量子点，在 458nm 处出现窄发射，FWHM 为 30nm[521]。

Yang 及其同事最近利用非光合细菌热醋穆尔氏菌的半胱氨酸脱氢酶表达，在细胞外合成 CdS 量子点[522]。细菌生成的半胱氨酸化合物起硫离子源的作用，当从外部提供 $Cd^{2+}$离子时，会触发细菌表面上 CdS 量子点的形成。细菌从 CdS 装饰中受益良多，使量子点充当光收集器，从而促进了细胞的新陈代谢。否则，非光合作用细菌可以由 $CO_2$ 光合作用合成乙酸，最大产率约为 90%。

目前，微生物作为绿色反应器的荧光量子点的生物合成已经成为研究对象。尽管已经进行了深入的研究以揭示形成硫族化镉量子点的反应途径，并且多项研究已经证明了这种新颖方法在实现高度荧光和生物相容性量子点方面的可靠性，但微生物的生物学或工程生物学功能与量子点协同结合以实现基于量子点的生物相关探针材料仍等待未来进一步研究。

# 4 量子点的光学性质

## 4.1 基本性质

### 4.1.1 量子约束效应

小于或等于材料整体形式的激子玻尔半径的胶体半导体量子点可能会严格限制所有三个维度上的电子能级和激发。另一种定义是，当激发的电子、空穴或激子的德布罗意波长等于或超过其所包含的纳米粒子的尺寸时，限制作用显著。半导体量子点直径通常在 1 到几十纳米的范围内，并且激发态结合的电子-空穴对（激子）的能级（尤其是在频带边沿附近）是离散的而不是连续的，并且相对于主体呈蓝色偏移。也就是说，三维量子约束效应将体态的连续密度降低为量子点中更离散的电子态集[523]。量子点的光激发产生一个电子-空穴对，被限制在量子点的整个体积上。由于量子约束效应，量子点直径的减小导致带隙能量增加，量子点吸收和发射光谱与尺寸密切相关，两者的频带边沿特征都随着粒径减小而转移到较短的波长。加上半导体成分（三元和四元等材料）的附加效应，粒子形状以及形成异质结构粒子的可能性，导致了当今我们所知的半导体纳米晶体领域极为多样化[524]。可以通过轻松调整纳米晶体的尺寸、组成、形状和内部结构来精确控制纳米晶体的光学和电子特性，从而合成纳米晶体。半导体纳米晶体的广泛选择包括多种有用的光学特性，如狭窄尺寸依赖荧光光谱激发范围广，并且具有出色的抗光漂白性。

### 4.1.2 辐射复合

位于仅含核的量子点频带边沿的光激发激子可经历的最简单的复合过程如图 29 所示。辐射复合产生荧光光子，而非辐射复合过程不产生荧光光子，因此后者根据公式（12）降低测得的 PLQY 为

$$QY = \frac{\tau_{nr}}{\tau_{nr} + \tau_r} \quad (12)$$

式中，$\tau_r$ 和 $\tau_{nr}$ 分别是非辐射寿命和辐射寿命。

必须强调，在此阶段，不考虑任何暗态对 QY 的影响以及随后可能出现的非辐射率的不均匀分布。另外，通常与量子点表面相关的浅陷阱态的发射也可能出现。在没有表面态发射的情况下，俘获过程将被视为另一个非辐射贡献，而在发射情况下，应被视为对总体 QY 的附加贡献。

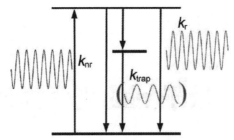

**图29 竞争的辐射过程和非辐射过程**

注：其中跃迁带涉及中间能隙陷阱状态（例如，表面状态），显示为单独的复合路径。从陷阱能级的恢复来看可能是非辐射性的，并且涉及非常长的陷阱寿命，或者可能是发射性的，通常对应于从频带边沿红移的宽荧光光谱。

对于嵌入在具有可忽略不计的折射率色散的连续简单折射率介质中的量子点，根据费米黄金定律，辐射复合率可由式（13）得出：

$$k_r = \frac{1}{\tau_r} \propto f_{lf}^2 \omega^3 n_s |\langle \psi_e \bar{\mu} \psi_h \rangle|^2 \tag{13}$$

式中，$f_{lf}$ 是局部场因子，$n_s$ 是溶剂的折射率，$\omega$ 是光学跃迁频率。

对于许多应用而言，辐射复合率有效地设定了标准，对所有竞争性非辐射过程速率之和有重要影响。

量子点通常具有较大的振子强度（HgTe，带隙能量 Eg 为 5~10，介于 0.73~0.34eV 之间[525]；CdTe，Eg 为 10~13，介于 2.25~1.75eV 之间[526]；CdSe，Eg 为 4~14，介于 2.8~1.9eV 之间[527]；PbSe，Eg 为 8~25，介于 1.2~0.6eV 之间[528]）。另外，跃迁的强度有时可以用跃迁偶极矩来表示：

$$\mu_{el} = \langle \psi_e \bar{\mu} \psi_h \rangle \tag{14}$$

式中，$\psi_e$ 和 $\psi_h$ 是频带边沿态的电子和空穴波函数。

典型量子点的跃迁力矩为 10~100D（德拜）。例如 Aharoni 等人[529]对 InAs/CdSe/ZnSe 核/壳/壳纳米晶体使用 20D 的值。这些值比许多原子或分子电子跃迁大 10 倍或 100 倍，比含 C-H 或 O-H 分子的振动泛音和组合谱带的跃迁偶极矩大 2~3 个数量级。但嵌入许多简单介电材料中的半导体量子点的局部场因子的平方（例如，折射率约为 1.5）通常为 0.2~0.4，因此相对于可见光范围内的分子荧光团，其辐射复合率受嵌入的量子点与周围介质折射率之间差异的影响。对于通过水相方法合成的 II-VI 量子点，辐射寿命通常从短波长可见光发射器的 10ns 左右到窄带隙量子点中红外线的几微秒，通常在低激发功率下测得的相应 PL 寿命为几纳秒到几百纳秒，并且（由于可能打开额外的快速非辐射通道）在使用高激发功率时更低[530]。

在比吸收边沿更长的波长处观察到来自辐射复合过程的荧光，其能量偏移称为斯托克斯位移[531]。在荧光线变窄等测量中，通过选择激发吸收边沿的红色面观察到共振斯托克斯位移。在这些条件下，主要探测量子点尺寸分布中较大的点，从而消除了许多不均匀的加宽。在低温下，纵向光学（LO）声子级数可以解决。对于较大的量子点，斯托克斯位移在吸收光谱的发射峰和最低能量峰之间通常约为几毫伏，而对于较小的粒子，其斯托克斯位移可能为几十毫伏。共振斯托克斯位移通过跃迁选择规则取决于详细电子精细结构，其中 F 为适当的量子数，因为在小量子点中，强大的电子-空穴交换相互作用使电子和空穴自旋动量态混合。对于较小的量子点,交换相互作用更强并且使跃迁对谱带边沿吸收光谱的影响更明显,从而确定其形状和激子峰的位置。常规荧光光谱(激发光子能量远高于频带边沿)包括几个不均匀的加宽贡献,最明显的是粒子尺寸分布,还包括粒子形状的变化、其他结构不均匀性以及单个点在局部化学环境中的差异。在实验上,斯托克斯位移的典型尺寸依赖性再次在较小的量子点(低温下为100meV的量级)中表现得最为明显,但对于较大的点则减小至几十毫伏。从理论的角度来看,声子对非共振斯托克斯位移等附加的影响会导致值增加,并且该机制的起源与斯托克斯位移的Huang-Rhys模型[532]等效。

量子点的重要部分包含在一个整体中,在该整体中频带边沿的最低能量跃迁是暗色的,并且其非辐射通道比(极长寿命的)辐射过程更有利,导致式(12)不再精确,因为有效高估了非辐射复合率。仍然可以说辐射衰减率是测得的PLQY与平均测得的PL衰减率的乘积,真正的非辐射率不再由式(12)确定。需要知道有助于整体发射的暗点与亮点的比例,但是不容易通过简单的常规荧光测量来确定。Yao等人[533]使用单点荧光闪烁和整体荧光技术研究了与生物素偶联染料共轭的量子点的发射特性,他们能够确定一部分时间内发射而其余时间不发射(闪烁)的量子点对发射过程的贡献,并且还能够计算出全暗量子点的比例(不闪烁、不发射)。用染料标记点,可以通过将量子点发射(如果存在)与染料发射互相关来揭示暗量子点的存在,而量子点单点发射的时间演变可以确定量子点闪烁统计信息。通过使用共聚焦成像装置,在水溶液中(而不是在基板上的干燥固定量子点上)进行测量,并将探测体积限制在毫微微升范围内,测量结果表明,闪烁的量子点和永久暗色的量子点数量无关。最近Durisic等人[534]进行了类似的测量:在ZnS涂层的CdSe核/壳量子点上进行单点闪烁和整体PL,观察这些材料对溶液pH的敏感性以及通过$H^+$和$O_2$的作用产生的表面缺陷部位。在后来的研究中,作者指出,闪烁研究通常会设置一个阈值关闭时间段,该时间段受测量信噪比的限制,超过此阈值时,假定处于关闭状态的量子点永久有效关闭。其整体PL测量系统中更好的信噪比特性没有受到相同方式的限制,长时间处于关闭状态但仅发出轻微辐射的量子点对整体PL的贡献很小,因此实际上一些常暗点应归类为长寿命弱发射。

在第4.1.3节中,我们将更深入地研究导致这种复杂发射动力学的某些化学和结构特征。

### 4.1.3 陷阱态

关于量子点中陷阱态及其对光学性质的影响的研究可以追溯到其合成的第一个例子,除了因不完全生长而包含缺陷的可能性之外,带配体表面终止的仅含核的简单量子点不可避免地提高了表面态的可能性,这些表面态的价带和导带之间的间隙中可能有能级,并且可以长时间定位一种或另一种类型的光激发载流子。早期的研究集中在表面化学上,其中整个非化学计量的(通常富含阳离子)半导体纳米晶体的界面结合和位于这些位点的分子(配体或其他表面结合的物种)的化学过程被视为了解电荷陷阱过程的主要关键。如果使用不同的配体或引入已知的电荷供体或受体分子,对PLQY和PL衰减动力学的影响是研究的主要途径之一,并被用来根据能量确定载流子陷阱可能位于带隙内的位置。但是仅基于中间能隙状态的分布或流形的简单能量模型无法提供充分的信息，有些人提出了替代性的表面核模型，其中具有振动（LO 声子）子级的单一类型表面状态可以描述实验观察到的某些陷阱动态。

在大多数情况下，光激发是通过入射光子能量进行的，入射光子能量可能明显超过带隙能量。如此产生的载流子会变热，每个载流子的能量都超过带隙。这种载流子的动力学，其可以缓和的多种机制将多余的能量转移到其他载流子或最终通过热弛豫传递到晶格，会严重影响将载流子截留在量子点表面的详细机制。在发生多激子占据之后，通过载流子散射和俄歇复合将多余电子能量传递到空穴是过程中的关键阶段，在此阶段，表面态可能会充满捕获的电荷。多激子分布的量子点可能通过热激子裂变发生，或者是在足够高的光通量下同时吸收多个光子而发生。俄歇弛豫过程可能会提供足够的额外能量，以使尚存的受限载流子之一（尤其是电子）获得足够的能量以超越限制电位并进入表面陷阱状态。将电荷载流子捕获在量子点电位之外的结果是，当吸收下一个激发光子，然后与新的电子和空穴形成三重子时，量子点内剩余的成对电荷仍可能驻留。随后该三重子可能会进行非辐射性俄歇复合，从而再次在量子点中留下单个且进一步受激的载流子。此时表面陷阱的不成对电荷可能会对量子点内部随后产生的载流子产生强烈的静电影响，这些影响会显著降低量子点的 PLQY。各个量子点会在一段时间内处于非活跃状态的效应被称为"量子点闪烁"。量子点闪烁、俄歇复合和表面陷阱都是量子点发射效率中相互联系的因素。最近有关量子点闪烁和俄歇复合效率如何与核/壳和合金梯度量子点异质结构的设计和结构特征相关的研究使人们更好地了解到如何潜在地规避表面陷阱问题，主要是通过使用核/壳结构，使受约束的电子或空穴波函数远离陷阱位置或空间分离的双激子，从而可以大大降低俄歇复合率。使用具有成分梯度的量子点异质结构而不是近原子突变界面，也可以显著降低俄歇速率。

与陷阱状态问题相关的第 4.1.3.1、4.1.3.2 和 4.1.3.3 项探讨了这些领域的一些进展，目前对过程的理解以及由此产生的合成策略正源于此。

#### 4.1.3.1 量子点化学计量和表面配位

就表层配位而言，仅含核的简单量子点的表面一般不完全钝化，合成条件会导致表面层富含金属（阳离子），就水化学而言，该表面层通过与表面上相反电荷的配体（例如，在碱性条件下使相应的硫醇或羧酸去质子化而形成的硫醇盐或羧酸盐等）的离子相互作用而达到电荷平衡，电荷平衡可以在相反的地方形成带富阴离子表面的量子点[535, 536]。两种情况都会导致化学计量上不平衡的量子点，对于表面体积比最高的较小点，不平衡通常最严重。实验中，量子点化学计量原则上可以通过几种方法[例如 EDX、ICP-AES 和卢瑟福背散射（RBS）[526]]确定。其中每项技术都要求制备量子点时样品溶液中不得含有任何残留的未反应阴离子或阳离子前驱物。使用有机生长的量子点通常很容易做到这一点，只需通过沉淀和再溶解洗涤几次即可去除多余的离子。但是对于水相生长的量子点，这种清洗方法可能效果不佳，并且由于形成量子点簇而导致错误的离子比率，因为簇内量子点之间会截留过量的离子物质。制备此类样品进行分析时，必须避免或抑制量子点簇,可以通过动态光散射或小角度 X 射线散射测量来确定,该测量得出的流体力学半径(例如,TEM 或光施胶曲线测量得到的无机核)应与 1~2 个配体厚度的壳包被的量子点尺寸一致。

Omogo 等人[537]制备了一组 CdTe 量子点样品,其中 Cd、Te 的比例从 5∶1 到 1∶5 不等,即表层的范围从富 Cd 到富 Te。他们测量了 PL 和平均 PL 衰减时间,以确定化学计量对辐射和非辐射复合过程的影响。表面 Te 含量高的量子点,其辐射寿命可能高达 1μs,这表明与富阳离子的量子点相比,电子-空穴波函数的重叠大大降低了。相反,非辐射寿命可能低于 10ns,这是由于富含阴离子的量子点在表面上更有效地捕获了空穴。Borchert 等人报告,量子点表面上主要被氧化的 Te 原子应负责发光淬灭,并且硫醇在表面上与此类位点的结合明显阻止了 Te 的氧化[538]。发现的另一个关键方面是表面重建的可能性,事实证明,如果使用高 Cd、Te 进料比,则 Cd 端基表面重建似乎在热力学上比 Te 当量更稳定,并且前者更为普遍[538]。基于溶液中的单体与纳秒晶体表面上单体之间的平衡解释了 PL QY 随后的前驱物比依赖性,应促进最佳的表面结构,从而提高 PLQY[539]。所得 CdTe 量子点较高的 PLQY 一定程度上是由较高的 Cd、Te 比率引起的,因为这样偏差的阳离子与阴离子前驱物比率可以提供更多的机会将 Cd 与硫醇稳定剂配位,这对纳秒晶体表面进行了有益的修饰[19, 24, 26, 28, 134, 160, 161]。据报道,Te 与 Cd 的化学计量比降低将导致 CdTe 纳秒晶体表面上 S 与 Te 的化学计量比增加,有利于构建更完美的表面,从而提高 PLQY[271, 540]。O'Neill[541]同样发现,当反应溶液中初始 Te 迅速耗尽时,PLQY 会变高,从而得到富 Cd 的表面。

在有机生长的量子点中,配体的表面配位在本质上可能更共价,而配体的长烷基链在空间上阻碍了近距离点对点的相互作用。在电荷稳定的水相合成量子点中,配体通常更致密,但仍存在一些空间障碍,包括在一定程度上阻止进入相邻配体的相邻表面结合位点[88]。这导致某些表面位点的局部键合可能与其余大部分表面不同,或者仍处于未配位的表面键合[542]。另外,某些表面位点可能会吸引杂质(由于光化学反应、初始合成过程中残留的反应物等),所有这些表面缺陷都可以被视为潜在的表面陷阱位点,在这些位点,光生电子或空穴可能会局部化。

#### 4.1.3.2 陷阱位点能量学和位点化学

在与陷阱位点相关的能级介于量子点传导和价态之间的位置,陷阱可能会引入中间能隙状态,该状态可能在导带以下几百毫伏。陷阱态的填充引入了进一步的过程,该过程与带边沿辐射复合和其他非辐射过程争夺(其中一个)光生带边沿载流子。因此可以修改整个 PL 复合率方程,例如:

$$k_{\text{meas}} = k_{\text{r}} + k_{\text{nr}} + k_{\text{t}}; \qquad k_{\text{t}} = k_{\text{tr}} + k_{\text{tnr}} \tag{15}$$

式中,$k_{\text{meas}}$ 是实验测得的 PL 衰减率,$k_{\text{r}}$ 是辐射衰减率,$k_{\text{nr}}$ 是非捕获载流子的净非辐射衰减率,$k_{\text{tr}}$ 是表面/陷阱态的发射率(在频带边沿发射红移的波长处),$k_{\text{tnr}}$ 是陷阱态的非辐射弛豫率。

假设陷阱填充率 $k_{\text{f}}$ 比其他衰减率快得多(如果这不是有效的假设),并且比较发现 $k_{\text{f}}$ 不会瞬间变快,则陷阱填充率会通过一个系数修改与陷阱相关的过程,即:

$$k_{\text{meas}} = k_{\text{r}} + k_{\text{nr}} + (k_{\text{tr}} + k_{\text{tnr}})\frac{k_{\text{f}}}{k_{\text{tr}} + k_{\text{tnr}} + k_{\text{f}}} \qquad (16)$$

根据其化学性质，表面陷阱可能会诱捕空穴或电子，一旦被捕获，在前一种情况下，载流子可能会以非辐射或辐射的方式与可能来自同一量子点之外的非成对配对物复合。在室温下，被捕获载流子的辐射复合可能比带边沿复合弱得多。

对量子点表面陷阱的传统观点认为，陷阱本身可能有一定的能级范围，并且当出现在具有一定大小（或成分或两者都有）的量子点集成中时，将位于相对于导带的偏移分布中。这表明与陷阱有关的发射应跨越一个宽泛的荧光能量范围[543-545]。这些表面陷阱能量学概念已成为大量工作的基础，既可以理解和建模表面陷阱，也可以将观察到的光谱和其他载流子动力学测量结果与陷阱位点的化学性质和能量学相关联。

Baker 和 Kamat 给出了一个在 CdSe 量子点表面形成电子陷阱的例子[544]。尽管其量子点在有机溶液中生长，在阳离子位点配位 TOPO，在硫族元素位点配位十二烷基胺（DDA），但用 MPA 合成后处理导致某些 DDA 置换和部分去除表面 Se 离子，这样形成的阴离子空位起电子陷阱的作用。比较使用和不使用 MPA 处理的 PL 衰减速率，可以确定有效带边沿激子对表面陷阱电子的传输速率（通常为 $2.6\times10^8/s$）。被捕获的载流子产生增强的红移发射，其在 QY 中增加，而带边沿 QY 随着 MPA 浓度的增加而减小，直至达到特定的最佳浓度。广义的红移陷阱相关发射和 500nm 带边沿 PL 的组合在中等 MPA 浓度下产生了"白色"组合发射输出，而在更高 MPA 浓度下产生陷阱占主导的红色发射。

尽管处理有机溶液中的 CdSe 量子点可以部分除去 Se 表面阴离子，但是 MPA 和 TGA 是非常合适 CdTe 量子点水相生长的配体，因为 CdTe 的溶度积比 CdSe 的溶度积低多个数量级[130]。

Sykora 等人在 PbSe 量子点中观察到的反应与 Baker 和 Kamat 在 CdSe 量子点中的观察相似[546]。在其案例中，Se 位点最初对大气氧的吸收敏感，由于非辐射复合率增加，导致 PL 淬灭。通过吸收氧气作为 $SeO_2$ 和含 $PbSeO_3$ 的表面层而不是将 Se 位点解吸来转化 PbSe 量子点的壳质层，可以看到剩余 PbSe 量子点核的直径减小了。壳的形成导致 PLQY 缓慢恢复和发射蓝移。

在水或其他极性溶剂中，虽然发现硫醇配体或连接分子会导致 CdSe 量子点中的表面陷阱位点，但通常胺封端的配体几乎不会引起表面陷阱，因为相关的表面位点能级倾向于位于价带顶部以下而不是中间带隙[88, 547]。硫醇的存在可以抑制并有利于空穴陷阱，从而突出了硫醇能级/氧化还原电位的位置及其与载流子相互作用的至关重要性[548-550]。尽管可以在水溶液中合成 CdS [551]、CdSe [552]和 ZnSe [142, 173, 175]量子点的稳定胶体溶液，但使用具有硫醇基的稳定剂不会使这些纳米粒子产生强带隙发射。对于硫醇，与表面相关的陷阱能级可能会也可能不会落入 CdTe 的间隙内，但是位于 CdTe 的价带下方。与先前关于 MPA 处理的 TOPO /DDA 稳定 CdSe 的研究不同，Wuister 等人比较了用 MPA 以外其他硫醇处理的类似 CdSe 和 CdTe 量子点的行为[553]。在其案例中发现大多数硫醇都与 CdSe 形成了空穴陷阱[134, 550, 553, 554]，但对于 CdTe 量子点，只有陷阱（HOMO）水平高于价带的量子点才表现出空穴陷阱行为。硫醇还容易被氧化，导致 CdSe 量子点中带边沿发光淬灭，因为表面上有空穴被提取出来[39]。CdSe 和 CdTe 的价带相差约 0.5 eV，而这种差异对于 CdS 和 CdTe 更大（约 1.0eV），是由于阴离子带负电性越强（电子亲和力越高），价带边沿越深，共享同一阳离子时的带隙能越宽。载流子只有在其波函数到达表面俘获位点时才会被俘获，并且配体分子从量子点捕获光激发电子（或空穴）的能力取决于与尺寸相关的导带（或价带）电位相对的还原（或氧化）电位[553]。例如，只有在硫醇氧化还原水平高于价带顶部的情况下，硫醇才能在半导体量子点中捕获空穴并因此可能导致 PL 淬灭。从图 30 可以看出，CdSe 可能会出现这种情况（CdS 可能会更多），这可以通过对发射核进行适当的无机钝化来解决。其中一个例子是 ZnSe(S)纳米晶体，其中富硫壳能够提供有效的与宽带隙相关的空穴捕获效应筛选，这可能导致 ZnSe 纳米晶体的带隙发射大大增强。尽管仅含核基硫醇稳定的 CdS、CdSe 和 ZnSe 通常 PLQY 较低，但是研究人员对此类水相合成纳米粒子的兴趣仍然很高。CdS 量子点是一种流行的模型纳米晶体，用于研究纳米粒子组件的稳定性和尺寸分布[555]。如第 3.6 节所述，水溶性 CdS 纳米晶体的其他合成方法针对其生物学应用，包括在存在 D-青霉胺和 L-青霉胺[556,557]、特殊设计的肽[558]或 DNA[105,506,559]的条件下合成。对于 CdSe 量子点，已证明与硫醇配体的合成可有效地提供小分子样簇；对较大的 CdSe 硫醇稳定纳米晶体的研究最近也因其成功用作太阳能电池的光吸收和光敏成分而受到推动[560]，同时还开发了柠檬酸盐稳定 CdSe 纳米晶体[302]，具有相对有效的带边沿 PL，在光活化后会大大增强[283,303]。

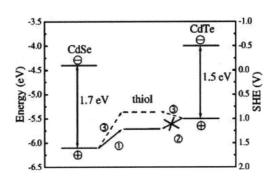

**图 30** 真空标度和相对于标准氢电极参考均显示了大块 CdSe 和大块 CdTe 带边沿的位置

注：CdSe 和 CdTe 之间的实线给出了不会淬灭 CdTe 激子发光的硫醇的标准电位。空穴捕获可能来自 CdSe（过程 1），而不是 CdTe（过程 2）。虚线指示了淬灭 CdSe 和 CdTe 发光的硫醇标准电位的假定位置（过程 3）[553]。

根据硫醇盐阴离子浓度，已发现硫醇会对 CdSe/ZnS 量子点 PL 产生有益的或有害的影响。这些发现表明，低浓度的硫醇盐（而不是硫醇）可能会使现有的电子陷阱状态失活（提高 PL），而高浓度的硫醇盐可能会在量子点表面引入新的空穴陷阱（降低 PL）。这种双重效应可能是量子点表面上配位不足的有限密度所致，而由于硫醇盐的供电子能力，这些位点得以缓解。但是在这些表面位点饱和后，硫醇盐浓度的进一步增加使过量的配体起空穴陷阱的作用。如上文所述，CdSe 量子点上的光生空穴很容易被表面结合的"硫醇"分子捕获。尽管先前的研究并未集中于硫醇和硫醇盐的不同作用，但是 Gao 等人的工作表明，在区分浓度、pH 值和硫醇化学分类（即初级与次级）的影响时，这些区别至关重要[137]。

通常量子点可以用接受或提供电子的配体处理。这些配体可通过配体交换在合成后连接 TOPO 稳定量子点，常用的方法是先用吡啶除去与 TOPO 相容的有机溶剂，然后再用所需的靶配体处理。对于水溶液中的量子点，可以通过改变周围介质的 pH 值等方法来调节单个配体的给电子或吸电子能力。可以使 TGA 和 MPA 之类的硫辛酸以这种方式起作用[30, 561]，其控制作用是由于 pH 对距离量子点表面最远的非配位羧酸基团的影响而产生的，这可能通过配位的硫醇基团严重影响整体电子供/吸能力。

### 4.1.3.3 陷阱和闪烁

核/壳量子点和表面处理。长期以来，载流子陷阱与量子点 PL 的间歇性（也称为闪烁）有关，在这种情况下，各个量子点的发射可能会暂时停止一段时间，然后在某个时间恢复。实际上，PL 的间歇性不仅限于量子点，其他单个荧光团（例如有机染料和生物分子）也由于激发过程中的内部复合而表现出闪烁[562, 563]。从单点 PL 光谱中观察发现，单个量子点发射时的能量可能会在所谓的频谱扩散的标称平均值附近变化。对此间歇性最早的[564]解释表明，发射的中断仅仅是由于量子点弹出载流子而使其电离，并且带电点不会发射，因为点处于带电状态时任何后续激子都会快速俄歇淬灭[565]。光谱扩散是由可变的斯托克斯位移引起的，而斯托克斯位移是由形成电子-空穴对时极大的极化和发生电离时的大电场而引起的[566]。最早的研究假设陷阱位点位于周围介质中，而不是量子点的组成部分。一段时间后，重新捕获反电荷，点恢复中性能级结构。然而，最新研究表明闪烁与表面陷阱的存在密切相关，即使在早期研究中，研究人员也已经认识到，多激发子的俄歇复合（有时称为俄歇加热）可能在电离/捕获过程中起主要作用，因为当陷阱位于量子点外部时，开关时间统计和激发通量依赖性并不能获得令人满意的载流子隧穿机制。Gomez 等人[567]的评论出现在人们开始关注表面陷阱模型的时候，它很好地捕捉和对比了外部陷阱模型的合理化，以进行大量的实验测量以及向表面陷阱场景的转变。状态选择性泵浦探针飞秒光谱等最新工作表明，对于最初较热的载流子（即以远大于 Eg 的能量进行激发），俄歇加热和冷却等过程也与这种载流子的捕获方式有关。与表面陷阱的连接产生了许多抑制闪烁过程的方法，包括表面钝化（例如通过卤化物处理），以及将量子点掺入异质结构中，既钝化了核心界面，又增加了异质结构外表面与核之间的去耦。

Hohng 和 Ha[568]报告的一项早期工作涉及表面陷阱，其证明在薄水膜中使用 CdSe 量子点进行单点间歇性实验时，通过向量子点溶液中添加巯基乙醇几乎可以完全抑制闪烁。硫醇会向表面陷阱提供电子，从而填充表面陷阱并阻止内部光生载流子被俘获的途径。Chen 等人[569]采用了另一种抑制闪烁的方法，他们使用了 CdSe/CdS 核/厚壳异质结构，其中 CdS 壳足够厚（总粒径为 15~20nm），以确保电子或空穴波函数与壳的外表面均没有太多重叠，此外，核与壳的界面已充分外延（无缺陷），因此不会在核表面上产生陷阱。尽管较早的研究也使用核/壳结构，但是壳厚度显然不足以完全抑制闪烁效应。Mahlerm[563]还证明使用类似的厚壳 CdSe/CdS 量子点可以抑制强烈闪烁，报告说在 33 Hz 帧频下观察到的点有 68%在长达 5min 的时间内没有闪烁。Dias[570]等人使用了有两种发射颜色的 CdSe/ZnS/CdSe 核/势垒/壳量子点，其中势垒和壳的厚度更接近于传统的核/壳尺寸（总直径 7.4nm），以试图通过 ZnS 势垒更好地了解载流子相互作用的性质（即载流子如何通过壳或势垒进入表面陷阱状态），尽管没有证据表明各个核和外壳的闪烁或光谱扩散特性之间存在明显的相关性。Frantsuzov 等人[571]评论了闪烁现象的幂律统计的近乎普遍性以及使原始的 Efros 和 Rosen[565]俄歇电离模型与实验观察相符的多次尝试。

最近，Galland 等人[572]通过光谱电化学单点寿命和中厚 CdS 厚度的 CdSe/CdS 核/壳量子点的闪烁测量，确定了两种不同的闪烁模式（图 31）。通过电化学选通稀量子点溶液，他们能够从外部控制量子点的电荷并相对于量子点内和陷阱位点内激子的能级改变费米能级。在"A"型闪烁中，他们将关闭状态归因于粒子核心的带电以及 PL 强度和 PL 寿命的降低。相反，"B"型闪烁涉及电子对表面陷阱的占据，在关闭态下寿命几乎不受干扰。在较小的正电化学偏压下，可以按照上述俄歇激发方案（俄歇加热）从较高（热）的激子能级提供陷阱位点的载流子。当电位被扫成更大的负值时，表面陷阱位点可能会被来自周围电解质而不是点内的载流子填满，从而阻止任何量子点载流子通过陷阱位点松弛。一旦捕获态被完全占据，外部载流子在足够高的负偏压下甚至可以注入低位的激子态，从而使带电激子发射（与中性激子从相同状态发射的寿命相同）。在"A"型 PL 中，带电激子态的发射的衰减时间比中性状态下短。在厚壳中（例如工作中的 CdS 最多达 15~19 个单层），"B"型闪烁完全被抑制，仅观察到"A"型。对于中等厚度的壳（7~9 个单层），两种类型的闪烁都可以观察到，但"B"型占主导。

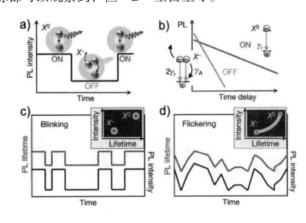

图 31 常规充电模型 A 型闪烁和闪变

注：a) 在传统 PL 闪烁模型中，开、关时段分别对应于中性 NC（$X_0$）和带电 NC（$X^-$）；b) 对数标度上开、关状态的 PL 衰减示意图。接通状态的动力学由辐射率 $\gamma_r$ 决定。在带电状态下，复合途径数量的增加导致较高的辐射率 $2\gamma_r$，这是造成短时间较高发射强度的原因，同时三粒子俄歇复合以 $\gamma_A > \gamma_r$ 的速率开始，开辟了一条新的非辐射通道，从而使 PL 衰减更快，PLQY 降低；c) 当充电和放电的时间标度大于实验装箱时间时观察到二进制闪烁；d) 波动远快于箱的大小时，可以获得连续分布的强度和寿命，通常称为闪变。c) 和 d) 中的插图显示了相应的示意性荧光寿命-强度分布[572]。

Dennis 等人[573]在红外发射 II 型 InP/CdS 核/壳量子点的闪烁抑制的论文导言中提供了关于 PL 间歇现象发展进度的简要总结。抑制方法包括以下几种：通过外部来源[137,568,574]向填充陷阱提供电荷载流子而不是光生激子的解离来提供表面陷阱钝化；添加相邻电荷接受物质（例如 $TiO_2$ 纳米粒子）以实现快速的去陷和量子点中和[575]；使用量子点几何形状（例如有利于减少激子-激子相互作用的纳米棒）来降低俄歇复合率[576]；使用 II 型异质结构，通过两个载流子在各自的核和壳区域中的分离降低电子-空穴相互作用[577]；在核/壳界面处合金化，使核和壳之间的梯度跃迁更为平滑，从而降低俄歇复合率[374,578]。在论文中他们采用了 II 型异质结构方法，成功证明了近红外发射材料（PL 波长高达 1000nm）中的闪烁抑制，这是通过空间分离的电子与空穴之间的间接跃迁实现的。他们还报告了极长的双激子寿命（长达几纳秒），表明与常规核心准球形量子点相比，俄歇复合率大大降低，尽管并未完全消除俄歇复合。

Dennis 等人[573]对 II 型 InP/CdS 核/壳量子点闪烁行为的研究以 Galland 等人[572]和 Mangum 等人[579]报告的 CdSe/CdS 核/壳量子点的研究方法为基础，根据 PL 强度的变化是伴随着寿命减少（强度降低）还是寿命不变将闪烁行为分类为"A"型或"B"型（或其组合）。前者被视为俄歇复合的标志，而后者表明主要充电途径通过热载流子捕获。在以后的研究中，该团队研究了激励脉冲重复频率和泵浦脉冲通量对两种闪烁机制之间竞争的影响。尽管可以预期两个参数对闪烁频率都有相似的影响，但实际上出现了不同的行为。较高的重复频率可能会导致热载流子阱饱和，从而降低 B 型行为，而观察到泵流量的增加会导致 B 型热载流子阱数量增加。后一种效应的可逆性排除了附加位点上钝化配体的永久破坏，但这是由于响应载流子数量的变化而产生的动态陷阱形成过程[580]。在给定的激励条件下，使用较厚的壳将 A/B 竞争推向 B 型。

Goḿez-Campos 和 Califano[581]提供了有关仅含核 CdSe 和核/壳 CdSe/CdS 和 CdSe/ZnS 准球形量子点中俄歇介导的空穴陷阱过程的捕获率和跃迁矩阵元素的观点。跃迁俘获率|1es,1hs⟩ →|1ep,1ht⟩（其中 1es 和 1hs 为电子和空穴带边沿状态；1ep 是 p 型空穴激发态，1ht 是空穴俘获状态）通过费米黄金法则计算：

$$k_{\text{AMT}} = \frac{\Gamma}{\hbar} \sum_n \frac{|\langle i|\Delta H|f_n\rangle|^2}{(E_{f_n} - E_i)^2 + (\Gamma/2)^2} \quad (17)$$

式中，$\Delta H$ 是库仑相互作用，$|i\rangle$ 和 $|f_n\rangle$ 是具有各自能量 $E_i$ 和 $E_{f_n}$ 的初始和最终激子状态波函数，$\Gamma$ 是线展宽参数，其值基于量子点中常规非俄歇介质 1P 至 1S 跃迁。

这一俄歇过程是表面捕获机制的核心，因此是理解 PLQY 和闪烁现象如何响应 Dennis 等人[573]概述的通常缓解策略的关键。尽管受问题的计算大小限制，半径小于 1.9nm 的粒子（对应于强约束或极强约束），但是使用原子半经验赝势方法评估量子点表面（以及核/壳界面）上多个不同 Se 位点的俄歇跃迁矩阵元素能够识别出两种主要的陷阱类型：仅具有一个 Se 悬挂键的 I 型和硫属元素有两个未满足键的 II 型。即使存在单个陷阱类型，他们也发现表面上不同位点的捕获效率和捕获率范围很广（图 32），在极强约束条件下，I 型和 II 型陷阱的行为相似，但直径较大时会出现不同的行为。I 型陷阱的捕获时间为纳秒或更长，并且效率较低，而 II 型陷阱的捕获时间为 1~100μs，对空穴的捕获效率更高。在较大的量子点中，捕集率受能量守恒（所涉及载流子的初始和最终态能量的精确匹配）的影响较小，而更多地由后者和跃迁元素的大小（耦合强度）共同决定。在这种情况下，厚壳的生长可以缓解有效的 II 型陷阱，而 I 型陷阱通常已经比辐射复合速率慢，因此受此方法的影响较小。但是请注意，尽管对于相对较小的 CdSe 量子点来说是正确的，但更大和更窄的带隙材料的辐射率可能不那么大，I 型陷阱仍可能影响整体俄歇率。同样在 II 型（能带排列）结构中，跃迁的间接性质也可能降低辐射速率，以使 I 型陷阱保持显著状态。Goḿez-Campos 和 Califano 认为，减少仅含核量子点上俄歇介导空穴陷阱的有效策略可能是将陷阱的能量位置转移到更深的带隙中，在这种情况下，较小的能量变化对陷阱效率有很大的影响。这可以通过施加外部电场或通过改变量子点周围的介电环境或通过改变量子点形状以合并或增强内部偶极矩的固有手段来实现。他们还同意采用厚壳方法来降低俄歇介导的捕获率（通过将捕获位点置于载流子功能范围之外），前提是核/壳界面本身不会形成比壳的外表面更容易接近的更多捕获位点。关于闪烁现象，尽管模型中出现了陷阱能量和效率的分布，但作者强调，仅靠俄歇介导的陷阱机制仍不足以说明闪烁的所有方面，尤其是陷阱的跃迁能量随时间的变化[582,571]，以及陷阱态的瞬态激活/去激活[583]。

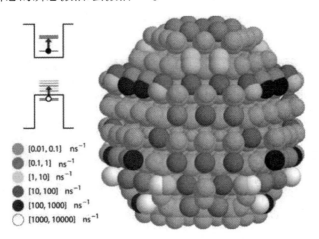

**图32** 通过一次去除单个钝化剂，R = 14.6 Å时纳米晶体的俄歇介导跃迁速率的位置分辨图

注：仅空穴陷阱状态为彩色。Se 和 Cd 原子以及 Cd 钝化剂显示为灰色。该动画片描绘了俄歇介导跃迁的示意图[581]。

尽管尚待通过单点光谱法进行研究，但 Smith 等人[584]最近已制作出 CdTe 核量子点，该量子点用氯离子处理以替代表面 $Te^{2-}$ 离子并使表面钝化。自从 Sargent 团队证明 PbS 量子点太阳能电池性能得到改善以来，用卤离子对量子点表面进行钝化已被证明是一种流行的方法。Sargent 团队认为功率转换效率提高是由于更好的薄膜电子迁移率和使用 $Br^-$、$Cl^-$、$I^-$ 和 $SCN^-$ 处理去除了表面陷阱[585]。Smith 等人基于接近 100% 的单激子 QY 和瞬态吸收测量结果得出结论：几乎完全有效地去除了表面陷阱，因此处于导带最小值（CBM）的冷却电子以及处于泵激能和 CBM 之间的能量的热载流子，表面陷阱的非辐射路径关闭。热载流子返回 CBM 的唯一途径是冷却（或状态到状态的跃迁）和潜在的载流子倍增，尽管在报告中没有给出后者的证据，因为所有泵激能都低于激子裂变的阈值能量。Smith 等人讨论了表面陷阱通道对多激子生成（MEG）测量分析的意义以及应采取的预防措施和标准，以确保光充电不会掩盖真实的 MEG 量子产率。

### 4.1.4 I 型核/壳

在 I 型带排列中，核的带隙较窄并且位于壳的带隙内。壳充当势垒，并在空间上限制核心材料内的光生电子和空穴。由于壳改善了表面缺陷状态的钝化，因此有利于提高 PLQY，而 PL 波长仅保持稍微红移的状态，如果使用化学惰性的或更坚固的壳材料，则可大大提高光稳定性。例如在 CdSe/ZnS、CdSe/ZnSe 和 InP/ZnS 量子点结构中就是如此，其中核心域代表电子和空穴的能量最小值。I 型壳对电子和空穴波函数范围的影响通常是最小的。对于两个载流子，在核和壳之间频带偏移的变化仍然很大，因此波函数的任何扩展都应很小。当两个带偏移都较大时，空穴和电子波函数的重叠也应几乎不变，除了周围介电常数的微小变化外，下方带边沿跃迁矩也相对不受干扰。I 型核/壳结构的主要优点在于：核的表面钝化以及两个载流波函数与任何表面陷阱位点的势阱（可能现在位于壳表面）或紧密接近表面的配体或溶剂的任何分子振动能级（对于低带隙量子点）的重叠减少。因此 I 型异质结构不应导致辐射复合速率或跃迁能发生强烈变化，而应降低非辐射速率并抑制任何与表面相关的复合过程。

### 4.1.5 II 型核/壳

II 型量子点在核与壳之间有交错的导带和价带。通过调整交错部分，可以在较大的波长范围内频繁调整 PL 发射。此外，光生电子和空穴分别位于 II 型结构中：空穴可能主要限制在核中，而电子则限制在壳中，反之亦然。这种分离的作用是，最低能级的激子跃迁要求电子或空穴在整个核/壳界面上转移[586,587]。电子与空穴波函数之间的重叠以及跃迁速率和强度通常通过调整核的大小和壳的厚度来控制。跃迁通常在空间上是间接的，并且带隙可以比核或壳的带隙窄得多。通常观察到吸收光谱会形成一条较弱的红尾，但是大多数振子强度仍然与核和壳材料有关。然而发射光谱会相对产生很强的红移，吸收和发射之间的斯托克斯位移也可能比单核大得多。同时，载流波函数的重叠程度的降低减缓了激子辐射复合速率，因此，如果不存在非辐射复合或非辐射复合比辐射过程的重要性低得多，那么这种降低的复合速率将不会或只会极弱地降低 PLQY。当两个过程的速率相当时，它们的比率会严重影响 PLQY 和使用 II 型异质结构的总体优势。II 型核/壳量子点可以提高 PLQY，但是如果辐射速率开始比非辐射速率下降更快，则可以被限制甚至反转。

除了正式的 II 型异质结构（导带和价带均交错排列）以外，II 型排列还有另一种变体，其中核和壳中只有一个带是交错的，而另一个带是相同的（或几乎相同）。在这种准 II 型结构中，交错带中的载流子被定位（根据带偏移的符号位于核或壳中），而另一载流波函数保持分布在两个区域中。这导致电子-空穴波函数重叠有所减少，但是减少的程度小于采用正式 II 型结构获得的减少程度。准 II 型核/壳（特别是点棒状结构）可用于需要解离激子然后快速提取一个载流子的地方，例如在光电探测器或太阳能电池应用中。CdTe/HgTe 核/壳量子点是准 II 型结构的另外一种不同的情况，因为 HgTe 的半金属带结构导致电子波函数在壳中的定位略有不同。Smith 等人[314]使用 EMA 方法合成并模拟了此类结构，并指出，尽管 CdTe 的核带隙为 1.5 eV 左右，但是 HgTe 的体带隙为 $-0.15$ eV。最终结果是，虽然空穴波函数扩展到核和壳区域（在薄 HgTe 壳中没有明显的振幅），但是带边沿激子的电子局限在壳中，因为其能级远低于 CdTe 核的导带电位。这同样导致电子和空穴的空间分离以及波函数重叠减小。

## 4.2 表面钝化

当前，半导体纳米晶体最引人注目的特性可能是与尺寸相关的发光。半导体纳米晶体的发射可以通过 4 个基本参数来表征：亮度、发射峰值波长、发射的光谱宽度（色纯度）以及长时间的发射稳定性。面临的挑战是控制（增强）PL亮度，以及合成和纯化半导体纳米晶体的发射稳定性。最佳的表面结构（可能是重建的表面结构）应该是PL亮度或高PLQY的最佳解决方案。由于量子约束效应，其他两个参数基本上由纳米晶体的大小和分布决定。

PLQY定义为发射的光子与被材料吸收的光子之比。如第4.1节所述，光激发后辐射过程与非辐射过程之间的竞争是不完全的转化。纳米晶体的PLQY还提供了一种简单工具来评估表面壳和表面钝化的质量，从而评估新的合成和表面功能化策略[539]。历史上，Henglein、Weller、Brus和其他团队深入研究了表面化学对半导体CdS胶体PL特性的影响[1,3,152,153,155,594-602]。由于量子点的表面积与体积比高，通常会降低半导体量子点的PLQY，这是表面位点和表面陷阱的非辐射复合与带边沿发射竞争引起的。事实证明，很难对表面陷阱表征，尽管其能够影响目标量子点的许多物理特性[603]。例如，中间隙表面陷阱可以强烈抑制胶体量子点的激子PL[93,94,262,553,569,604,605]或损害量子点固体的传输性能[606]。最常见的低PLQY通常是由于纳米晶体带隙中出现的表面状态，该表面状态充当光生电荷的陷阱，控制此类陷阱是纳米晶体研究中的长期挑战。如上所述，量子点中的发射闪烁是由多种原因引起的，因为在俄歇复合过程后电子（或空穴）喷射或电子隧穿通过限制势垒使表面态量子点带电。研究表明，闪烁可能表现出对不同程度表面钝化或合成条件变化敏感的特定动力学，发现相关的闪烁机制与量子点表面缺陷位点或不饱和悬空键的密度和性质密切相关，可以使用表面陷阱态的钝化来抑制闪烁[607,608]。在过去的三十年中，人们在理解荧光对表面态的强烈依赖性方面付出了巨大的努力，并且在改善纳米晶体光学性能方面取得了重大进展。

### 4.2.1 生长动力学控制表面钝化

正如已经讨论过的，光激发后辐射过程和非辐射过程之间的竞争产生了不完全的PLQY。假设在其他高质量量子点中不存在内部缺陷，这很大程度上取决于纳米晶体的表面结构[211,539]。正如Weller团队在早期研究中所提出的[211]，通过使用尺寸选择性沉淀法，分批次合成量子点的纳米晶体可以分为具有可区分PLQY的一系列粒级。最后表明，给定比例的粒子在粗溶液分布内的历史决定了荧光。如图33所示，始终存在具有最高PLQY的临界尺寸，并且这种行为在具有各种平均尺寸粒子的粗溶液、具有不同配体的不同合成程序制备的样品以及各种量子点材料上是通用的。当纳米晶体的大小偏离此临界大小时，PLQY逐渐减小。如第3.2节中所详细介绍的，Talapin等人[206]建立了一个理论模型，该模型可以计算具有给定尺寸分布的整体粒子的生长动力学。通常是在合成过程中的任何时候，零生长率粒子的尺寸都对应于那些略小于平均粒径分布的粒子。具有此临界尺寸的粒子具有最大的PL，因为它们与溶液单体的位置最平衡，这意味着与表面阴离子和阳离子最大程度（频率）的交换，因此具有最佳的重建度和表面光滑度。在零生长率点附近的这种高交换频率是去除非辐射复合中心的最佳机会（假设缺陷的形成频率低于良好的晶体表面）。这些临界尺寸纳米晶体的PLQY在整个尺寸分布中应该是最高的，反之朝向分布侧翼的尺寸更大或更小地具有最低的PLQY。

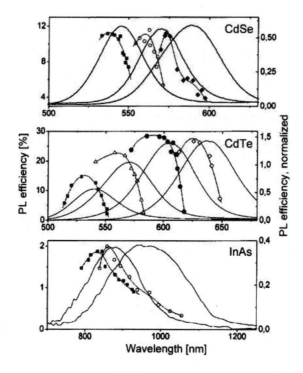

图33 具有最高PLQY的临界尺寸

注：实线——在粒子生长的不同阶段测得的CdSe、CdTe和InAs纳米晶体粗溶液的PL光谱。点——PL量子效率与从每种粗溶液中分离出的大小选择级分的PL最大值位置的关系[211]。

关于水相中的量子点合成，重要的是要考虑纳米晶体生长期间配体的性质和表面覆盖率[28,30,177,286,327,490,609]、溶液pH值[24,28,30,137,169]、配体浓度[19,24,134,161,206,211,256]、阳离子与阴离子前驱物比例[160,161,540]、温度[160,610,611]。这些参数在很大程度上调节了粒子的生长动力学，影响了奥斯特瓦尔德熟化过程，进而影响了PLQY。在纳米晶体合成过程中，配体和pH的影响已经在第3.2节中进行了重点介绍，在其中描述了尝试关联最理想的制备条件以促进构建纳米晶体的最佳表面结构和最强发射。

除了控制合成过程中的光学性质外，合成后的处理还经常用于控制下层粒子的表面化学性质，通过用有机配体分子进行表面修饰、光蚀刻或无机核/壳结构的构建来实现，如第4.2.2、4.2.3和4.2.4项所述。

## 4.2.2 配体介导表面钝化

与大容量半导体相比，量子点中较大的表面积与体积之比可能会导致在其表面存在许多悬空键（配位不足的原子），表示陷阱态的密度很大。理想情况下，在量子点表面的配体分子和悬空轨道之间形成的键将表面（和陷阱）态的能量从HOMO-LUMO（最低未占用分子轨道）间隙转移开，从而通过这些状态防止非辐射弛豫[88,140,612]。在几种材料，特别是CdSe材料方面，分子的表面占据对半导体量子点PL效率的影响已有广泛研究。第一篇介绍配体交换作为PL增强方法的论文表明，在CdS和$Cd_3As_2$量子点水溶液中添加叔胺作为电子给体（$NEt_3$、$NMe_3$、DABCO）可将PLQY最多提高4.5倍，并将深阱发射转换为带边发射[153]。富电子配体的结合[539,550,613-615]或非配位分子还原剂对表面电子陷阱的氧化还原钝化似乎增强了整体PL并减少了闪烁[603]。

除了在纳米晶体形成过程中控制生长动力学和钝化表面状态外，具有各种功能的各种水溶性配体的化学性质还提供了通过合成后处理（例如 pH 调节）进行进一步表面修饰的可能性。例如，Gao 等人[28]发现，所制备的 CdTe 量子点的荧光严重依赖于溶液的酸度，并且可以通过降低 pH 值（在 pH=4.5 时 PLQY 达到 18%峰值）大大增强。深入的研究表明，在酸性 pH 下，由于 TGA 羧基的二级配位和伯硫醇配位金属阳离子，溶液中的 TGA 和 $Cd^{2+}$ 过量浓度将沉积在 CdTe 量子点表面，导致形成 Cd-TGA 复合物的壳[32,143]。研究发现，所制备溶液的低 pH 值促使游离配体或镉-配体化合物直接扩散到配体壳中，这是由于它们在接近中性 pH 时静电排斥力低[616]。因此 Cd-TGA 复合物可以有效抑制非辐射复合通道，其方式类似于在 CdSe 纳米晶体上沉积 CdS 或 ZnS 壳可提高 PLQY[28]。将 pH 降低至一定水平可延长 PL 寿命，支持由表面结构变化引起的这种 PL 增强机理，对于较小尺寸的 CdTe 量子点，观察到的变化更大[617]。

在随后对 MPA 封端的 CdTe 纳米晶体的研究中也观察到了类似的 pH 依赖性发射[30]。在该情况下，荧光强度在 pH=6.0 时达到最大，而之前研究的 TGA 稳定 CdTe 纳米晶体时 pH 为 4.5。TGA 和 MPA 之间的主要区别是前者的 pKCOOH 较低（3.53）（对于 MPA，该值为 4.32）。因此 MPA 的羧基在比 TGA 高的 pH 值下部分去质子化。使用聚丙烯酸作为模型化合物，进一步证明了去质子化羧基的带负电荷的羧基氧可以在较低的 pH 值下轻易地与 CdTe 纳米晶体表面的 $Cd^{2+}$ 点位配位，部分原因是 PL 的提高。与上述 TGA 一样，羧基配位也有助于溶液中过量的 MPA 和 $Cd^{2+}$ 离子在量子点表面形成 Cd-MPA 复合物的壳，并再次导致荧光增强[30]。

最近发现，距量子点表面最远的双功能配体中的末端基团是 pH 介导 PL 增强的主要因素[618]。将 pH 降低至末端基团的 pKa 值会导致带电状态降低。这可能会降低量子点与周围的金属-配体复合物之间的电子排斥力，从而有利于后者扩散到量子点表面，并进一步促进后续的二级配位[618]。发现过量的配体和配体复合物在扩散到配体壳层之前，优先被更靠近量子点表面的外层吸附[616]。当末端基团与游离的 Cd-配体复合物具有很强的配位能力时，调节 pH 降低静电排斥力可以改善配体修饰性，延长 PL 寿命，并增加 PL 强度。该效果仅在 MPA 或 TGA 封端的纳米晶体上非常明显。如果配体末端基团与游离 Cd-配体复合物的配位能力极弱，如 TG 封端的纳米晶体，则 PLQY 或 PL 寿命没有明显变化。

### 4.2.3 通过光照射去除陷阱状态

研究已经发现，光化学处理能够通过减少表面缺陷来有效减少非辐射复合[396]。暴露在光照下可以改善量子点的 PLQY，Gaponik 等人[134]在氧饱和溶液中用 450W 氙气灯对 TGA 封端的 CdTe 量子点的稀胶体溶液进行了 400 nm 光辐照，PLQY 逐渐增加，即光照 5d 后提高了 30%。增强作用是由于光化学刻蚀，因为它去除了与量子点表面上起空穴陷阱作用的碲陷阱态相关的悬空键[619,620]。随后，氧化的 Te 点位被封端配体中的硫取代，也就是说，所产生的空位容易被溶液提供的过量硫醇所饱和[134]。具有大量缺陷状态的纳米晶体在光化学蚀刻过程中最容易溶解。相比之下，消除几个（或单个）Te 陷阱不会导致低缺陷量子点显著降低。纳米晶体光蚀刻伴随光活化，光化学蚀刻机理在吸收光谱和发射光谱上均显示出明显的蓝移，这证明量子点直径减小了[134,211,621]。除了原始合成条件外，该过程还可用于控制纳米晶体的发射波长。

柠檬酸盐封端的CdSe和CdSe/CdS量子点的光活化过程产生的强烈荧光涉及纳米晶体表面与环境氧的反应[283,303]。将QY为0.01%~0.4%制得的柠檬酸盐封端的CdSe量子点或QY低于3%的CdSe/CdS核/壳在水溶液中分散，暴露于环境光中数天后，两种情况下PLQY均显著提高，即CdSe最高达20%，CdSe/CdS最高达59%。得出的结论是，光活化的本质是在光腐蚀期间消除拓扑表面缺陷，即纳米晶体表面的平滑。由于纳米晶体的原子尺度形貌不均匀，由光吸收产生的电荷载流子被捕获在形成的表面状态中。各种中间隙状态消失是由于激子在量子点表面的定位以及激子解离后在获得电子时形成带负电荷的分子氧，然后剩余的捕获空穴可氧化表面Se原子以形成$SeO_2$。据推测，这会导致表面上的高点逐渐腐蚀，从而留下光滑的、捕集阱较少的表面，当去除非辐射复合位点时，PL会大大改善。由于选择性蚀刻机制，PL伴随的蓝移也被用来指示一些轻微的量子点收缩。

与上述通过光生空穴在量子点表面上氧化$S^{2-}$、$Se^{2-}$和$Te^{2-}$的光化学刻蚀理论不同，与硫醇化学有关的光化学过程也已用于形成核/壳结构来钝化表面。研究发现，在金属-硫醇配合物而不是表面光化学蚀刻的情况下，尽管两种方法都可能在某种程度上起作用，但造成大部分发射增强的原因主要是复合物的钝化。如第3.3.1节所述，首先在短波长曝光下，TGA光降解后形成的TGA-Cd复合壳会优先导致CdTe量子点上形成TGA-Cd复合壳，这在一定程度上有助于提高PL。长时间的TGA降解会产生大量的硫离子，这些硫离子会穿过复杂的壳层到达CdTe表面，并直接在量子点上形成固态CdS壳。这种较慢的壳形成过程导致PLQY升高，例如在光照25d后总体上从8%增加到85%[31]。只有在生长粒子完全消耗Cd-硫醇复合物之前，才能使光照辅助壳生长，这一方面表明了CdS壳生长的$Cd^{2+}$来源，另一方面表明获得的CdTe/CdS量子点的胶体稳定性没有减弱。在光照条件下，将Zn/硫醇溶液加入ZnSe/ZnS生长的ZnSe量子点溶液中也系统地证明了PL明显增强，这进一步支持了硫化壳假说[173,268,622]。

## 4.2.4 通过制造核/壳结构来消除陷阱状态

量子点内任何位置的载流子陷阱都可能通过开放非辐射复合的途径，甚至在更极端的情况下通过使量子点长时间处于黑暗状态而给有效的辐射复合带来问题[533]。量子点外部或表面的陷获电荷在纳米晶体内留下了成对的光生电荷，这可能导致随后三重子形成和载波对俄歇湮灭。在大多数情况下，主要关注的领域是量子点表面，或者对于异质结构，核与壳之间任何内部界面都可能存在的配位不足的离子位点。特别是在异质结构的情况下，来自一层的阴离子或阳离子在壳生长阶段可能会在界面上扩散或散布在界面上，然后在另一层中充当杂质，并且在某些情况下可能会构成缺陷位点，从而导致载流子局域化。

陷获电荷也可能负责激子能量与配体振动模式的耦合。极化子可能在捕获的电荷和量子点声子模之间形成，然后与量子点表面的周围介质中的配体或溶剂振动模强耦合。对于中红外区的低带隙量子点来说，这种情况越来越突出，因为光生激子发射频率落在通常存在于配体、溶剂、聚合物主体材料中的常见官能团（例如羟基、烃、胺和膦部分）的低谐波和组合带区域内。幸运的是，材料学家与化学家已经开发出了多种方法来对抗这些潜在的机制，以避免其降低 PL，或减少提取光生电荷的机会，或阻止注入的载流子对存活足够长的时间以产生电致发光。除了上述预防或合成后的消减方法外，在许多情况下，还可以通过使其他类似半导体材料的层过度生长以形成 I 型或 II 型核/壳量子点来缓解表面陷阱[34,44,88,94,262,271,374,563]。

在 I 型情况下，用较小但仍能限制电子和空穴的电势代替核和周围介质（配体或溶剂等）之间较大的电势差异会导致两个载流波函数从核心向周围壳轻微扩张（图 34）。例如，Zhu 等人[623]在向 CdSe 量子点中添加 2~3 个 ZnS 单分子层时观察到约 40nm 的红移，同时 PLQY 从 10%增加到 40%。通过一锅法可扩展路线合成 CuIn(S,Se)$_2$ 量子点的大部分工作都可以通过添加 I 型 ZnS 壳以改善表面质量来实现。使用这些生长方法的核 PLQY 通常只有百分之几，但是添加 ZnS 壳通常可以将后者提高到 40%~60%[232,236,238]。

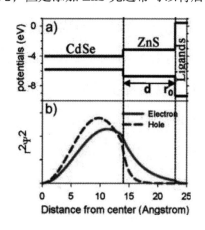

图 34 具有 13.7Å CdSe 核和 3 个单层 ZnS 壳（厚度 d）的 CdSe/ZnS 核/壳量子点的 1S 电子和空穴能级的能带排列和径向分布函数

注：垂直虚线表示 CdSe/ZnS 和 ZnS/有机配体界面；$r_0$ 表示从 ZnS 壳外表面到量子点中心的距离。电位与真空能级有关[623]。

添加 I 型壳通常会引起适度的红移（在 Zhu 等人的研究中约为 40nm），但是由于去除了不协调的核表面位点，核/壳边界处的表面钝化产生了更大的影响。使用足够厚的壳（取决于载流波函数扩展到壳中的程度）可以将壳外侧的新表面位点"推到"超出载流子径向概率密度尾部以外的所有区域。本质上 I 型钝化对辐射复合率 $k_r$ 的影响应最小，对载流波函数重叠的干扰很小，因此应仅略微减弱振子的强度。在大多数情况下，核和壳之间的晶格失配是不可避免的（仅在少数情况下核和壳的晶格常数非常相似），并且在两个区域中引入的应变可能会通过与应变相关的形变电位而在两个区域中移动价带和导带。如果核/壳的自然价带或导带的偏移量已经很小，则应变可能足以反转其中一个偏移量的符号，因此弱 I 型结构可能会在本质上变成 II 型（或准 II 型）。晶格常数的大差异会适得其反，因为可能导致壳引入其他缺陷而不是将其填满。如果引入晶格常数的差异大，但是核和壳的选择受其他要求（带偏移、壳的耐久性等），可以通过使用双壳来减轻应变，分两步使应变分散在更大的区域上[624]。一旦 I 型结构变为 II 型，带隙能量可能会更显著地变化（随着壳厚度的变化，红移会更强烈），并且随着电子和空穴在空间上的分离越来越大，带边沿振子的强度将更加明显地下降，辐射复合率将相应降低，这标志着在量子点核中添加 I 型和 II 型壳进行表面钝化的效果不同。在这两种情况下，由于去除了表面缺陷（在壳形成反应的化学平衡过程中，缺陷部位填充或退火），非辐射复合率 $k_{nr}$ 可能会提高（下降）。添加壳后，Ⅰ型异质结构的辐射率并没有发生很大变化，因此辐射与非辐射率之比提高，导致 PLQY 更高。对于Ⅱ型结构，可通过表面钝化来提高非辐射率，现在被掩埋但已改善的核表面可能较少参与载流子捕获。定位在壳中的载流子可能仍会在新壳外边界处发生缺陷，这仍将有助于并限制对核钝化的改进。这一点可以通过在Ⅱ型内核/壳上添加另一个Ⅰ型壳[294]以从两个壳之间的界面中除去陷阱位点并减少将大部分位于内壳中的载流子捕获的可能性来解决。

Ⅱ型核/壳量子点在空间上的间接性质导致辐射复合率降低，其减慢取决于电子和空穴波函数重叠的减少。随着这种复合率的降低（例如，随着壳的变厚或应变压力的增加），除非壳厚度的变化导致非辐射复合率成比例地降低，否则两种速率 $k_r$、$k_{nr}$ 的比率实际上可能下降，导致 PLQY 降低。对于较厚的Ⅱ型壳，可能会有几种结果：如果非辐射率下降得比辐射率快，则 PLQY 可能会提高；峰值 PL 和带边沿的红移将根据核与壳之间最少分离的导带和价带组合中的交错部分成比例地受到限制。PL 辐射寿命将增加，并且带边沿振子的强度将减弱。或者如果初始钝化改善非辐射率快于载流子分离减慢辐射跃迁的速度，则 PLQY 将增加。随着非辐射过程的改善趋于平稳，$k_{nr}$ 随着壳的进一步生长而停止下降，辐射过程的持续减慢可能导致 PLQY 达到峰值，然后下降。对于Ⅱ型异质结构而言，必须确保添加壳不会最终将缺陷掩埋在核表面上，否则这将大大限制 PLQY 可达到的峰值。同样，如果受两个载流子最外侧的壳缺陷影响而导致非辐射率改善受到限制，也可能导致 PLQY 在特定壳厚度处达到峰值，但随后下降[625, 626]。对于 PbS、PbSe、PbTe、HgSe、HgTe、InAs 和 InSb 等低带隙量子点，激子的能量耦合到周围分子材料的 IR 振动模式时可能会出现问题。有数个团队已经研究了能量耦合的机制。Keuleyan 等人[530]建议将量子点用作供体，将配体壳（或溶剂壳）作为受体层进行 FRET 式偶联。Aharoni 等人[529]估计了相同类型耦合的速率常数（基于 InAs 的量子点和 CH 谐波以及 1150~1200nm 范围内的组合频带为 $1.5×10^6$/s），将该过程称为 EVET-电子振动能量转移。在长波长下，随着受体振动模态的振子强度增加，这种过程可能变得越来越重要。但是其他可能的耦合机制和较短的红外波长同样重要，其中仅有较弱的配体谐波和组合带。尽管在这些波长下受体跃迁矩太弱，无法进行 FRET/EVET 式耦合以解释观察到的 IR 发光部分淬灭，但是在量子点表面捕获电荷的影响下形成的表面相关极化子的机制可能会导致合理的耦合强度，从而降低 PLQY[627]。

无论 FRET/EVET 或极化子介导偶联是不是主要关注的问题，这些效应都需要在供体和（振动的）受体之间进行精细的分离，即在近距离处采用合适的分子振动模式。在极化子的情况下，防止耦合的第一道攻击线也是防止形成表面陷阱电荷，即首先除去俘获位点。但是在两种情况下都可以使用Ⅰ型策略，只需将任何分子振动模式在空间上置于能量传递或任何极化子-振动模式波函数重叠机制的范围之外。通过添加材料壳或将量子点（无配体）嵌入具有很少或没有明显 IR 吸收的主体材料中，可以实现这些目的。纯硅壳可能在发射波长超过 3μm 之前一直适用，然而实际上胶体生长的二氧化硅壳是多孔的，有羟基官能化的较大外表面和孔表面积，从这个角度看，这将严重限制有用的 IR 波长范围。更合适的低吸收率 IR 壳材料

包括 $As_2S_3$，是众所周知的中红外光电材料[628-630]，并且 Kovalenko 等人已证明这是 CdS 涂层 PbS 量子点的主体材料[631]。但是，这种方法仅去除了潜在的接收器和最终的能量耗散位点（分子振动模式）。在量子点表面上沉积无定形而不是外延的材料，不一定能消除与极化子机制有关的缺陷部位，而只是移动振动使其耦合到更远的范围之外。

## 4.3 通过制造 II 型核/壳结构进行带隙工程

量子点的带隙工程使研究人员能够通过设计电子能带结构来控制电荷载流子的能量和位置，从而将量子点的荧光发射光谱从紫外线（UV）调整为 NIR 光谱范围[632,633]。如第 3 章所述，除纳米晶体的生长外，在合成过程中可以通过广泛使用成分工程技术来实现合金化[348,634,635]、核/壳的形成[94]、化学表面改性[636-638]等。在本节中，我们重点介绍 II 型核/壳量子点，它们不仅可以通过有机溶剂合成而生长，而且可以通过水相溶剂方法生长。实际上，由于这些异质结构非常受生物标记应用关注，水基合成已被证明非常受欢迎。在此讨论了 II 型核/壳量子点电子结构的主要特征，并描述了它们如何转化为此类材料的典型光学特性。虽然吸收、PL 和时间解析 PL 通常是用来监测此类量子点的生长和质量的主要工具，但还会使用其他类型的光谱学，例如超快泵浦探针方法，这在揭示核/壳量子点及其与其他粒子或基质耦合的异质结构中遇到的复杂载流子动力学方面，具有不可估量的价值。如果读者对杂晶的更广泛、更普遍的评论感兴趣，推荐阅读 Reiss [127]和 de MelloDonegá等人的相关文章[140]。

Zhou 和 Haus 在多层核/壳量子点的早期研究工作中发现了形成 II 型异质结构的可能性[639,640]。在 II 型结构中，核和壳的价带和导带交错，或者在准 II 型排列情况下，核和壳的导带或价带重合。在前一种情况下，交错的带隙导致光激发空穴和电子的最低激发态分离，而其波函数重叠很小。相对于等效的 I 型结构，这降低了最低跃迁的振子强度和辐射复合率。带隙交错可能有利于核中空穴的定位和壳中电子的定位，反之亦然。准 II 型排列导致仅一个载流子强烈定位在核或壳中，而成对载流波函数扩展到整个结构。即使这样也导致载流波函数重叠减小，但是程度在 II 型和 I 型等效结构中间。

设计简单的核/壳量子点的出发点是，通过了解两种材料的自然价带偏移[364]的差异，来考虑材料带隙能级的相对位置。这固定了核相对于壳的导带偏移（CBO）和价带偏移（VBO），而忽略了由于两种材料之间的晶格失配而产生的应变影响。如果可以弹性适应应变，则可以因核和壳晶格参数不同而产生应变效应（通过将一个区域置于很大的压力下，将另一个区域置于拉力下，而不允许形成晶格缺陷）。实际上，这是经过简化的，对于晶格常数壳较小的球形核/壳量子点而言，核处于各向同性压缩状态，而壳处于切向拉伸和径向压缩的组合状态。一种方法是使用连续弹性理论对应变建模，并通过计算出两个区域中导带和价带的应变诱发压力和形变势[365]，可以将应变诱发的位移包括在异质结构的修正带排列模型中。计算带结构的更具原子性的半经验赝势方法包括使用 VFF [641]方法作为考虑应变影响的替代方法，初步确定对核/壳中原子晶格位置的干扰。图 35 显示了基于体能级能带排列的核/壳结构过渡的简单近似图。这里的辐射复合在空间上是间接的，发生在壳的导带与核的价带之间。需要注意的是，这些能带是基体材料的，因此该图片忽略了约束效应，本质上是定性的而不是定量的。但它确实传达了 II 型核/壳量子点的主要特征：吸收主要由核光谱特征决定（壳的贡献较弱）；发射相对于核心材料有强烈的红移；相对于较强的核吸收特征而言，斯托克斯位移大；发射率低于 I 型或仅含核量子点；带边沿振子的强度降低。

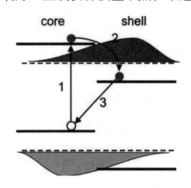

**图 35　基于体能级能带排列的核/壳结构过度的简单近似图**

注：II 型核/壳量子点中的标称辐射复合。导带和价带显示为粗水平线。电子波函数（深灰色）主要位于壳中，而空穴波函数（浅灰色）优先位于核中。过程 1、2 和 3 分别是吸收、电子向壳中的偏析以及空间间接复合。实际上异质结构的导带和价带（水平虚线）比过程 3 指示的距离稍远。

II 型核/壳结构可以嵌入在另外的半导体壳中，例如核/壳/多壳。偏移量可以是 I 型内的 II 型或另一种 II 型内的 II 型。前者通常用于提高 PLQY，否则内壳中的载流波函数会与表面缺陷重叠。因此第二壳改善了内壳中载流子的表面钝化。II/II 型双壳排列可用于在两个阶段中解决核与壳之间的晶格失配，从而减少应变的影响，否则可能因过大而阻碍外延或在核的界面处导致缺陷。表 2 列出了一些生长有 II 型异质结构量子点的示例。

**表 2　II 型核/壳量子点参考的选定示例**

| 核-壳 | PL 范围（nm）（或 Abs） | 参考文献 |
| --- | --- | --- |
| CdSeTe/CdS | 800 | 642 |
| $CdSe_xTe_{1-x}$/CdS | Abs 550~640 | 288 |
| CdTe/CdS | 530~580、470~680、Abs 500~600、480~815、550~568 | 643、281、644、274、270 |
| CdTe/CdS(aq) | 410~570、519~560、535~623、560~820 | 645、275、320、475 |
| CdTe/CdS(org) | 660~715、625~795 | 646、647 |
| CdTe/CdS（掺杂 Cu） | 700~910 | 475 |
| CdTe/CdS（小核-厚壳） | 710 | 648 |
| CdTe/CdSe | 630~720、560~630、800 | 647、649、650 |
| CdTe/CdSe(aq) | 510~640、613~813 | 316、319 |
| CdTe/ZnO | 566~596 | 651 |
| CdTe/ZnTe(ap) | 534~688 | 322 |
| CdTe/ZnS | 550~610 | 652 |
| ZnTe/ZnSe | 470 | 139 |

在以下各节中，将根据带隙修饰、吸收和发射光谱的变化以及对 FRET 和电荷转移过程的影响，更详细地描述 II 型异质结构如何影响核/壳量子点的光学特性，还将描述如何使用 II 型核/壳结构来修饰和实现影响光学性质的其他过程，例如俄歇复合、辐射双激子复合和量子点闪烁。最后回到双壳 II 型异质结构中展现的光学性质以及极小核 II 型量子点的光学性能上来。

## 4.3.1 对带隙和能级的影响

Dorfs 等人[653]对带有 CdS、CdSe 和 CdS/CdSe 壳的 CdTe 进行了研究，证明了形成 II 型核/壳结构时对带隙的影响。在其工作中，CdTe/CdS 量子点的 CBO 被赋予为阳性（壳 CB 能量比核高），尽管 Li 等人[364]对自然价带偏移的稍微修改会导致 CBO 稍为负，即弱 II 型。在任何情况下都可以将 CdTe/CdS 量子点视为 I 型/准 II 型/II 型之间的边界。在后续的研究中[34]，讨论了包括应变效应的必要性，尤其是在这种情况下，这很可能使平衡趋于有利于特定的频带排列。案例中，应变使 II 型案例更引人注目。Dorfs 等人[653]证明，在相继添加 CdS 或 CdSe 壳单层时，带隙能量的影响、PL 和第一激子能量均出现逐渐红移。在后来的研究中，Ma 等人[654]探索了对 CdTe/CdSe 和互补 II 型、CdSe/CdTe 量子点的能带边缘以及更高激发态能级的影响。在前一种情况下，空穴位于核中，而在后一种情况下，电子驻留在内层中。在这两种情况下，增加壳的厚度都会使带隙能量发生红移，但是对于 CdSe/CdTe 核，伴随着发射的强烈淬灭，因为电子/空穴的重叠大大减少了。

在 II-VI 材料离子交换的研究中，Smith 等人[314]描绘了在不同情况下，包括 I 型、倒置 I 型、II 型电子/空穴和空穴/电子核/壳的带边振子强度的变化。这些是根据与核心材料相对的第一和第二跃迁振子的强度来表征的。I 型核/壳量子点在其吸收光谱中保留了所谓的激子峰特征，并且移动非常小，而 II 型空穴/电子核/壳则显示出壳厚度依赖于第一激子峰强度的损失，并且红移明显得多。

带隙对应变的影响非常重要，具体取决于材料的核/壳晶格失配和机械柔软度（体模）。HgTe 和 CdTe 之间的核/壳界面将显示出非常弱的应变敏感性，因为其晶格参数几乎相等（0.646nm 和 0.648nm）。然而，HgTe 和 CdTe 都相当柔软（体模分别为 423kbar 和 445kbar），因此当被其他较坚硬的 II-VI 材料包围时，可导致带隙相当大的应变调谐。Smith 等人[655]进行了非常详细的研究，证明了 ZnSe 等硬壳可以将带隙红移多达 350nm（取决于壳厚），特别是对于较小核（直径 2~3nm）的 CdTe 量子点而言。Cai 等人[656]同样利用连续弹性理论确定了应变梯度及其对结构中带隙能级的影响，详细研究了 CdTe/CdSe 核/壳量子点中 CdTe 的压缩诱导调谐。Khoo 等人[657]研究了 ZnS/CdS 和 CdS/ZnS 量子点中应变的赝势密度函数计算及其对能量水平的影响，证明壳压缩的影响可能仅对前几个壳单层有意义，并且此后可能饱和。因此对于薄壳，带隙随壳厚相关的约束和应变效应发生变化，但是对于较厚的壳，后者对带隙的作用几乎恒定。

Schöps 等人[658]讨论了具有部分 CdS 壳的 CdTe/CdS 量子点中激子精细结构与 PL 衰减时间和振子强度的关系，因为几乎退化的亮、暗水平都有助于实验测量的量。PL 衰减曲线的强非指数性质和用于描述衰减的拟合函数参数的温度变化通过过渡的叠加来解释，不仅在整体分布中涉及不同大小，而且在激子精细结构中涉及不同的级别，每个级别都有不同的振子强度和寿命。在近似球形的量子点上应用壳，预计不会干扰带边沿精细结构中明暗过渡的顺序，但是当核/壳结构具有强烈的各向异性时情况并非如此，例如在点棒状核/壳结构中[659]。在球形核/壳结构中，激子精细结构的主要影响与PL衰减率有关。

## 4.3.2 对吸收光谱的影响

II型量子点吸收光谱的经典特征是带边沿振子强度极大降低和带边沿跃迁本身红移（相对于原始核心材料）。如Dai等人所述，在回流条件下，CdTe/CdS量子点形成过程中，在壳增厚时通常可以在光谱进程中观察到这一点（图36）[274]。Gui和An还给出了一个清晰的例子，说明了在CdTe核上逐层沉积CdS壳时单层中第一个激子吸收峰的侵蚀[280]。

Smith等人[655]在对强应变的II型核/壳量子点的研究中也给出了类似的例子，其中第一次跃迁的红移和振子强度降低更为明显。在其最近的工作中，还对吸收光谱的形状趋势与其他类型的核/壳结构进行了比较[314]，最低能量跃迁和PL峰之间的室温斯托克斯位移原始核的幅值可能差别不大，但是在第一个激子发射被强烈淬灭的情况下，弱的带边吸收和PL发射峰之间的光谱重叠可能会大大减少。从Xia和Zhu等人报告的II型CdTe/CdSe量子点可以理解这一点[317]。

Abel等人[660]在结构和光谱研究中，通过阳离子交换反应形成的准II型PbSe/CdSe核/壳量子点，研究了核和壳之间转变对尖锐度的影响。其中发现了混合阳离子成分的薄中间区域会影响PL寿命，并可能对能带边沿附近的吸收光谱产生影响。建议对附加子带的形成进行初步解释，这可能会导致小的附加快速衰减和振子强度的小幅增加（针对电子-空穴重叠减少引起的更显著的降低）。

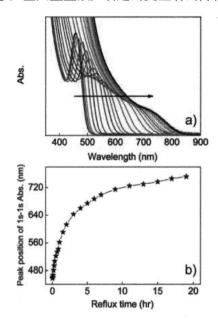

图36 带边沿振子强度极大降低和带边沿跃迁红移

注：在CdTe核量子点上形成CdS壳和增厚的过程中，II型吸收光谱的演变和第一个激子峰的红移[274]。

通过比较，Justo 等人[661]对 I 型 PbS/CdS 核/壳量子点振子强度进行了详细的定量研究，发现核/壳值大致相当于等效尺寸 PbS 核的值。对于 II 型结构来说，这是完全不同的，由于电子和空穴重叠减少，振子强度大大降低。

### 4.3.3 对发射光谱的影响

形成 II 型核/壳对 PL 发射光谱最重要的影响是发射的（有时是相当大的）红移。如上所述，这既可能是由于切换到核与壳之间水平的空间间接过渡（例如空穴/电子型核/壳的壳导带到空穴价带），也可能是由于应变对这些水平的进一步影响。

CdTe/CdS 是 II 型核/壳最受欢迎的选择之一，很容易在水中合成。Gu 等人[279]所述的 PL 调谐范围非常典型，约为 100nm，从范围末端 30%~80% 的中端峰值，可使用 PLQY 获得该范围内的量子点材料。如前所述，对 CdTe 量子点更大的调谐可以通过对 ZnSe 壳等进行强核压缩来获得[655]，尽管当核/壳接口处形成缺陷时驱动间接带隙减小所需的强晶格失配还可能导致 PLQY 较低。Deng 等人[271]使用水相合成法，以半径约为 0.8nm、最大 CdS 壳厚度为 5nm 的魔力尺寸 CdTe 簇为核心，实现了很大的红移。当小的 CdTe 核近似为球形时，较大的核/壳变成四面体形状。如图 37 所示，凭借单分散魔力尺寸核心，证明了 340nm 的最大红移，并且 PL 峰相对较窄。

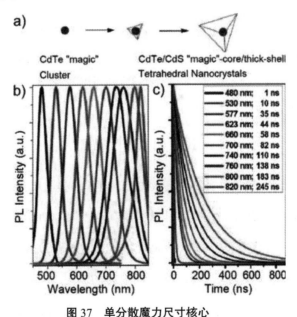

图 37 单分散魔力尺寸核心

注：a）CdTe/CdS 魔力核/厚壳四面体纳米晶体形成示意图；b）一系列纳米晶体样品的室温 PL 发射曲线，这些样品通过改变 CdS 壳的生长而获得，从而在魔力尺寸的 CdTe 核上覆盖了更厚的壳；c）在 b）中样品的最大发射波长下监测室温 PL 衰减动力学，列出了计算出的激发态寿命[271]。

### 4.3.4 对 PLQY 和寿命的影响

I 型核/壳通常通过从核上除去表面陷阱而使 PLQY 有所改善，并且空穴和电子波功能主要局限在核上，壳外表面上的陷阱对辐射复合的影响较小。这导致 PLQY 增加，而发射光谱几乎没有变化。II 型壳同样可以从核表面去除陷阱，但是其中一个载波函数在壳外表面附近仍可能具有一定的振幅，这意味着电子或空穴仍可能易于被捕获在新的外表面上。对于 I 型和 II 型结构，在壳形成过程中掩埋的缺陷仍然可以不同程度地接近电子和空穴。为避免这种可能性，明智的做法是首先进行其他处理，例如有限的光蚀刻，以消除因壳过度生长而无法补救的缺陷。即使在添加 II 型壳时非辐射率不变，由于载流波函数重叠（振子强度更低）而导致辐射复合速率降低，也将使非辐射过程更有效地与辐射复合竞争。如 Jing 等人所述，这将导致 PLQY 降低，见图 38[34]。即使表面钝化微小改进，最终也会因复合过程的间接性质而受到削弱。壳生长过程中应变的变化也可能导致辐射复合和非辐射复合之间的权衡变差[306]。此外，要抑制非辐射过程，壳的外表面也不得增加载流子的俘获率。需要强调的是，就其本身而言，II 型辐射复合在空间上是间接的，因此速度更缓慢，这并不能降低 PLQY，但是在有竞争性、非辐射过程的情况下，缓慢发射是个问题。

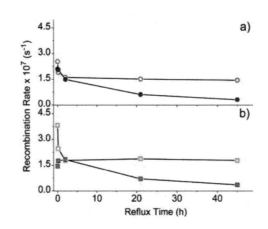

图 38 在不同回流时间获得的 CdTe610 和 CdTe538 系列量子点的辐射（填充符号）和非辐射（空心符号）复合率[34]

Rawalekar 等人[315]结合了 PL 和瞬态吸收（TA）来研究 CdTe/ZnTe II 型核/壳量子点中电子俘获的影响。在 TA 光谱的长波部分可以看到光充电的迹象，此外，热载流子（电子）的冷却速率降低了。后者与电子和空穴的分离一致，因为两种类型的载流子之间的超快速散射通常负责提高电子冷却速率。电子的偏析和表面俘获会降低能量并转移到空穴中以实现更有效的冷却速率，并且与观察到的缓慢冷却一致。这些发现表明，至少在此特定样品中，壳表面的电子俘获仍然可能是限制 PLQY 的重要因素，尤其是对于较厚的壳。Samanta 等人[306]在比较 CdTe/CdS 和 CdTe/CdSe 核/壳量子点时发现了相似的行为（他们随后还为每个量子点添加了 ZnS 壳，参见 4.3.8 项）。除了壳厚度增加引起的辐射率和非辐射率的差异之外，作者还发现 CdTe/CdS 壳的辐射速率高于 CdTe/CdSe 壳。这是由于在前一种情况下 CBO 较小，导致电子在壳区上的定位较弱。

对 II 型核/壳的需求是由于使用近红外发射过程不必使用低带隙材料，也不需要获得载流子隔离，可能不需要进入异质结构壳中两个光生载流子中的一个。如果需要在无表面可及载流子的情况下进行近红外发射（例如用于组织透明区域生物标记应用），可将 II 型结构包裹在另外的 I 型壳中，确保位于内壳中的载流子随后与外壳的外表面隔离。此类双壳结构的示例见第 4.3.8 项。简单的单壳材料可用于 FRET 或电荷转移应用，例如作为生物和其他传感设备的基础。

## 4.3.5 对 FRET 的影响

Zhu 等人[662]证明了锰掺杂 ZnS/ZnO II 型结构与磺基罗丹明标记的与 ZnO 表面上生物素化表面配体偶联的抗生物素蛋白之间的时间解析 FRET。由于锰掺杂剂（本身具有毫秒发射寿命）发射的量子点敏化激发，其功能性掺杂的核/壳量子点充当长寿命的能量供体。在存在染料标记的抗生物素蛋白的条件下，后者发生能量转移，持续时间以毫秒为单位。这允许在 FRET 系统用作荧光标签的情况下对图像进行时间选通，从而可以消除更快的发射过程和散射背景。FRET 在核/壳量子点结构中的演示证明了以下事实：II 型壳（假设不太厚）不会阻碍共振能量转移过程。

## 4.3.6 电荷转移

II 型载流子局域化的性质意味着涉及电荷转移过程的应用更为常见，因为它们可以利用其中一个载流子在壳中的局域化优势，通过 PL 信号的淬灭和 PL 衰减动力学的变化来观察电荷转移过程。通常使用瞬态吸收和其他相关形式的超快泵浦探针光谱学研究飞秒到皮秒时间尺度上的动力学。

II 型核/壳量子点对于量子点敏化太阳能电池应用非常重要，因为它们可能与宽带隙氧化物基材或纳米粒子（例如 ZnO）配对。Shi 等人[663]证明激子淬灭与 CdTe/CdS 核/壳量子点到 ZnO 纳米粒子的电子转移一致。对于大直径 CdTe 纳米晶体（3nm），仅出现弱淬灭，而对于小直径 CdTe 核（1.5nm），PL 淬灭要强得多（图 39）。作者将较大的直径描述为 I 型，尽管 Li 等人[364]更新的自然 VBO 计算表明该结构是弱 II 型（小 CBO），忽略了应变效应。考虑到后者，这两种结构都将成为 II 型，但是较大的核心材料肯定会具有较小的 II 型 VBO，而淬灭速率的差异反映了 CBO 的大小。

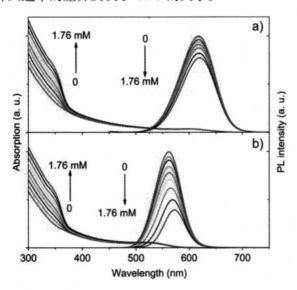

图 39 激子淬灭与 CdTe/CdS 核/壳量子点到 ZnO 纳米粒子的电子转移

注：加入 0、0.22mM、0.44mM、0.66mM、0.88mM、1.10mM、1.32mM、1.54mM 和 1.76mM 浓度的 ZnO 纳米晶体后，水溶液中 CdTe 核直径为 3.0nm 和 1.5nm 的 CdTe/CdS 核/壳量子点的 PL 和吸收光谱[663]。

电荷转移效应也构成了某些生物测定应用的基础。例如 Shen 等人[664]利用电子从核/壳量子点转移到血红素，血红素是一种天然存在的生物碱药物，由于带正电荷的杂环氮位，是良好的电子受体。电子转移介导淬灭形成了荧光检测系统的基础，其灵敏度接近 100ng/mL。

Maity 等人[665]研究了 CdS 和 CdS/CdTe 空穴/电子核/壳量子点与有机分子溴邻苯三酚红（Br-PGR）之间形成的电荷转移复合物中空穴和电子转移的过程。在这两种情况下，有机化合物都能有效地淬灭量子点发光，并且核/壳纳米晶体的 PL 衰变动力学变化最为明显。漂白剂和电荷转移态动力学的 TA 测量用于导出模型（图40），用于通过 CdTe 壳（由于 II 型能带排列）在 CdS 核之间进行空穴转移，然后再进一步达到染料的 HOMO 水平。由于染料 LUMO 能级位于 CdTe 壳的导带之上，通过 CdTe 壳到核的级联电子转移也是几种竞争途径之一。如果有 CdTe 壳，通过 CdS 导带到染料 HOMO 能级的反向电子转移进行的恢复明显减慢。

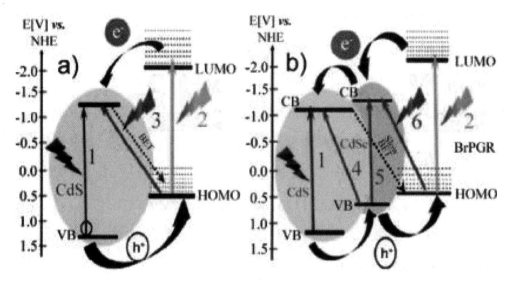

图40 通过 Br-PGR 敏化的 CdS 量子点和 CdS/CdTe II 型核/壳量子点中电子和空穴传输过程的示意图
注：过程1表示 CdS 量子点的激发。过程2表示 Br-PGR 的光激发。过程3表示电子从 Br-PGR 的 HOMO 直接转移到 CdS 的导带。过程4表示电子从 CdTe 壳量子点的价带到核 CdS 量子点的导带的间接光激发。过程5表示 CdTe 壳量子点的光激发。过程6表示电子从 Br-PGR 的 HOMO 直接转移到 CdTe 壳的导带。显示了两种复合材料中的电子注入和空穴转移反应。两种方案中的虚线均表示 CdS 量子点中的电子与 Br-PGR 阳离子自由基之间的电荷复合反应。在 CdS/CdTe/Br-PGR 复合系统中，BET（反向电子转移）过程较慢[665]。

## 4.3.7 与俄歇复合的关系

泵浦探头瞬态吸收光谱、单点发射光谱和光学闪烁实验等光学测量都用于监控量子点中超快的载流子动力学。俄歇复合工艺使用异质结构（例如 II 型核/壳）来控制和缓解这些现象，是改善光电器件中量子点性能的工作核心。Piryatinski 等人[666]提出，在核与壳之间具有清晰边界的 II 型结构中，强的双激子斥力应能够抑制俄歇双激子复合，并且可能足以移动光跃迁的吸收光谱，从而使单个激子发射几乎没有吸收。抑制的俄歇复合会大大减缓来自多激子占据的量子点的瞬态吸收信号的恢复，然后将恢复推到辐射复合时间尺度上（纳秒甚至更长），其结果是由于初始激子占据，PL 衰减（以纳秒分辨率测量）可能显示出泵浦功率依赖性。Dennis 等人[573]在研究 II 型 InP/CdS 量子点闪烁和俄歇复合体抑制时发现了这一点[573]，对于较厚的 CdS 壳最为明显（图 41）。Deng 等人[271]在先前提到的关于魔力核/厚壳 CdTe/CdS II 型量子点的研究中也观察到闪烁抑制，说明俄歇复合降低。

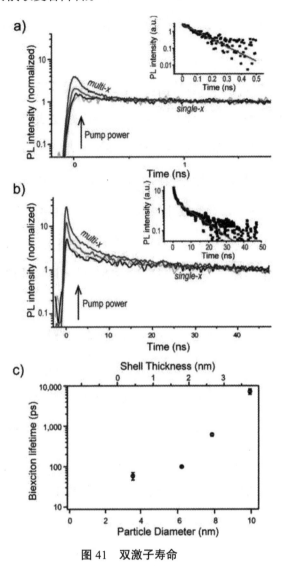

图 41  双激子寿命

注：a）在不同的 3.1eV 泵通量（1~170μJ/cm²）下，在稀甲苯溶液中对直径为 5.2nm 的 InP/CdS 核/壳量子点样品（InP/4CdS）进行光谱积分的瞬态 PL 测量，在 1.8ns 处归一化的迹线表明，所有多激子信号都在小于 500ps 的时间内衰减。插图显示了提取的多激子衰减分量以及双激子衰减为 99 ± 4ps 的单指数拟合（红线）；b）对于直径为 8.3nm 的核/壳量子点样品（InP/10CdS），归一化为 48ns 的与泵浦强度相关的瞬态 PL 测量直到约 30ns 才完全收敛，表明多激子寿命长。提取的多激子成分的单指数拟合（红线）（如插图所示）揭示了长寿命多激子；c）从时间解析 PL 数据中提取的拟合双激子寿命表明，随着壳厚度和总粒径的增加，寿命会大大延长[57]。

## 4.3.8 II 型异质结构的其他变化

对于某些应用（例如涉及电荷转移、载流子提取或注入的应用），II 型核/壳结构是理想的。对于其他应用，可以再增加壳，其本身相对于中间壳为 I 型或 II 型带排列。双壳的两种组合可以称为 II/I 型和 II/II 型。II/I 型双壳结合了 II 型内部异质结构的载流子分离特性，但是其外壳足够厚，可防止分离的最外层载流波函数与整个结构外表面的陷阱有大的接触。因此，在 II/I 型量子点中添加第二个壳不应导致发射光谱发生更多的变化，但可以进一步提高 PLQY。发生的波长偏移可能主要是由于外壳与已经应变的内壳之间晶格失配导致的核与内壳中应变的其他变化。由于用第二半导体外壳代替周围介质而引起约束电位变化，带隙可能会发生进一步的小变化。与大多数溶剂的大价态和导带电势相比，附加的半导体将降低约束电位，但这将主要影响两个载流子中位于内壳中的任意一个，效果是稍微扩展该载流子的波函数。

如果需要外壳与核晶格失配较大，有时会使用 II/II 型双壳材料。用核和壳的组合来制造单个 II 型壳可能有问题，导致在界面处形成缺陷。使用中间壳和介于两者之间的晶格参数在芯和外壳之间进行过渡，可以使应变分两步进行，并且失配分布在较大的体积上，从而降低了形成缺陷的风险。还可以选择双核/壳的外壳，使其具有低细胞毒性等性质，在这方面 ZnS 和 ZnO 是受欢迎的选择。Lee 等人[667]描述的 PbSe/CdSe/CdS 异质结构研究（部分基于 Pietryga 等人[668]的早期工作）是使用 II/II 双核/壳的例子。CdS 在外表面局域化和钝化方面存在很大差异，使表面陷阱超出了电子波函数的范围，导致观察到 PL 衰变尾部的辐射寿命非常长（大约 80μs）。在 CdS 外壳的生长过程中，作者观察到发射的初始蓝移，这是由于 CdS 生长温度（240℃）下轻微合金化导致 PbSe 核收缩，但是随着 CdS 壳的加厚，被 CdS 钝化和增强准 II 型排列所抵消。双壳结构的 PLQY 仅为 20%左右，尽管这可能反映出巨大的挑战，因为匹配的辐射率降低，与非辐射复合率的降低相似。

Samanta 等人的实验结果很好地说明了 CdTe/CdS/ZnS 和 CdTe/CdSe/ZnS 的 II/I 型双核/壳形成过程中的吸收光谱行为、PL 和 PL 寿命。在应用第一层壳时，II 型结构在 PL 峰（>100nm）显示出明显的红移。添加第二层 ZnS 壳可提供进一步但较小的红移（CdTe/CdSe/ZnS 约为 50nm，CdTe/CdS/ZnS 约为 25nm）。双壳量子点的 PLQY 分别约为 44%和 38%，而完整结构的 PL 寿命在 60~80ns 范围内随着成分的增加而增加。在添加第一个壳时，辐射率最终会降低，而非辐射率受益于表面钝化最初会降低，然后保持相对恒定。在添加第二层后，随着电子波函数进一步推离 ZnS 外表面，非辐射率进一步降低。辐射率也可能由于电子-空穴重叠的进一步减少而略有下降，因为电子波函数因 ZnS 代替了更宽的带隙溶剂等而略微扩张了。

表 3 列出了双核/壳 II/I 型和 II/II 型量子点异质结构的合成和应用的其他例子。

表 3　文献中具有 II 型内核/壳结构的核/壳/壳量子点示例

| 核-壳 | PL 范围（nm） | 参考 |
| --- | --- | --- |
| CdTe/CdS/ZnO | 536~651 | 669、670 |
| CdTe/CdS/ZnS | 564~615 | 294、321 |
|  | 660、560~615 | 671、293 |
| CdTe/CdS/ZnS | 525~567、650~660 | 597、672 |
| CdTe/CdS/ZnSe | 660~620、720~800 | 625 |
| CdTe/ZnTe/ZnS | 540~825 | 673 |
| InAs$_{0.82}$P$_{0.18}$/InP/ZnSe | 530~670 | 674 |
|  | 585~610 | 675 |
|  | 805 |  |

关于核/壳主题的另一类明显变化是异质结构,其中内核非常小,即在范围内只有几个原子,本文中将它们称为小核内核/壳。Franzl 等人[676]以及后来的 Avidan 和 Oron[677]都合成并表征了低浓度掺杂 Te 离子的 CdSe 量子点。其有效地对应于 CdSe 壳中极小的 CdTe 核,但是 Te 含量可能减少到每个点仅几个 Te 离子。在如此低的 Te 水平下,光学性能与上文所述的较大核 CdTe/CdSe 量子点的光学性能完全不同。可以观察到两种不同类型的发射:带边沿 CdSe 发射和较低的能量跃迁,可描述为是由于 Te 陷阱状态接近 CdSe 量子点的价带。单点光谱[676]显示,单个量子点仅显示一个或另一个发射过程,而不会进行切换,这与未掺杂 Te 的一些点一致。在同一系统的理论建模中,双方团队[676,677]和后来的 Zhang 等人[678]都确定,光激发空穴在量子点内非常牢固地与 Te 位点结合,对于低 Te 掺杂,空穴波函数的位置甚至比上述较大的常规 II 型 CdTe/CdSe 量子点更紧密。Avidan 和 Oron[677]观察到 CdSe:Te 量子点的时间选通发射,并在短时间内(小于双激子俄歇非辐射寿命)发现了与泵浦相关的发射光谱,其中包括在较高激发功率下双激子发射峰的作用。通过这些测量确定的与核尺寸相关的单激子-双激子蓝移可能高达 300meV,原则上可以成为实现量子点增益介质中发射光子重吸收的基础。在这些基于小核的核/壳量子点中,单个激子发射峰的斯托克斯位移也很大(200~300mV)[676]。Zhang 等人[678]还模拟了最低能量暗态与第一个亮态的分离,这直接影响了所测量的单激子辐射寿命,预计在分裂最大的地方,即小直径时复合速度更快。

## 4.4 发射掺杂

用过渡金属离子和稀土离子等杂质掺杂半导体量子点的晶格可以扩展其属性的范围和性质,最显著的是具有新的、独特的掺杂发射特征。新的掺杂剂能级有其自己的载流子动力学——与 d 和 f 掺杂离子有关的一些重要的光学跃迁是被禁止的(至少在规则的块状晶体环境中),因此其发射寿命比大多数量子点更长。掺杂剂可以有效地承担主导发射过程的作用,而量子点可以有效地起到改善掺杂激发的作用(即扩展激发截面和激发波长范围)。在其他情况下,发射特性是由掺杂剂和量子点能级的组合引起的,并且复合过程同时具有量子点主体和掺杂剂的特征。在这种情况下,发射仍在一定程度上受量子点尺寸影响(如第 4.4.2 节所述)。

### 4.4.1 锰掺杂

半导体量子点的 $Mn^{2+}$ 掺杂一直是构建具有出色光物理特性的新型发光材料的优秀方式,这些材料具有潜在的技术重要性[378,379,386]。对于掺杂 $Mn^{2+}$ 的量子点,其发射主要由 $Mn^{2+}$ d-d 状态下掺杂剂的 2.1~2.2eV 内部 4T1-6A1 跃迁控制[386,397,398,409,411,417,679]。复合过程的激发是由于量子点光激发后,能量从量子点带边激子转移到配体场 4T1 $Mn^{2+}$ 态的上层。此处术语"配体"(场)用于过渡元素的能量学和光谱学,并不明确指代量子点周围的稳定配体。当 $Mn^{2+}$ 配体场态位于主体量子点的带隙内时,掺杂剂将从半导体主体的大吸收截面和宽吸收光谱范围中受益,从而提高被激发的效率[386]。当量子点激子态与掺杂剂的能量快速转移结合在一起时，可以产生强 Mn²⁺掺杂剂 PL，这种荧光通常非常稳定，并伴有较大的斯托克斯位移。此外，发射能量几乎不依赖于量子点主体的大小和成分（唯一的警告是 Mn²⁺的激发态和基能级在量子点带隙范围内）[402,680]，通常带来的发射光谱和吸收光谱之间的低重叠适用于生物医学成像应用，因为它可以轻松区分生物样品的背景自发荧光团产生的荧光团发射。

强大的 Mn²⁺掺杂发射依赖于有效的激子-Mn²⁺能量转移[471,681]。通常在未掺杂的量子点中，光生激子会辐射衰减而产生激子发射，其辐射寿命通常为几纳秒到数百纳秒。但是如果其中一个载流子（或两个载流子）在可以辐射结合之前被捕获，则可能发生非辐射复合（或更弱、更宽的陷阱能级发射），这种类型的非辐射弛豫过程可能涉及内部或表面量子点状态。在均质量子点中，后者通常是非辐射复合的主因，但在核/壳异质结构中，内部缺陷（在不同层之间的界面附近）也可能起很大作用。如果掺杂了量子点，掺杂剂与电荷载流子相互作用的程度会严重影响光物理过程。相互作用可以驱动能量从主体纳米晶体转移到离子型掺杂剂，或者掺杂剂的存在可能会产生新的缺陷，充当其他载流子俘获位点，从而导致激子发射淬灭。因此掺杂 Mn²⁺的量子点可能表现出与主体量子点类似的修饰的激子辐射复合，新的非辐射俘获通道可引起部分或大量淬灭或激子-Mn²⁺离子能量转移。已经证明，主带隙[386]、径向掺杂位置[470,471]和掺杂浓度[470,471]可以强烈影响激子-Mn²⁺离子的能量转移，从而影响 Mn²⁺掺杂物的发射行为。

ZnS、ZnSe 和 CdS 等量子点具有相对较宽的带隙，使得最低的 Mn²⁺配体场激发态驻留在带隙中，并且量子点激发容易导致能量快速转移至Mn²⁺掺杂剂上，然后（Mn²⁺）激发态和离子基态之间会发生掺杂剂辐射复合。因此这种情况会导致量子点激子 PL 淬灭，同时有效地敏化了 Mn²⁺掺杂剂的杂质排放。在大多数情况下，Mn²⁺掺杂的 Zn（S，Se）和 CdS 量子点都会发生，如图 42 所示[386,682]。

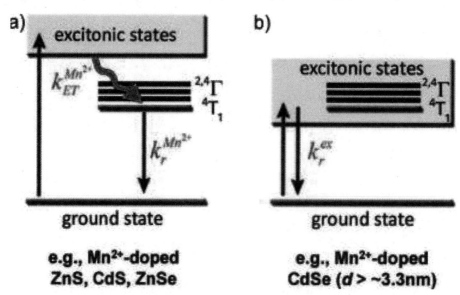

图42 在带隙较宽和较窄的 Mn²⁺掺杂半导体量子点中实现的两种可能的弛豫机制

注：a）在宽带隙材料中，从量子点主体到 Mn²⁺的有效能量转移抑制了激子发射并敏化了 Mn²⁺4T1→6A1 发射；b）在窄带隙材料中，Mn²⁺的激发态位于带隙之外并且在最低传导水平之上，因此纳米晶体显示出主体的激子发射[682]。

除了需要适当宽且准确排列主机带隙之外，锰掺杂剂发射的强 PLQY 还敏感地取决于量子点中掺杂剂的空间位置以及掺杂剂浓度。具有宽带隙的锰掺杂主体（包括 ZnS，ZnSe 和 CdS）还包括较高能级的表面陷阱态，例如由硫醇基产生的陷阱态，导致了相关的空穴陷阱。这导致激子-锰能量转移和电荷载流子俘获之间的竞争，从而可能抑制主体向Mn-d态的能量转移过程[471]。在掺杂主体核周围高带隙壳的外涂层，将掺杂剂和激子空穴波函数更深地嵌入量子点内部，使其与量子点表面缺陷更分离。这可以促进从主体到掺杂剂Mn的有效能量转移，并且可以有效地增强锰掺杂剂的发射，如对水相合成的ZnS：Mn/ZnS[431,432]、ZnSe：Mn/ZnS[433,434,472]、ZnSe：Mn/ZnO[435]、CdS：Mn/ZnS[389,437,440]等所观察到的。非水生长的锰掺杂CdS/ZnS，其掺杂物掺入异质结构的不同位置，已被用作模型系统来研究位置对掺杂物发射的影响，即核内、核/壳接口处以及壳内[397]。位置影响是由于Mn-Mn相互作用和作用于锰掺杂剂的局部晶体场应变[397]。最近Son及其同事们全面研究了激子-锰能量转移的掺杂剂位置相关动力学及其对掺杂锰的CdS/ZnS中掺杂物发射的影响[471]。

掺杂$Mn^{2+}$的II-VI半导体量子点的PL特性对掺杂剂浓度的依赖性也是最近广泛研究的主题。虽然每个量子点中$Mn^{2+}$浓度的增加最初可能会增加$Mn^{2+}$的发射，但超过某个点，锰掺杂会增强Mn-Mn的相互作用和/或产生更大的晶体场应变。在这两种情况下，锰激发态的非辐射衰减都可能增加，从而导致锰释放QY的淬灭[397]。在第一种情况下，当$Mn^{2+}$浓度超过特定阈值时，相邻$Mn^{2+}$掺杂离子之间的有效非辐射能量转移可减少甚至完全消除$Mn^{2+}$的发射[416,430]。这种相同的离子淬灭过程在离子掺杂的玻璃中是众所周知的[683]，在稀土掺杂的光纤发展的早期阶段，最大掺杂水平受到限制，因此获得的光增益系数也受到限制。对掺杂量子点的研究还表明，不仅掺杂剂的浓度很重要，而且离子氧化态在决定掺杂ZnS量子点的发射特性中也起着重要作用。在此基础上，由Chattopadhyay及其同事在ZnS：Mn中实现了氧化还原调谐的掺杂剂发射[684]。观察发现，当用过硫酸钾作为氧化剂处理$Mn^{2+}$掺杂的ZnS纳米晶体时，锰掺杂剂的发射淬灭降低。与作为还原剂的$NaBH_4$反应后，该淬灭可以逆转。

锰掺杂发射的可调范围有限[432,468,472,685-687]，尽管通常锰掺杂量子点的$Mn^{2+}$发射位于585nm左右，但与尺寸、形状和主体量子点材料（ZnS、CdS和ZnSe）无关。锰掺杂剂荧光本质上是d-d状态跃迁，其波长主要由Mn-d多重态的能级之间的库仑直接和交换相互作用决定。后者的分裂受到局部晶体（配体）场的强度的强烈影响[399]。先前发现，水相生长的锰掺杂的ZnS量子点表现出$Mn^{2+}$发射波长相对于粒径的单调行为，即在量子点尺寸分别为10nm、4.5nm、3.5nm和1nm左右时，观察到591nm、588nm、581nm和570nm的峰值发射[688]。锰发射偏移是由于声子耦合，其中声子频率本身还受约束效应（尽管声子频移对大小的影响比激子带隙小得多）和纳米晶体表面改性的影响。声子尺寸约束效应要比激子尺寸约束效应弱得多，但声子可能会与表面态相互作用，特别是在涉及电荷（例如表面俘获的载流子）形成极化子态的情况下。据称，随着粒子尺寸减小，晶体场强降低，但是这种变化对$Mn^{2+}$的发射位移没有明显影响。相比之下，正如Peng在掺锰的ZnSe中观察到的一样，PL峰在565~610nm的超大光学窗口上可控调谐[399]。这是因为当ZnSe壳变厚时，围绕给定锰中心的晶格场变得更加对称。Nag等人报告称，Mn：CdS量子点中的锰发射波长可以从575nm变为620nm，对应的主体粒径从1.9nm改为2.6nm[689]。从头算理论与实验结果的比较表明，将 Mn$^{2+}$ 掺杂物定位在不同的位置（如核和表面）会由于晶体场的细微变化而导致不同的发射能。据报道，引入晶格应变还可以使 Mn-3d 轨道的晶体场分裂变小，从而在 650nm 处产生锰掺杂剂发射[690]。

量子点中的带边沿激子跃迁在很大程度上取决于尺寸，而 Mn$^{2+}$ 配体场跃迁的能量则不然（或至少在涉及声子约束效应的情况下，依赖性要弱得多）。当主体量子点带隙足够小时，可以防止量子点主体向锰掺杂剂的能量转移，而使原始量子点发射完好无损（图 42）[682]。例如在 CdSe 量子点中，没有量子点直径大于 3.3nm 的 Mn$^{2+}$ 掺杂剂发射。对于较大直径的量子点，最低的主体量子点传导水平位于激发态的上层 Mn$^{2+}$ 歧管之下。因此，随着从 CdSe 量子点主体到 Mn$^{2+}$ 的能量转移被阻止，主体的高效激子发射成为主流。

## 4.4.2 铜掺杂

与锰掺杂量子点中的能量转移机制不同，铜掺杂量子点的铜掺杂物发射源于量子点导带电子与铜掺杂物中心的 d 轨道能级中的空穴的电荷转移复合[383,463,691]。后者位于同一纳米晶体中的量子点价带上方。由于铜 HOMO 到量子点的导带能量差与后者的位置有关，而又取决于大小，因此可以通过更改量子点大小或操纵量子点成分来实现可调的发射波长和寿命。例如随着主体尺寸增加，掺杂铜的纳米晶体的 PL 红移。由于光学上禁止相关的掺杂剂跃迁，因此掺杂剂发射的寿命应比能带边沿跃迁的寿命更长。这种形式的掺杂也显示出极大的潜力，可以最大程度地减小粒径（对于给定的跃迁能量）并有效地调节近红外发射量子点的 PL 寿命。由于铜掺杂剂的发射强烈依赖于主体的带隙，并且发射峰应通过改变主体量子点的带隙来调节，因此也应可以捕获典型掺杂剂发射的所有优点，例如低自吸收、出色的热稳定性和更高的化学稳定性[692]。掺杂铜的量子点可以用作潜在的颜色可调发射极，其荧光色的光谱范围取决于主体量子点的性质、大小和成分。例如 CdS[426,448,693]、InP[692] 或表面合金化 ZnS/Zn$_{1-x}$Cd$_x$S[455] 量子点发现了铜掺杂剂的近红外发射，而在其他情况下，如铜掺杂 ZnS[441] 和 ZnSe[445,694] 则获得蓝绿色和淡黄色发射。

与锰掺杂的量子点一样，掺杂剂的氧化还原态可以进一步提高光学性能的灵活性。Cu$^{2+}$ 和 Cu$^+$ 掺杂的量子点都已经被研究，并且 Klimov[695] 和 Gamelin[383] 描述了 Cu$^+$ 和 Cu$^{2+}$ 杂质光学行为的差异。对于 Cu$^+$ 掺杂的量子点，在主体光激发后，光生空穴迅速无辐射地从价带定位到 Cu$^+$ 掺杂剂上，形成类似 Cu$^{2+}$ 的离子。然后来自导带的光生电子与铜局部空穴会发生辐射复合。如第 3.5 节所述，在有硫醇配体存在的大多数情况下，铜掺杂量子点可通过改变主体带隙或掺杂浓度轻松实现铜掺杂剂的发射及其可调谐性[344,443-446,449,451,475]。由于硫醇基团的存在，量子点中掺杂的铜离子呈+1 氧化态，这有利于光生电荷载流子从主体转移到 Cu$^+$ d-态，从而导致掺杂剂发射（图 43）。

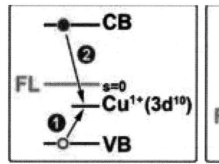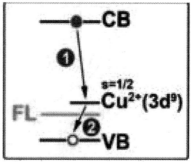

图 43  Cu$^+$和 Cu$^{2+}$杂质的光学行为差异

注：费米能级用绿线表示并标记为"FL"。Cu$^{1+}$状态对应于完全填充的 3d$^{10}$壳（费米能级在其上面），并且不具有光学活性（左）。只有从价带捕获一个空穴后，它才能参与辐射跃迁（导致光子发射的一系列事件用数字 1 和 2 表示），仅显示了 t 含量的铜杂质。另一方面，Cu$^{2+}$态对应于 3d$^9$ 结构（右），具有光学活性，因为包含一个可以辐射捕获导带电子的空穴（步骤 1），电子以非辐射方式转移到价带（步骤 2）[695]。

　　Cu$^{2+}$掺杂剂具有 3d$^9$外部电子结构，可以将其视为具有 3d$^{10}$结构和局部空穴的 Cu$^+$。后者可通过光激发与产生的量子点 CB 电子轻松重新结合，以产生掺杂剂发光。然后电子以非辐射方式转移到价态。处于+2 氧化态的铜具有永久性光学活性空穴的作用，这意味着可以在没有光生空穴的情况下激活铜发射[695]。由于已知掺杂剂的发射比带隙跃迁慢几个数量级，除非光生空穴在表面空穴陷阱中消失，否则发射仍将由能带边沿跃迁主导[695]。因此，掺杂剂与量子点带边沿发射的强度比以及铜发射的寿命衰减研究可以提供有关表面电子和空穴陷阱存在的重要信息。这些测量可用于研究纳米晶体表面电子结构的影响，从而更好地理解各种配体在钝化表面中的作用和能量[696]。已知硫醇配体会捕获一些宽带隙量子点的价带空穴，通过添加硫醇配体改善铜掺杂的量子点 PL 是因为消除了竞争性激子复合通道[695]。

　　已在壳聚糖稳定的掺杂 Cu$^{2+}$的 ZnS 量子点中探究了铜掺杂剂对氧化还原环境的敏感性[442]。在化学或细胞还原环境中处理后观察到了发射变化，如图 44 所示。制备后的 Cu$^{2+}$掺杂的 ZnS 纳米晶体表现出弱主体发射，在 420nm 处出现峰值（图 44b）。用 NaBH$_4$ 处理后，在 PLQY 高达 10% 的情况下，在 540nm 处出现了新的发射峰，这是由于 Cu$^{2+}$向 Cu$^+$氧化态的转变。经氧化剂处理后，这种绿色发射可能消失。ESR 测量还支持铜离子氧化态的变化。通过将 Mn$^{2+}$和 Cu$^{2+}$双重掺杂到 ZnS 中，进一步证明了通过氧化还原化学进行的发射控制[686]。共掺杂的 ZnS：Mn、Cu 量子点表现出氧化还原调谐的三色发射（即主体、铜掺杂剂、锰掺杂剂发射）和可逆 PL 特性，如图 44c）、d）所示。例如所制备的水相掺杂的量子点显示出橙色发射，其峰值在 460nm 和 592nm 处，主体和 Mn$^{2+}$掺杂剂的 QY 均为 3%。用 NaBH$_4$ 处理后，出现了一个约 520nm 的新峰，并伴随着所有峰强度的增加，如图 44c）所示。共掺杂方法是获得具有宽光谱范围发射的掺杂材料的另一种有效方式，特别是当与主体量子点的带隙工程结合使用时[697,698]。然而，还有更多的研究需要开展，不仅要增强掺杂量子点的光学稳定性，还要进一步了解在同一纳米晶体内部共存的多个掺杂剂发射通道之间的相互作用，并绘制出主体带隙对这些掺杂剂通道的影响。

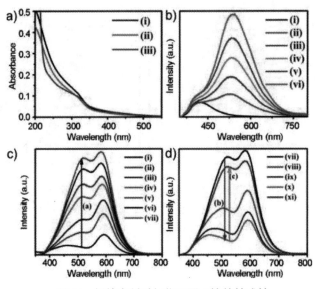

图 44 铜掺杂剂对氧化还原环境的敏感性

注：a）壳聚糖稳定的（i）ZnS 量子点，（ii）掺杂 $Cu^{2+}$ 的 ZnS 量子点和（iii）$NaBH_4$ 处理的掺杂 $Cu^{2+}$ 的 ZnS 量子点的吸收光谱。b）用 12 mM $NaBH_4$ 处理的壳聚糖稳定的掺杂 $Cu^{2+}$ 的 ZnS 量子点发射光谱的时间演化。时间顺序如下：（i）合成的量子点，并孵育（ii）10min、（iii）20min、（iv）30min、（v）40min 和（vi）60min[442]。c）$M^{n2+}$ 和 $Cu^{2+}$（双）掺杂的 ZnS 量子点发射光谱的时间演化：（i）合成的量子点以及加入 $NaBH_4$ 后（ii）5min、（iii）10min、（iv）20min、（v）30min、（vi）40min 和（vii）60min。（d）在添加 $NaBH_4$ 后 60min 添加过硫酸钾（pH 调整后）并再次孵育（viii）0、（ix）5min 和（x）10min 后发射光谱的时间演变；（xi）最后添加 12mM $NaBH_4$ 以检查可逆性。标有 a）、b）和 c）的箭头表示添加适当的氧化还原试剂后发射光谱的变化方向[686]。

### 4.4.3 镧系元素掺杂

尽管第 4.4.1 和 4.4.2 项着重于锰和铜掺杂，但是稀土元素（镧系元素，Ln）由于其 f 电子能级（例如 $Gd^{3+}$、$Dy^{3+}$、$Ho^{2+}$、$Yb^{3+}$、$Eu^{3+}$）作为双模态或多模态探针的掺杂物，可能同样引起人们的浓厚兴趣，已经成为许多原始研究和评论的主题[143,162,699-702]。其电子构型产生了多种电子能级，除 $La^{3+}$ 和 $Lu^{3+}$ 外，几乎所有 $Ln^{3+}$ 都具有独特的 PL 特性，这是多年来将其广泛用作荧光粉和用于光电行业的原因。辐射内 4f 跃迁和 4f-5d 跃迁涵盖从 UV 到 NIR 的光谱范围，其特征是发射极窄，斯托克斯位移大，由于发射跃迁的禁止性质，发射寿命非常长（从微秒到毫秒）[143,702]。由于这些原因，许多镧系元素已应用在激光和光增益介质中，即使通过相对粗略的宽带闪光灯泵浦，也很容易获得稳态种群反转，尽管最近的商业设备使用了更强大的固态二极管激励。

由于 f 轨道的"埋藏"性质，$Ln^{3+}$ 的吸收带非常窄，这在磷光体应用中会产生高光谱纯度，并有助于广泛覆盖 CIE 色度平面。由于拉波特选择规则禁止 4f 轨道之间的电子跃迁，因此 $Ln^{3+}$ 的吸收系数非常低，通常为 1~10 $M^{-1}$ $cm^{-1}$。获得更紧凑的光电器件或制造具有强烈光学特性的成像、照明或显示材料的一种非常实用的方法是将发射器与量子点的增强吸收特性结合起来，以提高整体效率和其他发光方面。要克服 $Ln^{3+}$ 的小振荡器强度以及由此导致的无法与更快的非辐射弛豫途径竞争的局限性，必须以与锰离子和铜离子相同的方式将 $Ln^{3+}$ 掺入量子点中。从长远来看，最佳策略可能是使离子处于核/壳结构中的最佳位置。使用 ZnS 量子点作为半导体主体材料敏化剂来吸收入射光子并以非辐射方式转移激发能以激发 $Ln^{3+}$，已经证明了一些简单的掺杂核演示可以改善吸收截面的限制并更有效地激发 $Ln^{3+}$[460]。与锰掺杂一样，通过适当的量子点主带隙，可以有效地实现 $Ln^{3+}$ 的间接激发，但同时可以保留掺杂剂清晰且长寿命的荧光[699,703-707]。将 $Ln^{3+}$ 掺杂到量子点并提供一种出色的方法来敏化 $Ln^{3+}$ 发射时，还可以通过屏蔽发射中心免受高频谐波和周围材料（例如生物应用中的溶液或组织，或可能在光电应用中用于形成光学复合材料的任何密封剂，可以强烈淬灭 IR 和 dNIR 发光）中 -OH、-NH 和 -CH 振动模式的组合频带来保护 PLQY[459,708]。提高激发效率和降低非辐射率以优化 PLQY 的好处是明确的。通过适当的设计，在量子点主体中掺入镧系元素离子将为利用量子点的强大且可调的吸收能力提供广阔的空间，以在可见光或红外区有效地产生窄线镧系元素离子[458,461,462]。

## 4.5 光学手性

手性分子缺乏任何对称平面和反对称中心。这导致它们具有两个对映体状态（R/S 或 D/L），或者通常是右手和左手形式。这两种不同类型的材料与左旋或右旋圆偏振光子有不同的相互作用（随机偏振光等效于这两个偏振态的均等混合），表现出光学圆二色性（CD）效应[709]。关于分子手性基本概念的详细信息，请参考文章[710,711]。

在手性金纳米粒子[712]的早期工作中，根据三种不同的机制讨论了手性响应的产生方式，并且可以对半导体纳米晶体进行相同的分类：①手性的发生是因为整个无机核本身就是手性的；②核可以是非手性的，但是纳米粒子的表面可能会发生一些手性变形和/或手性分子的吸附（例如配体结合）；③核和表面都是非手性的，并且封端分子与无机核之间的电子相互作用会引起手性的影响。

### 4.5.1 情形一：手性核心

鼓励整个无机纳米粒子与一个手性空间基团结晶，是半导体纳米晶体产生手性响应的第一个机制[713]。Naito 利用去铁铁蛋白（富含螺旋的菱形十二面体蛋白）的内腔作为模板，合成（名义上）具有手性晶体结构的立方 CdS 纳米晶体，如图 45a)、b) 所示。[714] 所得的 CdS@铁蛋白提供宽发射带，在 780nm 处一个峰，在大约 498nm 处有一个肩峰，如图 45c) 所示。在各向异性晶体生长过程中，铁蛋白核心中螯合氨基酸的手性构型可能转移至量子点晶格。CdS 纳米晶体表现出圆偏振发光（CPL）。CdS@铁蛋白的 CPL 在带隙跃迁 498nm 处出现强带，而在表面陷阱相关跃迁处 780nm 处出现宽带，如图 45d)（红色）所示。为了检查手性是表面特征还是纳米晶体核特征，对粒子进行了短暂的光蚀刻，以使其直径略微减小，并且由于尺寸收缩，使表面不与铁蛋白内部氨基酸基团直接接触。进行光蚀刻后，观察到来自表面陷阱位点的 CPL 带如图 45d)（绿色）所示发生了蓝移，其 gLum 值为 $8.0\times10^{-3}$，如图 45f)，接近于激光光刻之前单晶 CdS 纳米晶体直接跃迁带的值 $4.4\times10^{-3}$，如图 45e) 所示。同时直接过渡带的 CPL 消失了。来自表面俘获位点的 CPL 增强主要是由于激光蚀刻产生的单晶 CdS 纳米晶体的表面俘获位点，这意味着来自直接跃迁带CPL发射中的圆极性可以保留在光刻法在单晶CdS@铁蛋白中的表面捕获位点中。铁蛋白在生长过程中将手性模板化为整个纳米晶体[715]。

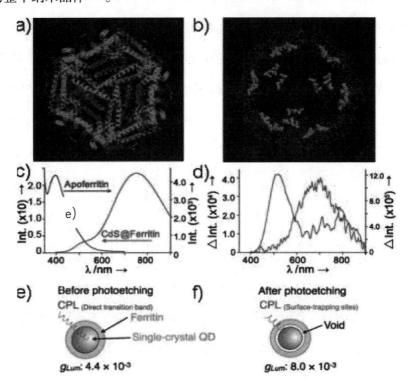

**图45 具有手性晶体结构的立方CdS纳米晶体**

注：a）3倍通道的去铁铁蛋白的图解；b）剖视图以黄色填充模型描绘了内表面上的72个谷氨酸残基；c）去铁铁蛋白（蓝色）和CdS@铁蛋白（红色）的PL光谱；d）激光蚀刻之前（红色）和之后（绿色）CdS@铁蛋白的CPL光谱。通过激光辐照CPL发射的波长调制和圆偏振保持的图示：e）从直接过渡带发射的CdS纳米晶体；f）激光辐照后从表面俘获位点发射的CdS纳米晶体。e）和f）中的gLum值非常相似。库恩各向异性系数（gLum）作为波长的函数定义为gLum= 2（IL-IR）/（IL＋IR），其中IL和IR表示左旋和右旋圆偏振光的输出信号[714]。

在手性矿物（朱砂）中可以发现块状α-HgS。Markovich及其同事使用D-或L-青霉胺对映体作为生长配体来生长手性α-HgS纳米晶体[715]。α-HgS纳米晶体的强手性响应比涂有相同（或相似）的手性表面活性剂分子的非手性半导体纳米晶体（CdS、CdSe、CdTe、ZnSe）的CD响应大几个数量级，因此形成的α-HgS纳米晶体具有高对映体过量，并且其本身是CD反应的主要贡献者。与其他具有非手性晶体结构的半导体相比，CD响应的强度排除了任何电子感应机制[通过纯电子相互作用将配体CD叠加到（裸露的）纳米晶体响应上]或由于纯表面变形而产生的任何手性效果。所有这些发现使作者得出结论，极强手性活动的机制与晶体核直接相关。

## 4.5.2 情形二：变形或手性表面键合引起的表面手性

这些表面机制可用于解释Gunf'ko及其同事的研究结果[556,716,717]。在首次观察手性量子点合成的工作中，他们报告了以手性分子青霉胺（Pen）封端的CdS量子点中的CD信号[557]。他们在495nm左右观察到宽泛的白色陷阱相关发射，PLQY为20%，并且在200~390nm范围内有多个强CD特性，如图46a）所示，但是没有观察到CPL活性。在接下来的工作中，更详细的研究支持了CdS的"手性壳和非手性核"模型[716]。

他们使用从头算密度函数理论计算出了硫氰酸盐、胺和羧酸盐点位表面具有青霉胺二价键的纤锌矿 CdS 量子点的原子和电子结构。随着庞大配体竞争表面上的空间，最终结果是将配体间的应变作为表面层变形，以手征方式传递到 CdS 粒子表面，如图 46b）、c）所示。同样基于其手性 CdS 量子点方面的早期工作，Gun'ko 等人[718]以手性青霉胺为配体合成手性发光 CdS 纳米四脚体，进一步扩展了这种表面变形机制方法。样品的 PL 光谱显示出 400~700nm 之间的极宽发射带，如前所述表示表面缺陷发射。D-Pen 样品的 PLQY 为 12.8%，L-Pen 样品的 PLQY 为 24.5%，rac-Pen 样品的 PLQY 为 17%。D-Pen 和 L-Pen 稳定样品显示涉及带边沿区域的镜像 CD 光谱。

在 Kotov 及其同事的工作中，通过使用手性形式的半胱氨酸稳定四面体 CdTe 量子点，发现了表面键合诱导纳米晶体手性的另一种机制[102]。研究发现手性稳定剂可以影响纳米晶体的生长速度，即由于移植密度和黏附能不同，D-半胱氨酸稳定的 CdTe 量子点的生长速度比 L-半胱氨酸稳定的 CdTe 量子点的生长速度慢，如图 47a）所示。此外，为了形成能量上最稳定的对映异构体，CdTe 量子点在使用 L-半胱氨酸时倾向于采用 R 形式，而在使用 D-半胱氨酸时则倾向于采用 S 形式。他们认为鉴于这些位置的高反应性，CdTe 四面体的顶部位置可以合理地键合至三种不同类型的原子和一个半胱氨酸分子，如图 47c）、d）。这完全类似于有机分子中手性中心的形成。推测顶点处的表面 Cd 原子可以连接到形成手性中心的四个不同取代基（Cd-Te，Cd-O，Cd-S，Cd-Cys）。分子建模计算表明，配体分子的手性对无机核的生长动力学及其光学性质有影响。半胱氨酸配体比青霉胺小得多，因此根据 Gun'ko 等人[557]的配体拥挤诱导的表面变形机制，预期不会在纳米晶体上赋予手性。

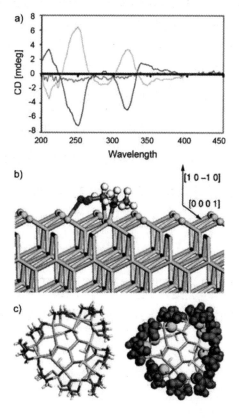

图 46　以手性分子青霉胺（Pen）封端的 CdS 量子点中的 CD 信号

注：a) D-（蓝色），L-（绿色）和 rac-Pen（红色）稳定 CdS 量子点的 CD 扫描[557]；b) D-Pen 与纤锌矿的（1010）表面拟议结合的视图（Cd，棕色；S，黄色；C，灰色；O，红色；N，蓝色；H，白球，最上方的原子；c) 量子点优化聚类模型的（1010）面视图：（左）侧面视图中沿一面突出显示的 PenH-Pen-Pen 键合模式的棒状表示；（右）以空间填充形式表示的 Pen 配体，每个配体的非 S 部分分别着色[716]。

Gun'ko 等还合成了以青霉胺为配体的 CdSe 量子点[717]。CD 带的光谱位置与可见光和近紫外光谱区中的带边沿跃迁相关。CdSe 量子点显示出非常广泛的 PL 分布，这又源自表面缺陷状态。他们提出了与先前用 D-或 L-青霉胺稳定的 CdS 相同的表面变形机理。

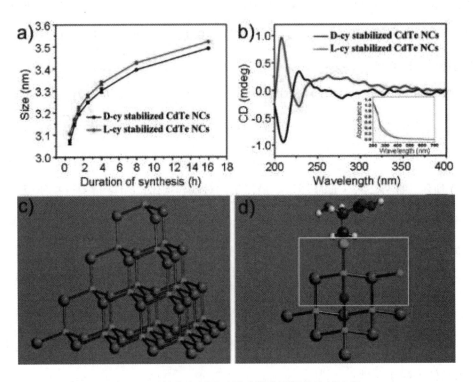

图 47　手性稳定剂可以影响纳米晶体的生长速度

注：a) 手性半胱氨酸稳定的 CdTe 纳米晶体粒径的时间演变；b) 合成 16h 后，L-半胱氨酸（红线）和 D-半胱氨酸稳定的 CdTe 纳米晶体（黑线）的 CD 光谱，插图显示了相应的 UV-vis 光谱；c) 用于计算的 CdTe 纳米晶体的理想四面体；d) 手性四面体顶点的模型：Cd（绿色）、Te（棕色）、O（红色）、S（青色）[102]。

Zhou 通过将非手性硫醇分子（TGA）和手性配体（精氨酸）偶联在一起形成一个更大的配体，保留精氨酸对映体的原始手性中心，从而合成了手性 CdS 量子点，如图 48a）所示。这两个分子之间的桥接是通过氢键和静电相互作用[719]。大的桥接手性配体仍像以前一样通过表面诱导的变形赋予 CdS 量子点手性。产生的 rac-/D-/L-Arg-TGA-CdS 量子点表现出 382~665nm 之间的 PL，由于表面缺陷或被俘获的状态而产生宽发射，CD 特性在 240~370nm 范围内，如图 48b）、c）。通常情况下，桥接配体的 TGA 部分的表面硫醇是与 CdS 量子点亚晶格的结合位点之一。可以通过阳离子交换柱色谱从 TGA 上除去手性精氨酸部分，而使非手性巯基酸配体作为量子点稳定剂，如图 48a）。然而当仅非手性配体留在纳米晶体表面上时，在合成过程中根深蒂固的量子点手性仍然存在。作者还描述了其他可逆的非手性/手性桥接策略。

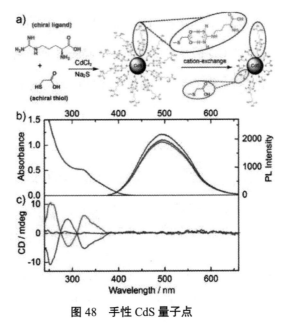

**图48 手性CdS量子点**

注：a）合成后，手性CdS量子点的生长立即受到通过可逆胍盐-羧酸盐桥与手性配体连接的非手性硫醇限制；b）用TGA和D-Arg（红色）、L-Arg（蓝色）或rac-Arg（绿色）封端的CdS量子点的吸收（左）、PL（右）；c）CD光谱[719]。

## 4.5.3 情形三：与手性配体的电子相互作用引起的具有手性作用的手性量子点

通过电子耦合机制在纳米晶体光学响应（CD和CPL光谱等）中诱导的手性近来引起了广泛关注。对于量子点，有两种可能的耦合模式，如图49a）所示[720,841]：在原子水平上，表面分子的手性可通过与量子点激子的轨道杂化来转移。另外，量子点激子可能通过短距离偶极库仑相互作用与手性分子的跃迁耦合，如图49b）、c）[720]。在轨道杂化的情况下，Govorov等人[720,841]指出，由于两个能级系统混合，CD光谱中应出现新的特征。在库仑偶极诱导手性的情况下，CD光谱应具有与量子点吸收光谱相对应的特征，因为CD光谱响应将乘以与量子点吸收光谱成比例的缩放函数（或更严格地说是吸收截面作为光频率的函数）。

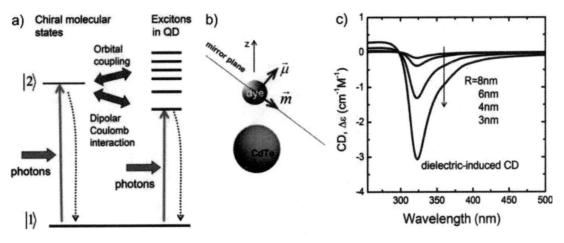

**图49 两种可能的耦合模式**

注：a）将配体手性传递给量子点的电子耦合机制；b）由耦合的CdTe纳米晶体和手性分子组成的复合物模型；c）计算出的模型CD信号：纳米晶体半径=2nm，μ12之间的夹角，状态1和2之间的染料跃迁矩，ẑ为45°[720]。

Tang 研究了手性生物分子与 CdTe 或 CdSe 量子点之间的光学耦合随纳米粒径的变化[101]。手性谷胱甘肽和半胱氨酸稳定的 CdTe 量子点的 CD 信号跨度在 400~700nm 之间。随着量子点尺寸的增加，对于（D-和 L-）半胱氨酸稳定的 CdTe 和 CdSe 量子点，都观察到 CD 信号的逐渐红移以及 UV-vis 吸收峰。前一种类型的手性 CdTe 量子点出现多个新的 CD 峰，这是将量子点状态与半胱氨酸的分子状态联系起来的一种轨道杂化类型电子耦合机制所致。

Ben Moshe 等人还使用青霉胺对映体作为配体研究了 CdSe 和 CdS 量子点的手性活性的大小依赖性。他们发现 CD 带与点的带边沿过渡一致，并且红移的大小与量子点吸收和发射预期一致（图 50）。

随着尺寸增加，不对称因子$(\varepsilon L - \varepsilon R)/\varepsilon$（其中$\varepsilon L$和$\varepsilon R$是左旋和右旋圆偏振光的消光系数）大大降低，可能与反量子点直径成指数关系。尺寸依赖性得到缓解，有利于量子点手性的电子感应机制，而不是生长过程中的表面变形效应。CD 特征与能带边沿跃迁的对应关系还牵涉偶极库仑相互作用，由于缩放比例与预期的 $1/r^4$ 依赖性不完全匹配，因此需要进一步的详细研究。结合 CdTe 量子点的文献结果，作者认为，在青霉胺量子点中，圆二色性强度顺序为 CdTe <CdSe <CdS。

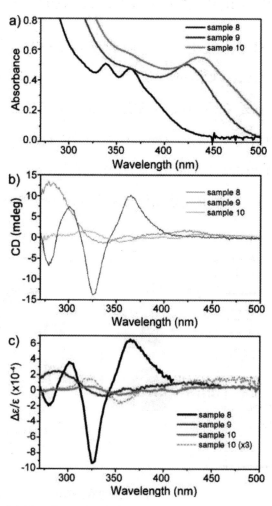

图 50　通过吸收峰波长确定的三种不同大小的 CdSe 量子点样品的吸收、CD 和不对称因子光谱

注：吸收峰波长：1.2nm（样品 8）、1.7 nm（样品 9）和 1.9 nm（样品 10）[721]。

## 4.5.4 手性记忆

Nakashima 等人合成了具有半胱氨酸衍生物的对映体半胱氨酸盐酸盐（MeCys）CdS、CdSe 和 CdTe 纳米晶体作为配体[722]。在他们的研究中，D-和 L-MeCys 封端的 CdTe 纳米晶体的 CD 谱显示对称的镜像，其峰位于大约 320nm、270nm、255nm、235nm 和 220nm。与 Kotov 等人[102]的发现不同，Nakashima 等人将 CdTe 纳米晶体中的手性归因于变形的 CdS-配体表面。用非手性十二烷硫醇（DT）取代手性配体后，手性几乎保持不变。如图 51 所示，在配体交换后，仍然存在 260nm 以上的 CD 特征[722]。

与表面诱导的手性不同，Tohgha 等人发现[723]，最初使用 TOPO/OA 热注射合成方法生长的非手性 CdSe 量子点在配体以 D-或 L-半胱氨酸为水溶性配体的水溶液交换后可表现出诱导手性。水中合成的手性 CdSe 量子点具有带隙相关的宽光谱特征，而通过 TOPO/OA 提取获得的光学活性 D-和 L-半胱氨酸-CdSe 量子点则显示窄发射带（FWHM=31nm），且与原始 TOPO/OA-CdSe 具有相同的发射最大波长（548nm）。D-和 L-半胱氨酸封端的 CdSe 量子点在可见光区域（350~550nm）有镜像 CD 光谱。据推断，手性诱导机理是通过电子偶联，因为在合成过程中不存在手性分子（因此不可能有表面效应），但是手性封端量子点的 CD 带对纳米晶体尺寸敏感（在 2.5~3.3nm 范围内），意味着配体与量子点激子之间有相互作用。

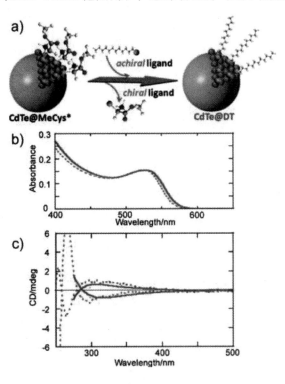

图 51 配体交换后 260nm 以上的 CD 特征

注：a）配体交换反应；b）从 D-MeCys 交换配体后，D-MeCys 封端的 CdTe 纳米晶体（虚线）和 DT 封端的 CdTe 纳米晶体（实线）的紫外-可见吸收光谱；c）水中的 D-MeCys（红色）和 L-MeCys（蓝色）封端的 CdTe 纳米晶体（虚线）、从 D-MeCys（红色）交换的氯仿配体中的 DT 封端的 CdTe 纳米晶体（实线）和 L-MeCys（蓝色）封端的 CdTe 纳米晶体的 CD 光谱[722]。

在进一步的配体交换步骤中，Tohgha 等人除去对映体配体，并用非手性十二烷硫醇（DDT）代替，然后转移回有机溶剂中。手性配体的去除完全消除了量子点的手性响应。这再次支持了在中间水相中观察到手性的电子感应效应的假设。

## 4.5.5 在生物标记中的应用

Li 等人[724]研究了不同手性形式的谷胱甘肽封端的量子点对细胞毒性和自噬诱导（细胞死亡）的影响。发现无论量子点大小如何，L-GSH-量子点都比 D-GSH-量子点诱导更多的自噬。L-GSH 是谷胱甘肽的天然形式，而 D-GSH 则不是天然的生物分子。他们还观察到了大小依赖性效应，其中 L563 量子点表现出最强的效应，而 D622 量子点表现出对自噬刺激最弱的效应。尽管不能排除量子点引起细胞死亡的其他机制，但观察到配体的手性是这项工作的主要因素，并为生物相容性荧光团的未来设计提供了可能的重要而富有成效的焦点。

# 5 量子点和异质结构的光学/电子性质的理论

## 5.1 建模方法

有多种不同的方法可以对不同复杂度的量子点的电子结构进行建模，但是关于这些纳米晶体内的能级和激发电荷载流子对称性的精细结构的精确度，了解得有所不同。其中广泛使用的最基本方法是有效质量近似（EMA）方法[34,354,654]及其变体，这不仅可以提供有关量子点和异质结构中相对能级间距的信息，还可以提供其量子数以及基于原子或分子系统中使用的常规过渡选择规则是否允许过渡等信息。其他方法包括k·p方法和计算更为复杂的方法，包括密度泛函理论（DFT）、经验和半经验方法，例如赝势方法（EPM）[725,726]和使用紧密结合（TB）的原子建模。[641,727-734]

在图52所示的核/壳量子点的简单2频带EMA模型中，起点是核和壳的体带边沿能级的谱带排列，并结合载流子有效质量和每层的介电常数。体价带可包括轻空穴和重空穴。

核和壳水平根据文献中计算出的价带偏移进行排列[363,364]。电子和空穴的波函数$\psi e, hi$以及模型中每个区域边界处的概率流量都必须是连续的，并且在点外 $r$ 变为无穷大时，波函数必须以规则的方式趋于0。解决相关的边界值问题[354,640,654]会导致形成受限的异质结构，从而导致每个载流子的波函数和能级变大。对于具有较高原理和角动量量子数的许多不同波函数，可以重复此过程，以建立一组激发态能级。在计算出受限能级之后，电子-空穴库仑交互作用被添加为进一步的扰动。如果可以通过实验确定应变（例如根据晶格参数的HRTEM测量），则可以将应变对初始体能级值的影响包括在内。由核和壳之间的晶格失配引起的（压缩或拉伸）应变可以改变整体导带和价带能级，并且在某些情况下可以改变排列类型（例如，I型至II型）。可以根据测得的应变和计算出的形变势[34]以及使用的改性起始带结构计算出位移。第5.2节中进一步描述了如何将应变加入其他类型模型。

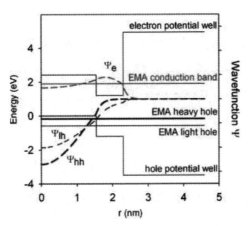

图52 用于II型核/壳量子点计算（基于被水包围的CdTe核/CdS壳）的一组典型的EMA导带和价带电势

注：显示了计算的量子点导带、重空穴和轻空穴价带以及与之相关的波函数[34]。

在核/壳异质结构中，排列可以是Ⅰ型、Ⅱ型、准Ⅱ型或倒Ⅰ型。Ⅰ型排列可确保将两个载流子更牢固地限制在量子点的核上，而Ⅱ型排列则可迫使空穴或电子被局限在壳中，而另一个则主要保留在核中。准Ⅱ型结构的不同之处在于，两个载流子中只有一个位于壳中，但相对于Ⅰ型，电子-空穴重叠减少了。在倒Ⅰ型异质结构中，两个载流子都被迫进入壳中，从而导致荧光大幅降低。

Efros 和 Rosen[735]开发了一个八频段 Pidgeon-Brown 模型（基于球形粒子的 EMA），显示允许混合简并价带态（轻空穴、重空穴）和能带边沿的裂隙能级，从而更准确地描述了量子点中能级间距和跃迁强度的好处。这种多频带方法允许计算振子强度和正确的能级相对顺序，特别是当这些因素受量子点尺寸和形状以及晶格不对称性的影响时，反过来又可以计算跃迁强度和寿命。Zhong 等人[736]对多个不同大小的闪锌矿 CdTe 量子点的 PL 激发光谱进行了低温（9 K）测量，并提取了许多跃迁（最多9个）的随大小变化的能级峰位置，从中可以与 Efros 和 Rosen 的计算合理地分配前 6 个激发态。

Jaskolski 和 Bryant[737]同样在 CdS/HgS/CdS QDQW 异质结构的 k·p 计算中使用更复杂的带边沿状态来描述价带情况，取 Luttinger-Kohn Hamiltonian 的 6 个价带。同样，这允许在整个异质结构上将不同的空穴态（轻、重和分裂）的价带混合，而不是分别处理轻空穴和重空穴态。

许多团队都已使用原子性半经验赝势计算[641]来模拟量子点能级和跃迁速率。尽管计算量大，但这些方法仍具有吸引力，可以将表面钝化、悬空键、陷阱态和几何形状等细节加入特定位置的模型中。Califano 等人[738]研究了球形 CdSe 量子点上未钝化的表面阴离子位点的影响，发现低温辐射复合率受表面状态带来的暗态和亮态混合的强烈影响，并且暗态寿命大大缩短，发现亮激子寿命对这种状态并不那么敏感。在后来的工作中，使用相同的建模方法研究了 CdSe[581]和 CdTe[739]量子点上表面陷阱对 PL 衰变动力学和单点发射闪烁速率的影响，其中在非钝化 Se 或 Te 位点，俄歇过程参与了空穴俘获机制。

从头算起的方法，例如 Li 和 Wang[726]使用的基于局部密度近似（LDA）的模型，也要求原子识别位点，这些位点可用于识别异质结构中的不同层或表面钝化的不同类型等。Li 和 Wang 使用这种方法可以直接计算核/壳结构中的自然能带偏移，并考虑晶格应变对核和壳界面附近应变区域中原子位置的影响。其他第一原理方法包括 DFT 方法，其基本形式往往会低估带隙的计算[657]。尽管有此限制，但通常它仍用于跟踪量子点电子结构和异质结构的相对趋势，可能非常有助于将这些趋势的起源联系起来。例如 Khoo 等人[657]研究了 CdS/ZnS 和倒置 ZnS/CdS 核/壳量子点中应变的影响，发现对于薄壳，应变和约束力都强烈影响带隙和带隙与量子点直径趋势的关系，但在较厚的壳中，约束作用占主导地位，即远离界面层时，应变效应趋于在三层左右的壳单层之后饱和。

紧密结合（TB）方法已被 Allan 和 Delerue[731,740]用于低带隙结构，例如 PbSe 和 HgTe 量子点，并已用于确定电子结构、与全频率相关的介电函数以及多种转换的速率和转换类型（例如吸收、荧光和俄歇）。在许多方面，这种方法都介于 k·p 和原子方法之间。与从头算方法相比，它的计算强度较低，可用于更大尺寸的量子点，需要使用电荷修补方法将其扩展到更大的系统。表面位点仍确定在原子水平上，但是它们并不是 k·p 方法的显著特征。TB 方法在核/壳结构上的应用有时会因选择界面上的模型参数而出现问题，因此必须获取两种材料的整体形式的某些平均值。

## 5.2 应变效应

### 5.2.1 应变和各种建模方法

关于核/壳以及梯度成分结构，通常必须将应变影响包括在模型中，而这样做的难易程度可能决定了选择一种方法而不是另一种方法。接下来，我们将介绍每种类型的电子结构建模方法的一些示例，并说明如何将应变影响纳入计算。

如前所述，核/壳和其他应变量子点中的晶格应变效应可以相对轻松地纳入 EMA 模型计算中。根据测得的带隙能量和自然价带偏移量获取未应变情况下的能带排列[363, 364]，可以使用晶格参数测量值确定核和壳中的应变，并且利用形变势数据[365]计算出修正的能带排列。对于 CdTe 量子点上的 CdS 薄壳，该计算以相对简单的方式完成[34]，从非常弱的 II 型到更明显的 II 型的能带排列变化与电子和空穴波函数的空间重叠变化有关，对辐射复合率有显著影响（图 53）。在某些情况下，当添加额外的壳时，完全可以添加强压缩壳以强制从 I 型向 II 型异质结构过渡[632]。

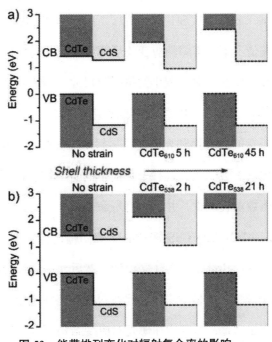

**图 53　能带排列变化对辐射复合率的影响**

注：基于相映体带隙值计算的 CdTe/CdS 核/壳量子点能带排列和基于不同回流时间（中，右）应变测量的 CdTe[610]量子点以及 CdTe[538]系列量子点的应变诱导的带位移，并与没有应变的情况进行比较[34]。

Smith 等人[655]详细研究了 CdTe 核上许多 ZnS、ZnSe、ZnTe 和 CdSe 压缩壳的应变，显示了随着核中压缩应变的增加，I 型至 II 型和增强 II 型行为由于壳的存在而如何发展。对于较厚的壳，他们开发了一个连续弹性模型，通过异质结构研究应变分布，并考虑了与理想的同心球形核/壳几何形状的偏离，例如在

CdSe 壳的生长中可能会出现，甚至在闪锌矿型岩心上也开始倾向于纤锌矿样生长的趋势。他们还提出了重要的意见，即在某些情况下，尽管尚未对许多材料进行尺寸依赖性研究，但体形变势可能并不严格适用于某些材料。

Grazia Lupo 等人[741]使用 EMA 方法，在 CdS 纳米棒的 CdSe 点中对能带排列建模，其中壳的对称性非常明显是圆柱形，并将结果与超快泵浦探针测量进行了比较。在那种情况下，关注的是导带的偏移量随点和棒的直径以及应变随其变化而产生的影响。对于较小的点，发现核和壳几乎完美排列，从而导致电子波函数在结构上离域化，而对于较大的点直径和较低的曲率，减小的应变允许更大的导带偏移和更大的电子局部化。

Gong 等人广泛研究了极高 PLQY（＞80%）、低温合成的闪锌矿 CdSe/CdS 核/壳结构[742]。此处无应变核/壳带排列也相对较小，文献值给出了 0~0.3eV 的范围，而 Gong 等人通过将价带偏移作为自由参数约束在文献值范围内，确定了材料值为 0.047eV，将模型有效地拟合到实验带隙数据。EMA 模型以及通过连续弹性理论计算出的应变产生了一个吸收（激子）峰与核直径和壳厚度图。另外，根据模型/图（带隙与核和壳的尺寸），将辐射寿命对能带边沿吸收峰波长的依赖性与计算值进行了比较，对于这些核/壳量子点中相对离域的电子波函数，观察到的趋势类似于 CdSe 核（即无壳）的尺寸依赖性趋势。这与 II 型 CdTe/CdS 核/壳量子点的情况相反，随着壳厚度的增加和载流子重叠的减少，逐渐增大的导带偏移导致了较长的寿命。

Park 和 Cho[743]使用八频带 k·p 模型从理论上研究了 I 型纤锌矿 CdSe/CdS 核/壳量子点的应变以及应变引起的压电效应影响。在特殊情况下，带隙的应变（形变势）变化与压电极化引起的变化符号相反，但前者仍然占主导地位，从而导致净蓝移。对于较小的量子点尺寸，压电效应变得不那么重要。

Sukkabot[744,745]已使用紧密结合的方法以及价力场模型来获得在应变影响下的键长，以跟踪恒定体积核/壳 InAs/InP 和 CdSe/ZnS 量子点的核直径和壳厚度。尽管对于完整的介电函数计算，通常最需要 sp3d5s* 基组，但是为了计算接近带隙的参数变化，选择了更简单的 sp3s* 基础。随着核/壳直径比的增加，电子和空穴的逐步分离又导致其波函数重叠减少，并且辐射寿命延长。

Khoo 等人[657]对 CdS/ZnS 和倒置 ZnS/CdS 核/壳量子点结构进行了第一原理赝势密度泛函理论计算。在这种情况下，使用每层的本体键长和键方向来建立模型，然后允许原子位置弛豫到最小的能量配置。作者评论说，DFT 方法通常低估了带隙，但是指出研究旨在跟踪趋势并确定（松弛）应变的影响，而无需引入任何其他拟合参数。主要研究成果是，尽管增加薄壳对应变结构（例如径向分布）有重大影响，但随着层数的增加，应变趋于饱和。这导致了两种情况：对于薄壳，由壳引起的应变和约束效应对于带隙能量趋势都很重要；而对于较厚的壳，仅约束作用的变化仍然很重要。CdS/ZnS 核/壳量子点中包括晶格弛豫表明，尽管具有 2 个单层 ZnS 壳的非松弛结构表现出 II 型行为，但是允许应力驱动结构弛豫将使能带排列变为 I 型（图 54）。

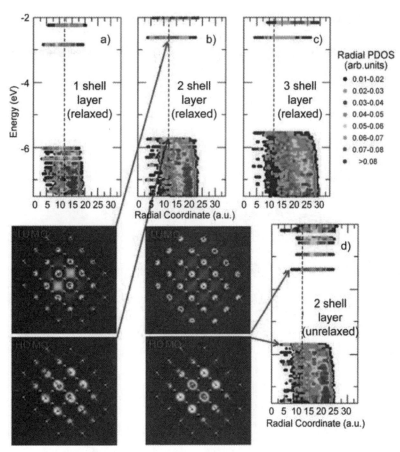

**图54　具有两个壳层的完全松弛的 CdS/ZnS 纳米晶体和非松弛的 CdS/ZnS 纳米晶体状态的径向投影密度**

注：虚线表示核/壳界面的径向位置。面板是贯穿纳米晶体中心的横断面 HOMO 和 LUMO 密度图，红色圆圈表示核/壳界面[657]。

在 Ouyang 等人[747]的早期研究基础上，Zhang 等人考虑了纳米粒子形状以及配位不足的原子分数的相关变化对边沿、切面和顶点的影响[747]。由未配位的表面引起的键合相对于晶格结构的变化导致晶格应变，将原子电位重新分布在纳米结构中的原子上。Zhang 等人在应变诱导的键收缩和表面原子的键配位数变化之间建立了吸收系数和带隙之间的联系。

## 5.2.2 应变和晶格参数

通过测量晶格参数来确定晶格应变的实验判定对比较和验证建模研究（如上文所述）很重要。文献中有很多示例，其中晶格参数通常从 HRTEM 图像中得出，而与总体值的偏差则用来表示应变。下面是确定核/壳和合金成分量子点的一些示例。

Song 等人[748]在量子点合成和生长过程中"原位"测量了在 80°C 水中生长的闪锌矿型 ZnSe 量子点的 Zn-Se 键长。量子点溶液从主反应瓶循环通过同步辐射源上 EXAFS 站的流量测量池，以便在反应过程中可以跟踪 Zn-Se 键的长度。发现初始键的长度强烈收缩，但是随着粒径尺寸的增加，长度接近块状晶体的值（0.2455nm）。有人认为 ZnS 的薄壳（其中的硫来自所使用的 GSH 配体的轻微降解）可能导致压缩应变，随着量子点变大，压缩应变更容易抵抗（应变在较大体积上松弛）。

Sung 等人[749]种植了闪锌矿 ZnSe/ZnS 核/壳量子点，并确定了晶格参数作为前驱物浓度的函数，用于在核/壳合成的第二阶段中形成壳,发现在临界壳厚度时平均压缩应变饱和(约1.75%)。带隙位移和 PL 强度在该临界值附近也显示出最小值和最大值,作者解释是由于壳层较厚而引起堆叠断层。在 HRTEM 图像中也可以看到后者的证据。

Sadhu 与 Patra[750]和 Ouyang[751]等人分别研究了三元 $Zn_xCd_{1-x}S$ 合金量子点(名义上均质和径向梯度类型)中的应变效应。Sadhu 与 Patra 通过 HRTEM 粒径测定以及 Debye-Scherrer 公式的 Williamson 和 Hall 扩展确定了其量子点中的晶格应变:

$$\beta \cos\theta/\lambda = 1/D + \eta \sin\theta/\lambda \tag{18}$$

其中,β是给定衍射峰的半峰全宽,θ是衍射角,D 是有效粒径,λ是 X 射线波长,η是有效应变。

每个成分的应变值与从 PL 衰减谱图推导出的每个量子点的陷阱数量预估相关,陷阱数量随着 Cd 含量的增加而增加。辐射和非辐射复合速率也随 Cd 含量的增加而增加。Ouyang 等人的研究考虑了阳离子分布和键合径向分布,但不包括任何应变分析,假定(径向平均)晶格参数的变化仅是由于成分效应。

### 5.2.3 应变的影响

Maiti 等人[752]证明,在 CdTe/ZnS 核/壳量子点中,由应变引起的从 I 型向 II 型能带排列的转换导致电子冷却变慢。一般认为,量子点中的热载流子冷却机制,特别是那些空穴有效质量明显比电子有效质量重的,是通过电子多余能量(相对于能带边沿传导能级)的俄歇式转移而强烈介导至空穴,从而冷却电子的。然后,通过与分布更密集的价带能级中的声子态相互作用,可以有效地冷却空穴。通过应变引起的电子波函数向 ZnS 壳扩张来减小电子-空穴重叠,会降低电子向空穴能量转移的效率,从而减慢电子的冷却速度。后者是这些材料基态漂白剂上升的主要原因,与相同尺寸的裸露(无壳)CdTe 量子点比较显示,由于存在壳,导致冷却速率降低了接近 2 倍。

Fairclough 等人通过有意在两层之间引入逐渐合金化的过渡,探索了软化 ZnTe/ZnSe 核/壳量子点中界面的好处[753]。梯度过渡基本上消除了核中的压缩,使导带偏移接近于未应变的核/壳,而价带偏移是核与壳之间的逐渐过渡(图 55)。

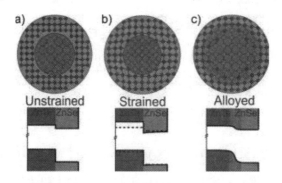

图 55 核/壳之间无相互作用的未应变纳米晶体、应变纳米晶体和合金化纳米晶体的晶体结构和能带结构示意图

注:未应变模型有未压缩的核不相互作用的非应变壳。应变核有尖锐的成分核/壳界面,可压缩核并在壳内弛豫。合金化样品未显示核的压缩,并说明了合金化界面如何减少晶格失配[753]。

这种分级的核/壳量子点受控合成的目的是保留 II 型或准 II 型异质结构的载流子分离优势（例如，电子冷却变慢、俄歇复合过程减慢/减少，导致发射间歇性降低），但是避免突变界面，在实践中提供一个可能使载流子局部化的区域（在陷阱/缺陷位点）可能会破坏这种好处。

Veilleux 等人研究了用梯度合金壳成分合成的 CdSe/Cd$_x$Zn$_{1-x}$S 核/壳量子点中晶格失配诱导应变对闪烁统计的影响[754]。增加锌含量（改变核与壳之间的晶格失配）导致第一个激子最终分裂，而当 x = 0.5 时，激子寿命在其结构中达到 4.9ns 的峰值。这种系统的应变调谐揭示了与常规闪烁统计行为的逐渐偏离，其中明显的指数截止与壳中锌含量有关，这是与陷阱态有关的两个抛物线表面电位之间扩散控制电子传递的标志。

球形 II 型核/壳 CdTe/ZnTe 和核/壳/壳 CdSe/CdS/ZnS（I 型）和 ZnTe/ZnSe/ZnS（II 型）异质结构的应变连续弹性建模与 EMA 分析相结合。Cheche 等人[755]和 Pahomi 与 Cheche[756]分别得出振子强度、带隙能量以及带隙附近能级的空穴和电子能。在核/壳/壳的情况下，I 型结构将电子和空穴都局限在核内，而 II 型结构将核的空穴和内壳中的电子局域化。第二个（外）壳（相对于中间壳"I 型"排列）的目的是减少 II 型核/壳/壳量子点中电子波函数与异质结构外表面的接触。另外，可以通过优化两个壳的厚度来使空穴与内部界面的接触最小化。他们提出，操纵载流波函数与表面或界面陷阱接触的能力是这些结构中俄歇复合较低和发射闪烁减少的原因。虽然作者承认可以应用更多的计算复杂的量子力学处理方法，但其方法的主要原理是为此类多层量子点中的应变场开发一种连续谱建模方法。

有许多示例将量子点中的应变用作传感机制的基础。反之，使用与应变相关的发射光谱作为绘制量子点本身内应变的径向分布的方法。Ithurria 等人[757]在每个点的离子上用 Mn$^{2+}$ 掺杂 CdS/ZnS 核/壳量子点，这些离子位于壳中不同的单层位置，最多达 7 个单层，并且有各种 CdS 核直径。根据离子周围的局部压力，2.12 eV 附近的特征性橙色 Mn$^{2+}$发射发生了位移。增加 ZnS 单层的数量会增加发射的红移，而将离子定位在核/壳界面会增加灵敏度。根据已知的体 ZnS 中 Mn$^{2+}$离子的静水压力调节情况，可以估算 ZnS 壳内不同深度的局部压力，从而有效地使掺杂离子成为局部应变压力传感器（图 56）。

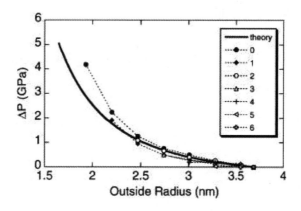

图 56　7.5 ML（单层）ZnS 的最终壳和中间壳沉积之间的压力差

注：符号是当沉积 1~7.5-x ML 的 ZnS 时，距离 CdS 核 x = 0~6 ZnS ML 的 Mn$^{2+}$的测量值。水平误差线估计小于 1 ML（0.27nm），垂直误差线表示符号大小。粗线是球形连续弹性模型的结果[757]。

Park 等人[758]利用掺杂 $Mn^{2+}$的 CdS/ZnS 核/壳量子点中的应变温度系数，通过将此类量子点涂覆在测试板表面上来产生热成像膜。通过监测板表面上各点 $Mn^{2+}$发射带内两个波长点（600nm 和 650nm）的发射强度之比，可以绘制 200 K 范围内板上的温度分布。Choi 等研究了 CdSe/CdS 量子点、纳米棒和四脚体的应变依赖性发射[759]。当纳米晶体受到外部静水压（各向同性分布）应变场和非静水（定向）应变时，发射行为存在显著差异。在前一种情况下，由于核和壳中所有键均匀压缩（四脚体情况下的茎和臂），外部应变增加导致发射光谱发生蓝移。在非静水压力下，由于纳米晶体的方向性和随机方向根据每个粒子上施加应变的偏差进行结合，最终结果是红移和整体加宽（图 57）。后来的工作中，Choi 等人[760]利用 CdSe/CdS 四脚体荧光的应变敏感性来监测单丝聚酯纤维在浸入甲苯/四脚体溶液中进行掺杂后，在单轴应变下的局部应力分布。可以分辨沿纤维长度的局部应力分布图像。

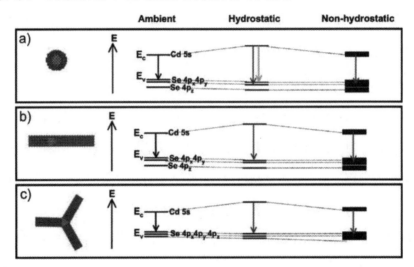

图 57 在环境压力、静水压力和非静水压力下，建议的 CdSe/CdS 纳米晶体 PL 转换示意图

注：CdSe/CdS a）点（纤锌矿- CdSe 核）、b）棒（纤锌矿- CdSe 核）和 c）四脚体（锌闪锌矿- CdSe 核）在环境压力下（左）、静水压力（中心）和非静水压力（右）下的晶体结构和能带示意图。在静水压力下，所有原子之间的键被压缩，导致能隙发生蓝移。点对静水压力的微小偏差很敏感，根据点相对于较小偏应力的方向，会在静水压力下观察到一些光学跃迁。在非静水压力下，偏应力会引起某些键的拉伸，从而导致能隙红移。因为粒子可以在金刚石砧座单元内沿任意方向取向，所以偏应力导致粒子产生不同晶体学应变，从而拓宽了整体电子能带结构[759]。

## 5.2.4 应变理论和相干壳生长的限制

除了已经提到的一些原子建模理论情况下的连续弹性模型和价力场结构松弛之外，还提出了其他更详细的量子点和核/壳量子点中应变的力学模型。Duan 等人[761, 762]和 Yi 等人[763]基于 Eshelby 张量形式主义开发了一种全面的连续弹性建模方法，该方法专门针对球形纳米结构（通常是纳米不同质）而设计，还考虑到存在嵌入介质。该方法可以完全包括界面处的错应变、热致应变、表面应力（例如表面张力效应）和外部施加的压力。该方法已应用于多壳球形核/壳异质结构，并且还可以扩展到渐变（径向合金化）多层量子点。任何外部应力来源的方向和对称性都没有任何限制，可以任意排列。可以获得多层核/壳量子点的径向应力和应变分布。在量子点应变分析中通常忽略表面应力，而在某些情况下它们可能对径向压缩起重要作用，并且完全包含不同层的弹性常数可能对整体计算的应变分布同样具有重要影响。

当在核/壳量子点的合成过程中出现应变引起的错配位错时，壳的生长称为非相干的。当壳的厚度超过某个临界值时，位错会局部缓解应力，从而导致缺陷，这些缺陷可能会成为陷阱位点，从而限制了添加壳或至少进一步使其加厚的好处。Chen 等人[764]发现，当生长 CdSe/CdS 核/壳量子点时，在恰好低于 2 个单层 CdS 的点上，形成了错配位错，PLQY 最初随着壳厚度的增加而提高，经历了逆转后随着壳的进一步增长而下降。他们将这种行为与 Matthews-Blakeslee 理论预测的平面薄膜半导体生长的无位错相干生长的临界层厚度相关联，该理论给出了小于 1nm 的值（小于 2 个 CdS 外延层）。

Baranov 等人[765]结合拉曼光谱学以及 PL 和吸收研究确定了沉积在 CdSe 核量子点上的 ZnS 壳的结晶度。得出的结论是，随着壳厚度从 0.5 ML 增加到 3.4 ML，ZnS 本质上从无定形壳变成了部分结晶的壳。这导致在核/壳界面处的声子使拉曼散射增加，并且散射的声子带发生红移。作者认为拉曼能带的线形是确定壳结晶度的好指标，而后者是确定 ZnS 提高 PLQY 的有效性的重要因素，与壳厚度（对于较薄的壳）同样重要。

Lee 等人[766]同样观察到在较厚的壳六角形 CdSe/ZnSe 核/壳量子点中堆叠断层的形成以及 c 轴的伸长。他们没有根据壳单层的数量来量化开始形成的堆叠断层，而是根据在其合成中使用的临界浓度的 ZnSe 前驱物对其进行了量化。低于该临界值，其核/壳量子点随壳厚度的增加呈现出红移和 PL 强度的增加。高于此范围时，由于压缩应变，PL 位移会逆转，并且由于在堆叠断层处形成陷阱，PL 强度会降低。

## 5.2.5 应变测量和映射

尽管 HRTEM 允许观察晶格缺陷和测量晶格参数，但通常很难直接区分核与壳（由于组成材料的电子散射截面相似）并解析出非常小的与尺度界面相关的变化，特别是在本身已经非常小的结构中（例如直径小于 5nm）。然而关于异质结构的光学声子模式的拉曼光谱学可以深入了解结构、界面成分特征以及核/壳和相关量子点中的应变分布。多组分纳米晶体的声子谱具有丰富的特征，通常每个异质结构成分都可能显示 LO、SO 和 TO 线，每个线都具有较高的能量谐波，而 LO 声子线的低能和高能侧都具有较弱的特征，可以加强对界面成分的进一步了解。在多组分粒子中，基本线和谐波线的不同（成分）组之间可能存在频率混合，并且如果发生合金化可能出现新的线组，其频率会反映合金成分。除了所有这些特征之外，由于核和壳区域的直径小，引起的应变和声子约束效应也扰动了与单组分材料的等效块状晶体相关的声子特征。

声子约束问题通常通过将高斯加权函数（其宽度与量子点直径相关）应用于声子波函数，然后对拉曼光谱进行数值计算，从而为给定（例如 LO）线提供实验数据拟合来解决。Lange 等人[767]确定了 CdSe 纳米棒中约束相关的位移，发现对于直径为 9nm 的棒，尺寸相关的位移为 $-7 \sim -2$ cm$^{-1}$，这是少数几纳米直径的 II-VI 粒子所特有的。通过添加 ZnS 壳使 CdSe 纳米棒处于压缩状态，LO 声子频率 $\Delta\omega$ 会由于应变引入另外的位移：

$$\frac{\Delta\omega}{\omega} = \left(1 + 3\frac{\Delta a}{a}\right)^{-\gamma} - 1 \tag{19}$$

式中，$\gamma$ 为与静水应变引起声子频率变化有关的 Grüneisen 参数，$a$ 为晶格参数。

针对不同的 ZnS 厚度（1 个单层 ZnS 为 $-0.5\%$，2 个单层 ZnS 为 $-0.7\%$）评估了应变 $\Delta a/a$（假设核中有简单的单轴压缩）。同样，Tschirner 等人[768]确定了多个 CdS 壳单层（2 个、3 个和 5 个单层）的闪锌矿 CdSe/CdS 核/壳量子点中的压缩应变，并且由于 CdS 基本 LO 声子线易于单独解决，他们还计算出壳中的拉伸应变。应当指出的是，后者是单轴近似的，实际上大于单个单层厚度的球形压缩壳将同时承受切向张力和径向压缩。这一点是在 Tschirner 等人的[768]连续力学模型中得出的，并将其与实验结果进行了比较（图58）。

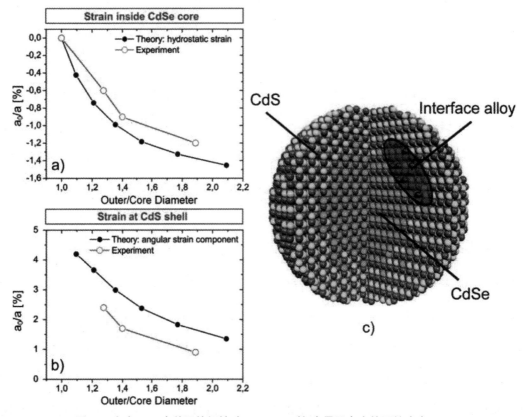

**图 58　多个 CdS 壳单层的闪锌矿 CdSe/CdS 核/壳量子点中的压缩应变**

注：a）计算出的应变，在应变张量的核心区域和三个对角线分量上平均，并与晶格常数变化的实验推导值比较；b）与界面相切的角应变分量和晶格常数变化的实验推导值；c）不考虑任何应变的 CdSe/CdS 量子点示意图，指出了 CdSe 核、CdS 壳以及 Cd（Se，Se）界面合金层[768]。

CdSe/CdS 界面处阴离子合金化的证据表现为 LO 声子模式和低能量肩峰相对强度的变化以及 CdSe LO 和 SO 模式之间 203~206cm$^{-1}$ 处出现新的峰值（取决于壳厚度）。暂时假定这是界面 Cd（Se/S）层引起的。

Silva 等人[273]研究了水相生长的魔力尺寸纤锌矿 CdSe 核/CdS 壳量子点，并进一步扩展了界面层的模型，同时考虑了 SO 线和 LO 线的变化。在合成过程中，他们不仅使用温度控制来调节外壳厚度，而且还调节了合金化界面层的宽度。他们使用了改进的现象学高斯声子约束模型，该模型允许将核与壳中声子约束的差异纳入其中。

Dzhagan 等人[769]也研究了更大的纤锌矿 CdSe/CdS 球形核/壳量子点以及板内点状异质结构，并且与先前的研究一样，观察到薄阴离子合金层存在的明显迹象。在 LO 声子线位移的基础上，观察到两种异质结构的核压缩应力有差异，而在壳厚度较大时，板内点几何结构的核压缩应力稍低。

尽管常规的 HRTEM 表征可能无法揭示小异质结构中界面处应变分布的细节，但是还有更复杂的变体，例如纳米探针暗场扫描 TEM（DF-STEM）和（HRTEM）/STEM 成像，可以结合图像重建（几何相位分析）方法来揭示原子级应变分布。Shin 等人[770]使用重建的闪锌矿 CdSe/ZnS 核/壳量子点的 STEM 和 TEM 图像来生成 CdSe/ZnS 界面处应变分量的应变场图（图 59）。

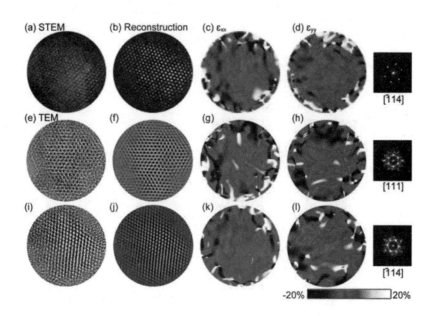

**图 59** 使用 HRSTEM（a）和 CdSe/ZnS 核/壳量子点的 TEM 图像（e、i）模拟的（c、d、g、h、k 和 l）应变映射图像

注：显示了由于 CdSe 和 ZnS 之间晶格失配而导致的核/壳界面处的应变场[770]。

## 5.2.6 减少应变

尽管在某些偶然的情况下，应变效应可以对能带排列进行有用的调整，但应变通常有并发影响，即使相干，也会导致性能下降。如果晶格失配和厚度足够大，以致引起缺陷和相关的载流子陷阱位点，则纳米晶体外延会完全降低。在某些情况下，自然中几对半导体共有几乎相同的晶格参数，同时有不同的带隙和能带排列（例如闪锌矿 CdTe 和 HgTe）。可以通过将壳二进制半导体与三元合金核配对来制造异质结构，这也是紧密外延匹配，但是这样的配对可能会导致对其他参数（价带偏移、带隙等）的限制比所需的更大。在某些情况下设计异质结构时，可以在界面区域使用渐变合金成分来软化过渡（释放应变），这在解决其他不良问题（例如俄歇复合）方面尤其有用。

还可通过利用双壳异质结构来减少应变的影响。第一种方法涉及分阶段的应变释放，如 Talapin 等人[771]所证明的。使用 ZnS 作为 CdSe 壳的方法非常可取，因为宽带隙壳可以保持电子和空穴波函数与量子点的表面和周围环境有效隔离。但是 ZnS 的直接生长特别是厚层，可能会导致在壳内部形成缺陷，从而抵消收益。插入 ZnSe 或 CdS 薄层可显著改善 ZnS 外壳的外延。这些层的晶格参数介于核和 ZnS 壳之间，从而减小了壳中存在的应变。在 CdS 的情况下，还发现中间壳可以促进各向异性生长，从而可以控制形状并导致发射极化。对于最佳的壳层厚度（通常为 2 个 ZnSe 单层，2~4 个 ZnS 单层），CdSe/ZnSe/ZnS 核/壳/壳量子点显示 PLQY 高达 85%。与 CdSe/ZnSe 核/壳量子点相比，双壳材料还表现出更好的光稳定性。

对于电致发光器件的应用，Lu 等人[772]与 Talapin 等人[771]以相同的方式比较了应变消除和应变补偿。在第一种情况下，他们使用了 CdSe/$Zn_xCd_{1-x}$S/ZnS 核/壳/壳量子点，而在后者中结构是相反的，即 CdSe/ZnS/$Zn_xCd_{1-x}$S。CdSe 和 ZnS 之间的晶格失配约为 12%，而热膨胀系数则相差 30%。在没有主动冷却的情况下操作设备时，后者是一个重要因素，并请注意，多壳可以在高温下通过热注射合成。将 ZnS 层（通常最多 3 个单层）夹在匹配更紧密的核和外部三元壳之间，可以大大缓解 CdSe 和 ZnS 层之间的失配，从而提高 PLQY（40%）、光谱纯度以及与应力消除多层量子点相关的亮度和电流密度特性（提高 28%）（图 60）。

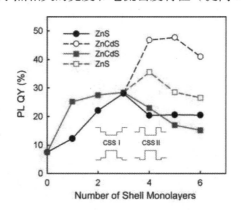

图 60　壳生长期间 CdSe 核/壳和核/壳/壳量子点的 PLQY 变化

注：实心正方形——CdSe/ZnCdS 核/壳量子点；空心正方形——CdSe/ZnCdS/ZnS 核/壳/壳 I 量子点；实心圆——CdSe/ZnS 核/壳量子点；空心圆——CdSe/ZnS/ZnCdS 核/壳/壳 II 量子点[772]。

## 5.3 辐射寿命、振子强度、载流子局域化和其他跃迁率

不管选择哪种方法来模拟量子点中电子和空穴的激发态，一旦知道了本征能和波函数，就可以进一步地计算来预测辐射寿命、跃迁振子强度以及载流子局域化程度，后者尤其与异质结构设计相关。这种计算的起点即费米黄金法则版本的两个状态之间的辐射跃迁率，可以写作：

$$\gamma_r = \frac{4\pi^2 |d_{12}|^2}{3\hbar\varepsilon_s(\omega)}\rho(\omega) \tag{20}$$

式中，$d_{12}$ 是连接状态 1 和状态 2 的偶极跃迁矩，$\varepsilon_s(\omega)$ 是周围（例如溶剂）介质的频率介电常数，而 $\rho(\omega)$ 是状态的光子密度。量子点介电常数与周围介质之间的差异所引起的筛选效应可用另外的局部场因子 $f_{lf}$ 缩放式（21）来计算：

$$\gamma_r' = \gamma_r |f_{lf}|^2 = \left(\frac{3\varepsilon_s}{2\varepsilon_s + \varepsilon_{QD}^{\infty}}\right)^2 \tag{21}$$

其中，量子点介电常数是光频率介电常数。

这种费米黄金法则方法可以用作其他类型跃迁的起点，而不仅仅是电子/空穴复合的辐射率。这些跃迁

可能与辐射复合竞争被激发的载流子，并且可能包括与其他荧光团或与量子点外部的非发射陷阱态或分子振动模式的共振能量转移过程，或俄歇复合等多激子过程。偶极跃迁矩阵元素 $d_{12}$ 被另一种形式的跃迁矩阵元素替代，这需要描述最终状态的波函数，而最终状态不是量子点本征态之一（例如陷阱或与外部分子跃迁耦合）。

将电子激发与周围配体或其他分子中的分子振动模式耦合时，Aharoni 等人[529]得出了耦合率：

$$\gamma_{\text{EVET}} = \frac{2\pi k(2/3)}{\hbar r_0^2 n^4} \frac{|\mu_{\text{el}}|^2 |\mu_{\text{vib}}|^2}{\Gamma R^4} \tag{22}$$

其中，$n$ 是周围介质的折射率，$k$ 和 $r_0$ 分别是周围分子上接受振动模数和其有效半径，$\Gamma$ 是接受振动模式的线宽，$R$ 是量子点尺寸加上吸收分子层的厚度，$\mu_{\text{el}}$ 和 $\mu_{\text{vib}}$ 分别是量子点（作为供体）和分子（作为受体）的偶极跃迁矩。这可能是导致量子点总非辐射率的几个过程之一。

辐射寿命$\tau_r$可以通过平均 PL 衰减时间$\tau_{\text{ave}}$和 PLQY 实验确定：

$$\tau_r = \frac{\tau_{\text{ave}}}{\text{QY}} \tag{23}$$

辐射跃迁振子强度定义为：

$$f_{\text{osc}} = \frac{2m_0\omega}{3e^2\hbar} |d_{12}|^2 \tag{24}$$

实验中，振子强度通常直接由吸收光谱中的跃迁强度确定。对于量子点带隙状态，Kamal 等人[526]给出了一个表达式，可以根据能量积分消光系数$\mu_{i,\text{gap}}$确定$f_{\text{osc}}$的带隙跃迁频率$f_{\text{gap}}$：

$$f_{\text{gap}} = \frac{2\varepsilon_0 n_s c m_e}{e\pi\hbar} \frac{1}{|f_{\text{lf}}|^2} \frac{\pi d_{\text{QD}}^3}{6} \mu_{i,\text{gap}} \tag{25}$$

式中，$n_s$是溶剂的折射率，$m_e$是电子质量，$d_{\text{QD}}$是量子点直径，$f_{\text{lf}}$是局部场因子，$\mu_{i,\text{gap}}$可以根据能带边沿（激子）峰的能量积分吸收（$A_{\text{gap}}$）和远离激子特性的高势阱下的吸光度值获得，其中电子结构更像块状（例如，$A_{410}$是适用于 CdTe 量子点的 410nm 吸光度）：

$$\mu_{i,\text{gap}} = \frac{A_{\text{gap}}}{A_{410}} \mu_{i,410} \tag{26}$$

式中，$\mu_{i,410}$是短波长的固有消光系数。

一个简单的近似方法是使吸光度积分 $A_{\text{gap}}$（从能量而不是波长范围内）从低能量到激子峰达到最大值（明显特征），然后将面积加倍，假定峰值与激子峰能量对称，在能量积分范围内只有一个跃迁有重要作用。

实验测量的吸收光谱将包括来自更高激发态跃迁的贡献，这些可能会因尺寸分散而扩大，在合金的情况下则可能因成分在整个测得组件上分散而扩大。这往往会抹去单个跃迁对吸收光谱的贡献，甚至可能导致带边沿的激子峰变得像肩峰一样不明显。由于在整个光谱中仍然保留着一些潜在的吸收峰的痕迹，有些分析方法可以恢复各个成分的高斯峰。Smith 等人[314]发现一种方法，通过在四阶（或更高的偶数阶）导数光谱中寻找转折点来首先估计峰的跃迁能量位置。然后将其用作初始猜测，例如±50 meV 的约束拟合窗口。为了允许拟合大量的峰，应尽可能减少自由拟合参数的数量（图61）。使用 Klimov[773]获得的结果，可以通过一个单一宽度参数来表征所有峰的光谱宽度，并通过该材料的拟合峰值最大值与体带隙能之间的能量差对每个峰进行缩放。

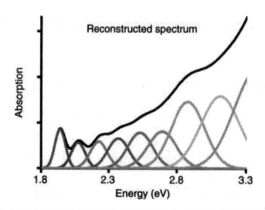

图61　约束最小二乘拟合用于根据高斯峰总和重建原始吸收光谱

注：其中跃迁能量的初始猜测（约束范围）由差分吸收光谱分析得出[314]。

Smith等人的方法的准确性取决于尺寸（和浓度）分散、量子点，对于更高的能量跃迁，还包括短波长处吸收光谱的任何截断。对于高阶跃迁，峰位置和幅度（或积分面积）的误差会逐渐变差，除非在短波长处出现清晰的光谱特征，否则该技术实际上仍然最适合于讨论最接近该带隙的前3~4个状态。即使是前两个过渡的相对强度，也可以揭示有关内部量子点结构的大量信息，即是核/壳还是部分合金化的结构。

Lhuillier等人[525]在对HgTe量子点的研究中，使用简单的两频带k·p参数化，获得了带隙处的导带和价带能的估计以及跃迁的振子强度。由于HgTe中的自旋轨道耦合很大，且只是一个近似值，因此带边沿跃迁可以认为是在重空穴与有带隙的导带之间。通过分析得出

$$E_{BE}^{QD} = \frac{E_G}{2} + \sqrt{\frac{E_G^2}{4} + \frac{2}{3}E_P\frac{\hbar^2 k^2}{2m_0}} \tag{27}$$

振子强度

$$f_{osc} = \frac{E_P}{2E_{BE}}\left(\frac{E_c^2}{2/3E_P\frac{\hbar^2 k^2}{2m_0}} + 1\right)^{-1} \tag{28}$$

后者可以通过式（29）与能量积分吸收截面相关联

$$\sigma_{QD}^{int} = 2\frac{e^2}{4\varepsilon_0 m_0 c^2 n}|f_{lf}|^2 f_{osc} \tag{29}$$

式中，$E_G$是体带隙，$E_P$是凯恩能量。

如果假定为高斯峰轮廓，则可以使用峰吸收截面和峰宽来确定。峰吸收截面$\sigma_{peak}$可以使用式（30）根据量子点膜吸收测量值计算得出

$$\alpha_{abs} = \sigma_{peak}\frac{\eta}{V_{QD}} \tag{30}$$

式中，$V_{QD}$是量子点体积，$\eta$是膜中量子点的填充因子，而$\alpha_{abs}$是测得的吸收。

费米黄金法则处理会产生一些寿命和振子强度的基本预期行为。如果可以假设电子-空穴重叠不会随量子点大小而明显变化,则 EMA 内(在没有任何强介电色散或周围介质吸收的情况下),振子强度和辐射寿命将与跃迁频率成反比(或与跃迁波长成线性关系)。偶极矩矩阵元素可以用线性动量矩阵元素($p_{12}$)表示为

$$|d_{12}| = \frac{e}{m_0\omega}|p_{12}| \tag{31}$$

在量子点 EMA 内,$p_{12} = KP_{cv}$,其中 $K$ 是电子和空穴包络函数的重叠积分,$P_{cv}$ 是下方本体材料的过渡矩阵元素特征($P_{cv}$ 为常数)。对于常数 $K$,则 $f_{osc} \propto \omega^{-1}$ 和 $\gamma_r \propto \omega F(\omega)$。在许多可见光发射非核/壳量子点通常引人注意的大多数尺寸范围内,假设重叠积分不会随尺寸明显变化是合理的,但对于低带隙 HgTe、PbSe 等材料而言则可能较小,其中要关注的直径范围可能会很大。核/壳量子点对重叠因子尺寸的依赖性可能强得多。对于异质结构,壳厚度的变化和应变可能会导致 II 型或准 II 型能带排列,而能带结构最初可能是 I 型(反之亦然)。在这种情况下,跃迁频率和电子-空穴波函数的重叠都会改变。在 II 型结构中,两个载流子的分离越大,$K$ 值就越低,这将削弱跃迁强度并延长辐射寿命。

周围介电介质的变化也可能起作用。光学频率介电常数的实部分散(如在吸收峰附近所见)可能会导致辐射率随频率降低而降低(尽管对大多数相关溶剂或配体产生的通常是相对较弱的影响,即使在近红外范围内)。由于量子点和介电介质之间的折射率不匹配而导致的介电屏蔽(去极化)将辐射率降低了一个因子

$$f_{lf}^2 = \left(\frac{3\varepsilon_s}{2\varepsilon_s + \varepsilon_{QD}^\infty}\right)^2 \tag{32}$$

式中,严格来说是量子点材料的背景介电常数(考虑了除 1→2 跃迁之外的所有电子跃迁,而 1→2 跃迁在偶极跃迁元素中有明确考虑)。

如果我们将量子点折射率设为 3.5,则对于折射率为 1.33 的水溶液,$f_{lf}^2$ 为 0.11,而在折射率为 1.5 的有机溶剂中,$f_{lf}^2$ 为 0.18。

对于核/壳量子点,可以修改筛选(局部场)因子,以考虑两个具有不同介电常数的半导体层[661, 774, 775]。

$$|f_{lf}|^2 = \left|\frac{9\varepsilon_{sh}\varepsilon_s}{\varepsilon_{sh}\varepsilon_a + 2\varepsilon_s\varepsilon_b}\right|^2 \tag{33}$$

$$\varepsilon_a = \varepsilon_c\left(3 - 2\frac{V_{sh}}{V_{QD}}\right) + 2\varepsilon_{sh}\frac{V_{sh}}{V_{QD}} \tag{34}$$

$$\varepsilon_b = \varepsilon_c\frac{V_{sh}}{V_{QD}} + \varepsilon_{sh}\left(3 - \frac{V_{sh}}{V_{QD}}\right) \tag{35}$$

式中，$\varepsilon_c$、$\varepsilon_{sh}$ 和 $\varepsilon_s$ 是核、壳和溶剂的介电常数，$V_{sh}$ 和 $V_{QD}$ 分别是壳和总量子点体积。

周围介质的介电常数在辐射率中起着进一步的作用，因为它决定了周围状态的光子密度。对于没有任何明显色散的纯折射材料，抛物线近似中的状态密度为

$$\rho(\omega) = \frac{\omega^2}{\pi^2 c^3} \sqrt{\varepsilon_s(\omega)} \tag{36}$$

无论考虑吸收还是发射，费米黄金法则跃迁率表达的形式都完全相同。通过实验，我们可以将发射速率确定为逆辐射寿命，而吸收速率可以如上所述从积分带边沿吸收峰中找到。这些也可以转换为振子强度，如果吸收和发射所涉及的激子状态相同，则两种测量方法应得出相同的值。De Geyter 等人[775]发现，准 II 型 PbSe/CdSe 核/壳量子点并非如此。将吸收性能与类似尺寸的 PbSe 量子点进行比较，他们发现核/壳量子点的吸收非常相似，而在发射方面，与仅含核的参考相比，振子强度降低了 4 倍。这种减少伴随着核/壳量子点相对于仅含 PbSe 核的量子点的斯托克斯位移增加，这表明在核/壳情况下，发射涉及较低的能量状态。暂态解释没有对激子细微结构进行详细的理论建模，是因为发射过程涉及的低能态集合与核/壳发射以及 PbSe/CdSe 和 PbSe 量子点的吸收涉及的低能态在简并性上不同（降低）。上文讨论中[例如式（24）]不包括激子精细结构（和能级简并性）。

磁场和温度相关的辐射寿命的测量已被用来跟踪准 II 型 CdSe/CdS 核/壳量子点中最低激子态之间能量分裂（由于电子-空穴交换相互作用）与外壳厚度（恒定的 CdSe 核尺寸）的关系。Brovelli 等人[776]使用了 4~19 个单层的 CdS 壳，发现在较厚的壳样品中，交互作用能可以从 1.8meV 降低到<0.25meV。由于暗激子是低温下薄壳量子点的主导低激发态，发射寿命长（在<3 K 时为 860ns），但是在较高温度下，亮态会被热激活，因此 PL 寿命缩短数个数量级。对于较厚的壳（14~19 个单层），辐射寿命的温度依赖性要弱得多（1.5 K 时为 116ns，300 K 时为 200~300ns），这与明暗激子能级分裂的减少有关。分裂随壳厚度而变化，并以线性方式跟随电子-空穴重叠的变化（图 62）。

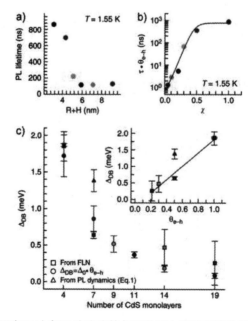

图 62　使用可变 EI（电子-空穴交换相互作用）能量模型分析 PL 寿命

注：a）增加外壳厚度的情况下，在 1.55 K 下测得的辐射寿命，所有纳米晶体有相同的 CdSe 核半径 $R=1.5$ nm，CdS 壳的不同厚度（$H$）对应于图中其他两个面板和插图中使用的颜色编码数据（$H=1.6$ nm，蓝色；$H=2.8$ nm，绿色；$H=3.6$ nm，青色；$H=4.4$ nm，黑色；$H=5.6$ nm，橙色；$H=7.6$ nm，红色）；b）与 a）中相同，但是作为基于 $\chi$ 绘制的 $\tau r$ 和 $\chi$ 的乘积。实线表示 $\tau r \chi$ 的拟合；c）从 PL 动力学和荧光线收缩光谱分析中提取的暗-亮能量分裂 $\Delta_{DB}$，随壳厚度变化（以 CdS 单层的数量表示），在不同方法获得的 $\Delta_{DB}$ 值之间观察到良好的一致性，插图显示了 $\Delta_{DB}$ 的测量值与所测量的电子-空穴重叠积分（$\theta_{e-h}$）的关系，以增加壳厚度。可以使用 $\Delta_{DB}$ 和 $\theta_{e-h}$（线）之间的线性关系来紧密拟合这些数据[776]。

# 6 半导体纳米晶体的生物应用

由于其出色的光学性能，量子点被认为是适合多种生物应用的一种非常有用的纳米材料。Alivisatos 和 Nie 关于使用基于 CdSe 量子点的生物探针的独立报告[46,47]引发了对量子点在各生物和生物医学领域中应用的探索，并在随后的二十年中持续进行。与在有机溶剂中合成的疏水对映体相比，在水相系统中直接合成的量子点由于与生物系统具有相容性，因此在生物应用中显示出巨大的潜力。2002 年，Kotov 等人通过两种不同大小的 CdTe 纳米晶体的共价结合，一个与牛血清白蛋白（BSA）连接，另一个与抗 BSA 抗体（IgG）连接，证明了 CdTe 蛋白探针的合成。777 抗原抗体识别后，导致 BSA-IgG 免疫复合物形成，在两种类型的 CdTe 纳米晶体之间观察到 Förster 共振能量转移（FRET）[777]。从那时起，人们一直在探索直接在水溶液中合成量子点进行高通量细胞标记、体外和体内成像，以及多功能传感应用[25, 26, 33, 56, 79, 778, 779]。

## 6.1 生物分子与量子点的结合

DNA[106]、肽[478]和抗体[226]等生物分子与量子点的结合可以有效提高基于量子点的生物探针的靶向能力。通常，生物分子可以通过静电相互作用或共价键与量子点形成共轭物，如图 63 所示[55]。量子点有较大的表面体积比，带电表面允许将带相反电荷的分子直接附着在其表面上[55, 59, 61, 68, 780]。尽管直接吸附很容易并且不涉及化学反应，由于存在其他化学物质，可能会降低量子点的荧光强度[781]或胶体稳定性。附着分子的方向很难控制，但是对于赋予量子点特定的靶向能力非常重要。静电相互作用可能会影响所吸收蛋白质的二级结构，例如，先前观察到附着在纳米晶体表面的酶活性降低[780]。由于不同类型的带电生物分子之间的竞争，通过静电相互作用形成的结合物可能在复杂的生物环境中解离[781]。

与此相反，生物分子在量子点上的共价结合可以大大提高所得共轭物的稳定性，有效地控制生物分子的方向和数量，因此已成为构建基于量子点的生物探针的常用的策略[55]。水相量子点必不可少的硫醇配体还提供了通用的官能团，例如胺、羧基和巯基，用于将生物分子共价连接到量子点的表面。

目前，最普遍采用的策略是由 1-乙基-3-（二甲基氨基丙基）碳二亚胺盐酸盐（EDC）/（磺基）N-羟基琥珀酰胺（NHS）介导的基于酰胺化反应的共轭[55]。这种方法中的 EDC 和磺基-NHS 首先与量子点上的羧基反应生成活性酯中间体，随后与生物分子的胺基反应形成酰胺键[55]。按照该方案，蛋白质[782]和寡核苷酸[783]被分别共价连接到 TGA 封端的 CdTe 量子点的表面。所得的共轭物在病毒检测[782,784]、癌细胞标记[785,786]和基因传递中显示出与靶标的优异结合特异性[783,787]。

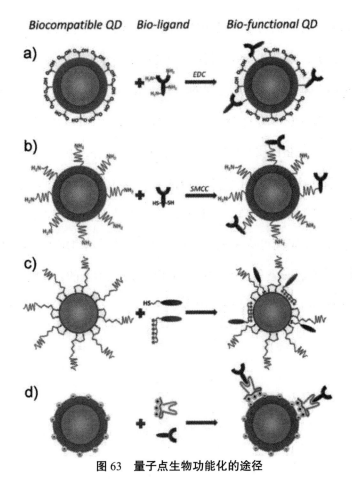

图 63 量子点生物功能化的途径

注：用生物配体修饰量子点表面可通过 a)、b) 共价共轭、c) 巯基或聚组氨酸标签与量子点表面金属原子的非共价配位或 d) 将带电分子静电沉积在量子点有机壳上[55]来实现。

类似地，可以通过由 N-琥珀酰亚胺基衍生物，例如碘乙酸 N-琥珀酰亚胺基酯（SIA）介导的两步偶联反应来实现胺基与硫醇基之间的共轭反应。Cui 及其同事采用牛胰核糖核酸酶 A（RNase A）作为生物模板剂在水溶液中生成 CdTe 量子点。[490] 在随后的癌细胞标记中，CdTe 量子点上 RNase A 封端的胺基首先与 SIA 反应，然后通过碘乙酰基和硫醇基之间的反应，将硫醇化的精氨酸-甘氨酸-天冬氨酸（RGD）肽共价附着于 CdTe 量子点的表面，以生成胃癌特异性荧光探针[490]。

含胺量子点与含硫醇生物分子之间的共轭反应的另一种选择是马来酰亚胺介导的偶联反应，也被称为点击反应[55,68]。这种偶联方法不仅适合于将生物分子与游离巯基偶联，而且也适用于大多数靶向分子（例如抗体），因为可以通过部分还原二硫键来获得反应性巯基。尽管抗体的结合特异性可能受到损害，但上述方法对于构建高特异性和超灵敏的纳米探针仍然非常有效[55,68,701]。

共价结合目前仍然是将量子点与生物分子偶联的最流行策略。但是共轭反应可能会降低量子点的 PLQY 并降低胶体稳定性，从而导致粒子聚集。一个有效的解决方案是将靶向分子直接用作表面配体，以在水相介质中合成量子点[55]。DNA 非常适合于进行此类合成，因为它具有非常高的热稳定性，并且可以在合成高度荧光量子点所需的高温条件下生存，而不会丧失其生物学功能[105,788]。

由于功能部分，尤其是磷酸基团容易与量子点的表面金属原子相互作用，DNA 配体的识别能力仍可能受到损害。为了避免这个问题，Kelley 及其同事进行了一系列研究[104-106]，设计了一个嵌合 DNA 分子，其中一个结构域负责封端量子点，而另一个结构域进行生物识别，如图 64 所示。磷酸（po）主链的一部分被转化为硫代磷酸酯（ps），以便将 DNA 配体牢固地锚定在量子点的表面，因为硫代磷酸酯与 $Cd^{2+}$ 的结合力更高。这样预期磷酸酯基团和量子点之间的相互作用将被大大抑制，以保持 DNA 配体靶向片段的结合特异性。通过一步水相合成获得的 DNA 编程的 CdTe 量子点的 PLQY 达到约 15%，并且可以根据识别域有效地用于识别目标 DNA、蛋白质和癌细胞[105]。除短 DNA 外，由于 DNA 主链上磷酸基团的多螯合作用，长 DNA 质粒可以很容易地用作水溶液中形成的 CdS 量子点的稳定剂。长 DNA 的表面包被使量子点成为有效基因转染和控释的基因载体，如图 65 所示。DNA 质粒包被的量子点表现出优异的细胞摄取效率和相对较高的基因转染效率，最高可达 32%。最重要的是，保留了 DNA 质粒的功能，以便随后在转染的细胞中表达 EGFP。作者将基因转染和表达归因于量子点表面 DNA 的可逆附着，其中细胞内的谷胱甘肽分子在从量子点载体释放 DNA 质粒中起关键作用[788]。

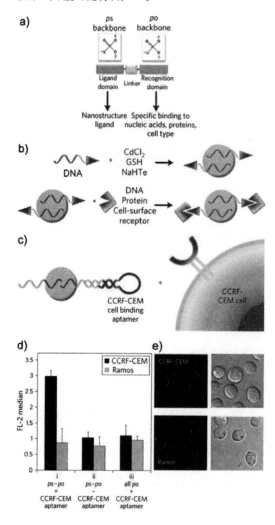

**图 64　DNA 功能化 CdTe 纳米晶体的一锅合成策略**

注：a）设计具有配体域（硫代磷酸酯，蓝色）和识别域（磷酸酯，红色）的嵌合寡核苷酸；b）使用 DNA、$CdCl_2$、NaHTe 和谷胱甘肽（GSH）作为前驱物一锅合成 DNA 功能化的 CdTe 纳米晶体，序列的硫代磷酸酯部分（蓝色）用作纳米晶体配体，而 DNA 序列的磷酸酯部分（红色）仍然可以自由地与生物分子伴侣结合。用细胞结合适体功能化的 CdTe 纳米晶体与同源细胞的特异性结合：c）细胞结合适体功能化的 CdTe 量子点及其与 CCRF-CEM 细胞的表面受体结合的示意图；d）CdTe 量子点的细胞结合比较；e）与细胞结合适体功能化的 CdTe 量子点结合的 CCRF-CEM 细胞和 Ramos 细胞的共聚焦成像[左，荧光图像；右，微分干涉对比（DIC）图像][106]。

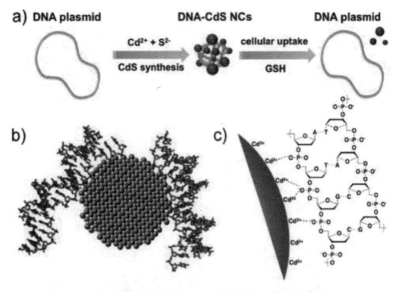

**图 65　DNA 质粒模板化的 CdS 纳米晶体生长的示意图**

注：a）CdS 纳米晶体生长以及 DNA 质粒诱导的 DNA 堆积和 GSH 介导的 DNA 解包；b）双链 DNA CdS 纳米晶体杂化纳米结构的示意图；c）磷酸盐主链与表面 $Cd^{2+}$ 之间的静电相互作用[788]。

与上述策略类似，肽和蛋白质原则上可以用作表面封端配体，通过一步水相合成形成生物探针[484,486,493,784,789,790]，因为它们的官能团（例如硫醇、氨基和羧基）很容易与表面金属离子配位量子点。与 DNA 功能化的量子点相比，肽和蛋白质功能化的纳米晶体必须在温和的条件下合成，以避免肽和蛋白质配体变性。目前，肽和蛋白质已被用作表面配体在环境条件下来合成量子点，例如 $Ag_2S$ [226,227,483]、ZnSe [356]、ZnS：Mn [484]、Cd(S,Se,Te) [478,479,481,481,482,486,491,492,609,784]、PbS [493]、HgS [790] 和 $Zn_xHg_{1-x}Se$ [488]。可以保留蛋白质/肽在量子点上的功能，这使得上述方法易于形成基于量子点的生物特异性纳米探针。

关于敏感的细胞标记应用，Ma 及其同事报告了一系列蛋白质功能化的 $Zn_xHg_{1-x}Se$ 量子点，并使用 MPA 作为协调配体增强了 PLQY[488]。制备量子点的最佳 PLQY 高达 26%，比上述量子点高约 1 个数量级。假设 $Zn_xHg_{1-x}Se$ 量子点是在具有高 PLQY 的环境条件下制备的[488]，则可以合理地预期蛋白质协调稳定的量子点的缺陷释放也可以得到抑制。作者将高 PLQY 归因于使用 MPA 进行有效的表面钝化。按照这种方法，获得了用 BSA、溶菌酶、胰蛋白酶、血红蛋白和转铁蛋白等不同蛋白质功能化的 $Zn_xHg_{1-x}Se$ 量子点，如图 66a）所示。转铁蛋白包被的量子点可用于特异性标记过、表达转铁蛋白受体的 HeLa 细胞，如图 66b）、c）所示。以类似的方式，肽包被的 $Zn_xHg_{1-x}Se$ 量子点也被用于证明构建针对人类乳腺癌细胞系 MDA-MB-435 的生物特异性探针的可能性[488]。

生物功能化量子点的一锅合成明显证明了其优于基于多步骤制备量子点生物纳米探针的常规方法，目前要实现高 PLQY 仍具有挑战性，这与传统基于小硫醇配体的荧光量子点的水相合成不同。正确选择半导体材料及其合成化学方法，仍可能使水相功能合成的生物功能化量子点进一步提高 PLQY。

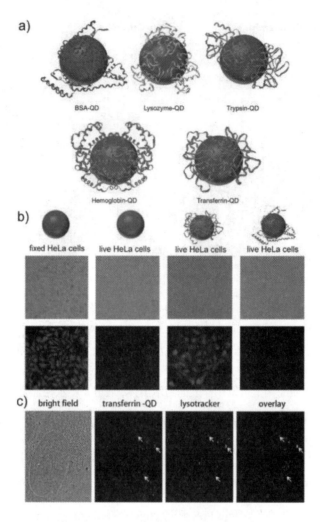

**图 66 使用 MPA 进行有效的表面钝化**

注：a）BSA、溶菌酶、胰蛋白酶、血红蛋白和转铁蛋白官能化的量子点的示意图；b）用于细胞成像的 $Zn_xHg_{1-x}Se$ 量子点：与 $Zn_xHg_{1-x}Se$ 量子点一起孵育的细胞的亮视场和荧光图像，从左到右：含 MPA-QD 的固定 HeLa 细胞、含 MPA-QD 的活 HeLa 细胞、含转铁蛋白量子点的活 HeLa 细胞、含 BSA-QD 的活 HeLa 细胞；c）与转铁蛋白-QD（红色）和溶血追踪剂绿色 DND-26 孵育的 HeLa 单细胞的亮视场和共聚焦荧光显微图像，叠加图像显示了量子点和溶血追踪剂之间的高度共定位[488]。

## 6.2 生物成像和治疗学应用

过去的几十年中，在生物应用方面，有用的量子点荧光特征一直是主要驱动力。Alivisatos[46]和 Nie[47]的早期开拓性工作很好地证明了量子点探针在细胞标记和成像方面的潜力。在 Nie 及其同事的研究中，首先借助 MPA 将疏水的 CdSe/ZnS 量子点转化为水溶性对映物，通过后者与转铁蛋白共价结合，以在识别转铁蛋白及其在细胞上的受体后对 HeLa 细胞进行荧光成像[47]。研究表明，量子点共轭物的光发射比众所周知的有机染料若丹明 6G 稳定近 100 倍，单个 CdSe/ZnS 核/壳纳米晶体的荧光强度相当于约 20 个若丹明分子的当量。在 Alivisatos 团队的研究中，制备了两种不同核尺寸和发射量的二氧化硅包裹的 CdSe/CdS 量子点，以便同时对小鼠胚胎成纤维细胞 NIH 3T3 细胞的细胞核和 F-肌动蛋白丝进行成像[46]。详细地说，显示绿色发射光的小量子点（2nm）涂有三甲氧基甲硅烷基丙基脲和乙酸酯基团以染色细胞核，而显示红色荧光的大量子点（4nm）通过生物素-链霉亲和素相互作用与 phalloidin 肽缀合，以染色 F-肌动蛋白丝。由于广泛的激发，同时观察到了光学染色细胞的不同部分，清楚地突出了量子点相对于传统有机染料的优势。

与上述研究中使用的疏水量子点相比，直接在水溶液中合成的量子点更易于使用[26,33]，因为在进一步的表面生物功能化之前需要将先前的量子点转移到水相介质中。相转移过程与表面化学性质无关，通常会导致量子点的PLQY明显下降。相反，通过水相合成途径获得的量子点的PLQY可以在生物共轭过程之前通过不同的方法大大提高。而且，通用的表面结构有效地满足了基于上述不同的共轭化学产生仿生探针的要求。尽管给定纳米探针的结合特异性在很大程度上取决于所连接的靶向分子，但由于与非预期靶的非特异性相互作用，通常会受到损害。已经证明，通过适当地修饰PEG，可以有效地抑制量子点与癌细胞的非特异性相互作用。水相量子点的表面PEG化通常可以通过与硫醇化PEG配体交换来实现，该量子点最初涂覆有硫醇配体（例如MPA）[791]，或者通过基于二氧化硅包覆的水相CdTe量子点中正硅酸盐的PEG衍生物进行PEG段的表面移植[785]。在后一种系统中，电泳研究已很好地证明了其抗污垢功能。经过表面结构优化后，抗EGFR（表皮生长因子受体）单克隆抗体通过羧基残基共价附着在聚乙二醇化的CdTe@SiO$_2$表面。所得的EGFR特异性荧光探针，在染色过、表达EGFR的人头颈部鳞状细胞UM-SCC-22B时表现出出色的靶向能力，显示低背景信号（图67）。

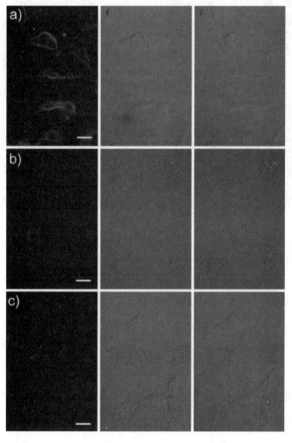

**图67** 用D-GaHIgG共轭物标记的固定UM-SCC-22B细胞（a行和b行）或样品D中CdTe@SiO$_2$粒子（c行）的共聚焦荧光图像（左）、差分干涉对比图像（中）以及合并图像（右）

注：与b)行相比，a)行和c)行显示的癌细胞已用抗EGFR-mAb进行了预处理，所有显微照片中的比例尺均对应于25μm[785]。

与单荧光成像染料相比，除单目标成像外，量子点非常适合于多细胞成像。Ying及其同事演示了使用直接在水溶液中合成的GSH封端的CdTe量子点对不同的亚细胞特征进行多重成像的方法[609]。例如，他们制备了两种不同尺寸的CdTe量子点，分别在中心517nm和618nm处显示出发射，发现了粒径与HepG2

细胞系的依赖相互作用。量子点可以迅速穿透细胞基质与细胞核结合并使这些区域染成绿色，如图 68 所示，而稍大的 CdTe 量子点则容易留在细胞质中将其染成红色[609, 779]。为了进一步展示使用 GSH 封端 CdTe 量子点进行细胞内成像的可行性，分别将生物素和 F3 肽[高迁移率基团核小体结合结构域 2（HMGN$_2$）片段 3]共价共轭到 CdTe 量子点的表面。所得探针可选择性靶向小鼠胚胎成纤维细胞 NIH3T3 和 MDA-MB-423 细胞的不同亚细胞位置。发现量子点-生物素共轭物可以渗透到细胞中并选择性地与 NIH 3T3 细胞的主链结合，而 F3 肽则可以通过受体介导过程将量子点-F3 共轭物传递到人乳腺癌 MDA-MB-435 细胞中用于染色细胞质[609]。

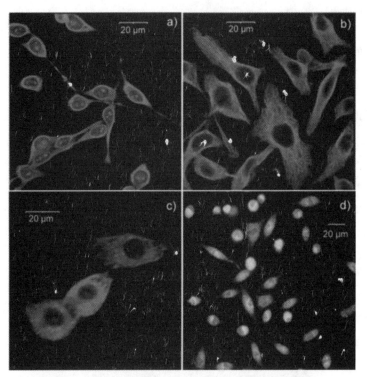

**图 68　用 CdTe 量子点染色的细胞的共聚焦荧光图像**

注：a）固定 HepG2 细胞，其细胞核和细胞质被 GSH-CdTe517 量子点（绿色）和 GSH-CdTe618 量子点（红色）染色；b）使用生物素标记的 GSH-CdTe618 量子点对肌动蛋白进行免疫染色的固定 NIH3T3 细胞；c）与 F3 标记的 GSH-CdTe618 量子点（红色）一起孵育的 MDA-MB-435 活细胞；d）与 GSH-CdTe618 量子点（红色）和细胞活力钙黄绿素染料（绿色）一起孵育的巨噬细胞 RAW264.7 活细胞[609]。

除了体外细胞标记和成像应用外，还尝试了量子点的体内应用[67, 276, 792, 793]。对于后一种应用，NIR 发射不仅可减少自发荧光背景对组织背景的干扰，而且可增加激发和发射的穿透深度，是优选的[42, 48, 60, 794]。进行体内成像时，用微波辅助水合成法制备了峰发射范围为 700~800nm 的 MPA 封端的 CdTe 量子点[792]，但静脉注射后在肝脏中大量积累。尽管通过增强通透性和保留（EPR）效应，量子点可以被动地靶向活体小鼠的肿瘤部位，但潜在的靶向机制限制了进一步区分具有不同表型的肿瘤以确定预后和适当治疗策略的应用。在这种情况下，积极的靶向策略对于肿瘤检测很重要[67]。

叶酸（FA）是适用于构建肿瘤特异性纳米探针的靶向分子之一。Chen 等人合成的 CdTe/CdS 核/壳量子点的 PLQY 高达 65%，在水溶液中的发射中心约为 700nm。FA 被共价共轭到 MPA 封盖的量子点表面[276]。体内成像研究表明，所获得的共轭物可以有效地靶向人肝癌异种移植小鼠的 FA 受体阳性肿瘤[276]。除 FA 之外，Arg-Gly-Asp（RGD）肽也是可靠的选择，因为它与肿瘤细胞上的αvβ3和αvβ5整联蛋白具有出色的结合能力。它与NIR CdTe量子点结合使用，制成了用于在小鼠模型中对人胶质母细胞瘤U87MG肿瘤进行成像的活性靶向探针[786]。研究表明，基于量子点的纳米探针可以根据量子点上的生物配体与其靶标之间的特定相互作用，有效地将肿瘤区域与健康组织区分开。最近开发的DNA适体也已被用于构建肿瘤特异性探针。关于体内成像应用，设计黏蛋白1-特异性DNA适体，并用于原位修饰通过一锅水热法合成的$Cd_xZn_{1-x}Te$合金量子点。所得的适体修饰的量子点用于在小鼠模型中对黏蛋白1-阳性人肺腺癌肿瘤进行主动成像[793]。

尽管量子点有多个有用的光学特征，包括高PLQY和可调荧光，重金属离子（尤其是镉）的细胞毒性仍然是主要关注的问题，而且在最终将量子点转化为临床成像剂之前仍存在巨大障碍。幸运的是，通过有机合成途径，例如$Ag_2X$量子点（X = S，Se，Te），可以获得一些无镉的量子点，大大降低细胞毒性并具有出色的荧光性能。因此，其水相合成和体内应用已成为量子点生物医学应用最引人关注的领域之一[218,244]。在Pang及其同事的开创性工作中，将水相合成的丙氨酸的稳定发射峰在820nm处的$Ag_2Se$量子点直接用于裸鼠的腹腔成像。尽管所制备的量子点的PLQY小于1%[218]，仍可激发引起低背景自发荧光。为了实现主动靶向能力，在水溶液中存在BSA的情况下合成了$Ag_2S$量子点，并将所得的BSA稳定的量子点与抗VEGF（血管内皮生长因子）抗体共轭。进行的荧光成像研究显示了裸鼠中VEGF阳性肿瘤的靶向成像[226]。可能由于探针的尺寸小，通过全身成像观察到了静脉注射量子点快速清除[226]。

原则上可以根据E（S，Se，Te）的选择，将$Ag_2E$量子点的带边沿发射调整到人体的第二个NIR（NIR-II）窗口，即1.0~1.4μm，其发射的穿透深度远高于第一个NIR窗口（650~950nm）[43,795]。由于自发光和光散射大大降低，与基于发射的较低波长的荧光成像相比，成像分辨率大大提高了。所有这些优点使$Ag_2E$量子点不仅适合疾病诊断和治疗监测研究，而且考虑到其出色的生物安全性特征，还有望将药物从基础研究转向临床应用[187]。在此领域，Wang及其同事取得了巨大进步。他们已经成功地使用$Ag_2S$量子点在小鼠模型的肝衰竭修复中追踪到人间充质干细胞（hMSCs）[795]。将作为靶向配体的Tat肽与NIR-II $Ag_2S$量子点共轭，获得的$Ag_2S$-Tat共轭物在细胞和基因水平上对hMSC活力的影响都可以忽略不计。最重要的是，用$Ag_2S$-Tat共轭物标记的hMSC的分化能力在体外得以良好维持，这对于体内追踪干细胞也非常重要。由于$Ag_2S$-Tat共轭物的优异光学性能，检测到的皮下注射的$Ag_2S$标记的hMSC低至1000，并且长达30d没有观察到荧光强度明显下降。受这些结果的鼓舞，他们进一步采用$Ag_2S$探针监测肝素介导的hMSC转运，以进行急性肝衰竭修复。研究表明，可以动态跟踪$Ag_2S$量子点标记的hMSC的生物分布。成功地追踪了hMSC在肝素的帮助下从肺向肝的转运[795]。得益于NIR $Ag_2S$量子点的高空间分辨率和光学稳定性，在14d的时间里可以清楚地观察到移植的$Ag_2S$标记的hMSC在肺和肝中的主要积累。

尽管灵敏度很高，但基于可见光和NIR信号的光学成像的空间分辨率仍然无法与计算机断层扫描和磁共振成像（MRI）相比。尽管如此，量子点仍然提供一个灵活的平台形成多模态成像探针来弥补这一缺点[388]。例如，遵循经典的合成路线，在存在$Gd^{3+}$的情况下制备了GSH稳定的CdTe量子点[796]。尽管假定的Gd

掺杂结构尚无实验确认，所制备的量子点在640nm处呈现强荧光，PLQY为37%，弛豫率（$r1$）值为3.27 mM$^{-1}$ s$^{-1}$ [796]。通过光学成像和磁共振成像，将得到的双重功能量子点与FA结合，以在体内对FA阳性肿瘤进行成像。Chen及其同事报告称，放射性标记的无镉量子点（RQD），即$^{64}$Cu：CuInS/ZnS量子点[194]。$^{64}$Cu的衰变在紫外线蓝色区域产生Čerenkov发光，原则上可以激发上述量子点发出约700nm的红色荧光，从而使量子点能原位自激发光。光学和正电子发射断层扫描（PET）成像研究表明，聚乙二醇化的$^{64}$Cu：CuInS/ZnS RQD可以有效靶向小鼠模型中的U87MG异种移植物，如图69所示[194]。

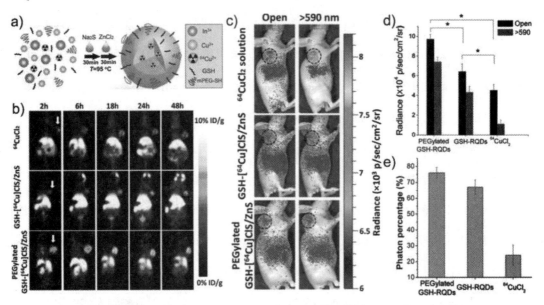

图69 聚乙二醇化的 $^{64}$Cu：CuInS/ZnS RQD 靶向小鼠模型中的 U87MG 异种移植物

注：a）用于PET/CRET发光成像的固有放射性[$^{64}$Cu] CIS/ZnS RQD的合成示意图；b）在静脉注射100μL（50μg，300μCi）$^{64}$CuCl$_2$、GSH-[$^{64}$Cu] CIS/ZnS 和聚乙二醇化的 GSH-[$^{64}$Cu] CIS/ZnS RQD（每组3只小鼠）的第2、6、18、24和48h后，U87MG荷瘤小鼠的全身冠状PET图像，箭头指示肿瘤的位置；c）分别注射100μL（300μCi）的[$^{64}$Cu] Cl$_2$、GSH-[64Cu] CIS/ZnS 和聚乙二醇化的 GSH-[$^{64}$Cu] CIS/ZnS RQD后6h，U87MG荷瘤小鼠的CRET图像，圆圈，肿瘤区域（每组3只小鼠），这些发光图像是在没有激发光的情况下使用开式和红色滤光片（>590nm）获得的；d）用开式滤光片和红色滤光片获得的相应肿瘤区域的总光子通量（*，$p<0.05$，$n=3$）；e）红色滤光片下的光子通量在总光子通量中的百分比[194]。

除了成像之外，量子点与大多数纳米粒子一样，也可以用作治疗学研究的药物载体。大的表面体积比和多种表面化学性质允许装载各种可在体内追踪的治疗物。可以通过实时成像潜在地评估治疗效率。到目前为止，已经基于有机合成的量子点开发了许多诊断学系统。在该领域中，Gao[52, 797, 798]和Mattoussi[799-801]报告了一系列有影响的研究。由于通过有机途径合成的量子点具有疏水相，因此可通过用阳离子脂质体[802]、各种类型的阳离子脂质[803]、两性酚[797]、聚乙烯亚胺[798]、树状大分子[190]、肽[804]等进行包封实现进一步的表面修饰，使疏水相量子点能够用作纳米药物载体。但这并不一定意味着水相量子点不能满足上述应用。在这些应用中，在水相体系中直接合成的量子点落后可能是由于缺乏商品化的量子点产品。

除体内应用外，还使用量子点作为载体进行了大量研究，以显示货物在体外的行为。水相合成的量子点被用作荧光标记，以追踪基因的传递。例如Jia及其同事将TGA封端的CdTe量子点与反义寡聚脱氧核苷酸（ASON）结合，以靶向端粒酶的mRNA，借助多壁碳纳米管作为载体将其转染到HeLa细胞中[805]。正如所预期的，转染的ASON抑制了肿瘤细胞的活力。同时，通过量子点的发光观察到转染ASON的定位。在另一项研究中,使用 CdTe/CdS 核/壳量子点标记了带有完整自杀基因的脂质体[805],即单纯疱疹病毒胸苷激酶(HSK-TK)基因,该基因可以将更昔洛韦代谢为更昔洛韦单磷酸酯,通过细胞激酶将其进一步转化为更昔洛韦三磷酸。由于所得化合物是三磷酸脱氧鸟苷的类似物,因此将抑制 DNA 聚合酶和/或掺入 DNA,从而导致链终止和肿瘤细胞死亡[806-808]。研究表明,转染的 HSK-TK 基因的治疗功能仍保留下来,而量子点允许监测和追踪细胞内的运输长达 96h。

量子点不仅可以用于标记基因传递系统,还可以直接用作载体,而无需其他转染试剂。我们通过将 TGA 封端的 CdTe 纳米晶体与抗存活蛋白 ASON 共价共轭以促进基因转染,从而使转染的基因在细胞内可视化[783]。无论寡核苷酸碱基序列和长度如何,CdTe-寡核苷酸复合物均具有有效的细胞摄取。详细研究表明,巨胞饮途径是带负电荷的 CdTe-寡核苷酸插入细胞的途径。重要的是,在细胞摄取后,在 CdTe 纳米晶体表面共价结合的 ASON 继续发挥其生物学作用,即在具体下调存活蛋白 mRNA 后,可以诱导 HeLa 细胞凋亡。如预期的那样,可以通过量子点载体的发射光学跟踪 ASON 的细胞内位置。与存活蛋白正义寡核苷酸(SON)在细胞核中大量积累并在细胞质中任意分布不同,ASON 主要位于细胞质中,尽管倾向于在很大程度上靠近细胞核,如图 70 所示。这是第一次直接观察反义寡核苷酸的特定细胞内定位。这些发现似乎表明反义调节过程可能发生在核周区域。由于 HeLa 细胞的凋亡与 ASON 诱导的存活 mRNA 下调一致,因此积累的 CdTe-ASON 产生的核周荧光可能是特定位置存活蛋白缺乏诱导的细胞凋亡早期的具体指标。此外,还显示了使用带正电半胱胺封端的水相 CdTe 量子点传递和追踪小分子抗肿瘤药物藤黄酸,进一步证明了使用水相合成量子点在细胞水平上可视化分子事件的可能性[809]。

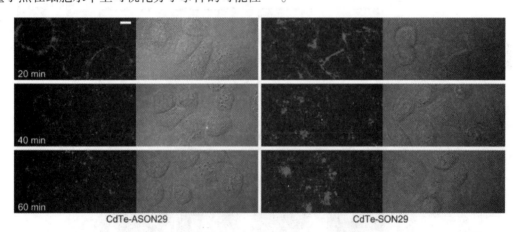

图 70 　与 CdTe-ASON29 或 CdTe-SON29 孵育不同时间的 HeLa 细胞的暗场和合并场图像[783]

除了低生物毒性和近红外发射带来的 $Ag_2E$(E＝S,Se,Te)量子点在体内的巨大应用潜力外[190,810,811],还探索了它们作为癌症治疗药物的载体的应用。在 Gu 及其同事的一项最新研究中[810],他们将抗肿瘤药阿霉素(DOX)与 RGD 肽(cRGD)共价附于 MPA 封端的 $Ag_2S$ 量子点表面,以提高 DOX 的治疗效果。发现通过 MDA-MB-231 荷瘤小鼠的尾静脉递送的 $Ag_2S$-DOX-cRGD 探针,在注射后 1h 开始在肿瘤区域积聚,并在注射后 8h 达到最佳积聚。在另一项研究中,Wang 及其同事开发了 DOX@PEG-$Ag_2S$ 平台,用于肿瘤治疗和体内 DOX 分布的实时成像[811]。

DOX 通过疏水-疏水相互作用被装载到 PEG 包覆的 Ag$_2$S 量子点中。与直接共轭在 Ag$_2$S 量子点上的药物相比，DOX@PEG-Ag$_2$S 可能显示出更高的载药能力和较长的血液内循环时间[811]。

尽管纳米晶体原则上可以用作靶向药物递送的载体，但应注意，纳米载体会大大改变分子药物的药代动力学行为。此外，有效释放载药也是一个有趣的课题，有待进一步研究。

## 6.3 生物标记和生物传感

广泛可调和高效荧光的量子点通常都非常受生物传感和生物标记应用欢迎。经常观察到金属离子吸附引起的量子点荧光变化[812]，并被用于传感与生物有关的金属离子，例如带有 CdSe[814]、CdTe/CdS[648]、和 CdTe[813]量子点的 $Cu^{2+}$[648, 813, 814]和 $Pb^{2+}$[814]。但是复杂生物系统中有害物质的附着可能会导致不可预测的荧光变化，这对真实感测应用的选择性和灵敏度都提出了挑战[812]。除了直接淬灭对 PL 强度的影响分析外，还采用了时间解析荧光检测体内微环境 pH[451]。对于此类应用，Cai 及其同事在水溶液中制备了掺杂 Cu 的 CdZnS 量子点，从而获得了长达 1μs 衰减时间的长寿命 PL。这些量子点的 PL 寿命对 pH 值非常敏感，并且在 5.5~7.0 之间（生物学相关范围）显示出线性响应，如图 71a）、b）所示。由于 PL 寿命的变化基于 GSH 配体羧基部分的质子化/去质子化，因此 $K^+$、$Mn^{2+}$、$Mg^{2+}$和 $HCO_3^-$的干扰可以忽略不计[815, 816]。通过荧光寿命成像[FLIM；图 71d）]，在活小鼠体内检测分散在不同 pH 值[图 71c）]和不同微环境 pH 值的气泡中的微珠，进一步证明了这种传感方法[451]。

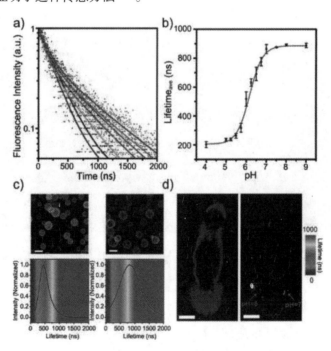

**图 71 量子点 PL 寿命对 pH 值的影响**

注：a）铜掺杂 CdZnS 量子点在不同 pH 值缓冲液中的时间解析荧光衰减曲线：5.5（紫色），5.75（蓝色），6.0（青色），6.25（绿色），6.5（黄色），6.75（橙色）和 7.0（红色）；b）基于时间解析荧光衰减曲线的数据，量子点在不同 pH 缓冲液中的 pH 响应；c）装有量子点的微珠的 FLIM 图像，分散在不同 pH 值的缓冲液中（左，pH=6.0；右，pH=7.0；比例尺为 100mm），以及从图像中收集的 PL 寿命直方图；d）裸鼠背景（左）和量子点注入裸鼠背面（右）不同 pH 值（绿色，pH=6.0；红色，pH=7.0）相邻位置的体内 FLIM 实验（比例尺为 10mm）[451]。

由于特异性与生物测定灵敏度同等重要，通常选择生物配体（例如抗体和DNA）与量子点结合形成特异性探针。免疫荧光测定是证明量子点潜在应用的最可靠策略之一[785]。在直接免疫荧光测定中，量子点与初级抗体结合在一起以直接识别靶标，而在间接免疫荧光测定中，量子点与通过结合的初级抗体间接识别靶标的第二抗体[817]。后一种方法对实际应用更具商业意义。还可以通过荧光探针与初级抗体的多次结合（例如生物素-链霉亲和素的相互作用）来放大信号。为了证明这种方法的可行性，我们合成了变性牛血清白蛋白（dBSA）封端的CdTe量子点（CdTe@dBSA），然后将这些量子点与链霉亲和素共轭以检测鼻咽癌（NPC）患者EB病毒（EBV）衣壳抗原（VCA-IgA）的IgA抗体的血清水平，用于EBV相关癌症的早期筛查和诊断[782]。Raji细胞被固定在基质上，并在激活后表达可以捕获血清样本中VCA-IgA的EBV。通过用CdTe@dBSA-链霉亲和素共轭物标记生物素化的抗IgA抗体，可以间接检测VCA-IgA。用来自健康供体的血清作为阴性对照，检测来自EBV阳性NPC患者的VCA-IgA血清水平。如图72所示，与EBV阳性NPC患者血清一起孵育的Raji细胞被CdTe@dBSA-链霉亲和素共轭物严重染色，与阴性对照形成了鲜明的对比，这是因dBSA具有出色的防污特性，表明量子点可以通过血清免疫荧光测定法筛查和诊断疾病[782]。

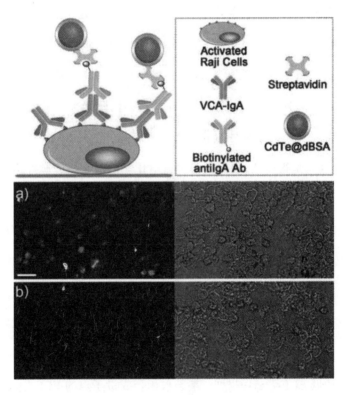

**图72　量子点用于筛查和诊断疾病**

注：上图——用于说明VCA-IgA的间接免疫荧光检测的示意图。下图——NPC患者和健康供体的血清处理过的Raji细胞的暗（左）和亮（右）显微图像，随后是生物素化的抗IgA抗体和CdTe@dBSA-链霉亲和素，比例尺为10mm[782]。

基于量子点的夹心免疫荧光测定法可以提高生物检测的选择性和特异性。采用这种方法，两个不同抗体中的一个与不同靶位上的同一靶标结合，用量子点标记以进行传感，而另一个用于特异性捕获分子靶标。通过使用水相合成的CuInS$_2$@ZnS量子点证实了人白介素6（IL6）的检测[191]。Fan及其同事进一步将基于量子点的夹心免疫分析技术整合到微流体芯片中[818]。他们声称，与常规的蛋白芯片技术相比，微流体技术为蛋白质的固定化和随后的结合分析提供了便捷的解决方案[819-824]。仅通过微流体通道，抗体就被固定在醛激活的通道壁上[825]。随后的靶蛋白流、第二个生物素化抗体和抗生物素蛋白包被的 CdTe/CdS 量子点能够依次对癌胚抗原（CEA）进行灵敏检测，检测限低至 500 fM，大大低于基于异硫氰酸荧光素（FITC）的系统的检测限。研究中，量子点首先通过 DNA 桥与生物素结合。利用链霉亲和素与生物素的多个结合位点，通过与上述相同的芯片技术，成功地标记了生物素化的抗体，用于检测 CEA，且检测限大大降低至 50 fM [825]。

此类夹心免疫荧光分析的优势在于，它不仅可以有效地检测分子靶标，而且由于可以在同一微流体芯片上同时激发不同大小的量子点，因此也可以实现高通量分析。Fan 及其同事基于先前的研究，成功开发了基于量子点的微流体蛋白芯片，用于癌症生物标志物 CEA 和 α-胎蛋白（AFP）的多重检测[826]。首先，他们将抗 CEA 和抗 AFP 抗体分别固定在不同的微通道中，然后将 CEA 的检测抗体与发射红色的量子点偶联，并将 AFP 的检测抗体与发射绿色的量子点偶联，以同时检测同一样品中存在的 CEA 和 AFP。CEA 和 AFP 的检测极限均为 250fM。

除了常规的荧光传感以外，基于量子点的电化学发光（ECL）和光电化学（PEC）传感最近也引起了技术关注[827-830]。水相合成量子点特别适用于此类传感应用，因为水相封端配体的短链有利于有效的电荷载流子转移以及共反应剂进入量子点的表面[827]。ECL 生物传感器在识别出被分析物后，按照常规的湮灭和共反应剂途径将电化学信号转换为发光信号[829]。在湮灭型传感器中，量子点通过快速连续地氧化和还原电解质中的量子点进行电激发，产生成对的带相反电荷的量子点自由基，这些自由基随后将产生光[828]。高效湮灭 ECL 传感器的驱动总是很复杂，因为需要进行电化学电位扫描或脉冲迅速产生氧化和还原的量子点，以确保足够多的量子点群体在溶液中存活时足以相互作用，并且每个都带有相反的电荷。另外，还需要高过电位来克服量子点的表面能以形成带电荷的自由基，这些因素限制了实际应用。

共反应剂 ECL 生物传感器在电极表面包含氧化或还原的共反应剂种类，氧化或还原的量子点可以与共反应剂形成的自由基发生反应，产生量子点激发态。在这种类型的传感器中，只需要生成一种类型的带电量子点自由基，而共反应剂就可以提供带相反电荷的物质。因此，仅需单极性脉冲或电位扫描即可在单向电位扫描时产生光发射，简化了操作。共反应剂 ECL 生物传感器设计方便，具有良好的溶解性、稳定性、快速动力学、电化学性能和低 ECL 背景[828, 830]。基于水相合成量子点的 ECL 生物传感器已用于免疫测定、DNA 分析、aptasensing 和 cytosensing[827]。

PEC 感应基于逆向的 ECL 感应过程，该过程需要光作为激发源，分析物存在引起的光电流变化是检测生物分析物的基础。在光照下，量子点吸收的光子能量高于其带隙的能量，电子从价带激发到导带。通过从量子点向周围介质的电荷转移，光生电子-空穴对以辐射或非辐射方式重组，从而导致电荷分离。当前有两种可能的配置。当电子从量子点弹出并转移到电极时，会产生阳极光电流。随后溶液中来自电子供体

D 的电子被转移，以中和量子点中的成对空穴。在替代布置中，如果来自量子点的光生电子转移到电子受体 A，则来自阴极的互补电子将通过转移到量子点来中和空穴，并在此过程中产生阴极光电流。这些光电流装置的电化学操作与 PEC 光催化装置相似，但是光电流用于提供检测信号而不是产生氢气等。目前在基于量子点的 PEC 生物传感中已开发 PEC 免疫传感器、PEC 细胞传感器和 PEC 生物测定法[828]。Chen、Xu 等人对基于量子点的 ECL 和 PEC 生物传感器进行了广泛的研究并全面评估了该领域的最新进展[831-836]。

# 7 结论和展望

本书侧重以水合成方法获得高质量的量子点和基于量子点的材料。水的极性性质使半导体纳米晶体的水相合成成为可能，这与基于有机相的替代方法获得纳米晶体完全不同。在此背景下，强调了基本的化学属性，包括HSAB原理、溶度积原则、pH依赖性，因为它们指导了水溶性配体的适当选择，给出了对粒径控制的量子点生长动力学的理解，对于实现具有核/壳结构、受控掺杂和合金结构的量子点的生长至关重要。水相合成最引人注意的特征是表面配体的多种选择，例如早期研究中使用的磷酸酯和羧酸酯，后来研究中采用的水溶性硫醇以及当今广泛使用的最成功的巯基酸。相比于生物测定和生物医学成像中的量子点应用，大量有用的配体赋予了水相系统中直接合成的量子点许多优势。除绿色特性外，最近的研究进一步表明，量子点在水相中的直接生长可以扩展到细胞、生物甚至动物内的生物驱动合成。重要的是与有机途径一样，可以在水中方便地合成覆盖紫外至红外光谱范围的高荧光量子点。即使涉及的化学性质有时更复杂，也可以制造核/壳、量子点合金和掺杂的纳米晶体等各种各样的量子点结构。

水相生长的量子点一直具有易于放大的优点，而在过去，有机相合成（例如热注射法）一直固有地局限于每批少量溶液（几十毫升）中进行。如今这种情况已经有所改变。许多量子点材料可以通过热注射方法，以较大体积或在连续流反应系统中使用有机溶剂合成。在这方面，基于有机溶剂的方法已经赶上了水相合成方法，尽管后者具有最终绿色溶剂的优势。然而在不进行随后的尺寸分选（例如选择性沉淀）的情况下合成极窄尺寸分布的水相量子点仍然是一个挑战，也很可能受到批量生产的限制。未来水相量子点合成的工作会有效地探索如何将大批量生产或基于流反应器的合成的优点与更高精度的尺寸和尺寸分布控制相结合。这种进步的一个例子是对量子点太阳能电池等设备的潜在改进。带状载流子的传输将受益于狭窄分布的量子点材料，并在异质结光伏电池设计中允许更长的电荷扩散和耗尽长度，从而改善太阳吸收、短路电流和整体效率。

要清晰、准确地了解量子点的表面化学性质，以控制基于量子点的复合材料中的工程能量和电荷转移过程。对于电荷转移，量子点表面的物理组成很重要，它可以缓和电荷提取或注入过程。对于能量转移，可以使用配体分子来控制能量受体和供体分子/粒子之间的间隔。如何位于量子点表面上以及如何与现有的配体相互作用将严重影响供体/受体的分离以及能量转移效率，最重要的是转移速率。了解和控制电荷和能量传输速率对于许多应用至关重要。在可见光范围内实现高量子点LED性能，很大程度上取决于通过明智地控制注入速率来获得并保持注入的空穴与电子种群之间的良好平衡。例如，如果要使用量子点中的MEG或热载流子激发的好处来提高量子点太阳能电池的性能，则需要设计从点上快速转移能量或（至关重要的是平衡）电荷，如果正确理解了表面化学成分，则容易得多。

胶体化学的发展是这些合成方法的基础，了解量子点物理和化学性质如何影响这些纳米粒子的光学和其他关键特性可以为其提供巨大的支持和反馈。这是由于许多详细的光谱表征技术的发展，包括超快和单一量子点光谱学，控制光吸收和复合以及非辐射过程的电子结构和载流子动力学的理论模型。展望未来，面临的挑战是开发光学和其他分析方法，进一步了解量子点表面态的详细化学性质，以满足理论预测的新型应用的材料需求。

从窄带隙激子到溶剂和配体振动模式可能的能量转移在规模上要比可见光带隙的宽带隙材料大得多，并且转移机制本质上是不同的。在后一种情况下，需要考虑的是溶剂和配体电子能级（尤其是HOMO能级）相对于量子点带隙的位置。在这些情况下，周围材料振动水平的细节几乎没有直接影响。在前一种情况下，激子能量落在红外范围内，能量转移到分子振动可能会显著影响量子点光电器件的光谱响应。Aharoni等人[529]和Keuleyan等人[530]强调了这样一种耦合机制。其他机制，例如涉及量子点中的声子模式与表面捕获的电荷相互作用以形成极化子态，也可能以非辐射将能量耦合到环境中[627]。

这些耦合模式中的每一个都需要进一步的实验研究，制定一种结构解决方案，以最大限度地减小其影响并减轻量子点环境的影响。特别是对窄带隙量子点而言，在其物理和化学方面，尤其是在纳米晶体本身表面的细节以及量子点周围的近表面环境的精确性质方面，还有很多需要学习的地方。通常，能够对表面进行精确的工程设计允许对表面陷阱进行更有效的控制，有助于提高比现有材料更广泛的材料的PLQY，并最大程度地降低非辐射复合速率。

很早就有人意识到俄歇复合与载流子捕获结合将为发光应用提供实质性的屏障。但是由于化学家、理论家、设备工程师和光谱学家的不懈努力，俄歇的障碍终于被消除了。通过成分梯度开发具有软化界面的核/壳量子点，即使在室温下，也可以减少俄歇复合的影响。在对这些异质结构进行理论处理之后出现了许多实际示例，其中已合成并表征了这些量子点，显示出发光间歇性大大降低并且PLQY提高。一般而言，使用异质结构（核/厚壳以及梯度）对应付俄歇问题以及减少载流子表面俘获问题产生了重大影响。然而俄歇复合并不是光电子开发胶体量子点的唯一障碍，还有许多其他物理和工程问题需要克服。超快光谱和单点闪烁/单点光谱为各种类型的俄歇非辐射复合过程（三重子复合、双激子和多激子湮灭）和俄歇介导的载流子捕获机制带来了各种见解[837]。提供的反馈可供化学家生产具有优化结构的量子点，以阻止这些有害的光载流子复合途径。许多研究表明，量子点间断几乎被完全抑制，俄歇寿命延长到可以观察到双激子和三重子辐射[838-840]重组的程度。因此，未来的挑战是扩大水相合成方法的灵活性，以生产这种高质量的异质结构，但要规模化且降低对环境的影响。

尽管已经假定镉和其他重金属基量子点将在生物应用中被完全取代，但镉硫族化物仍广泛用于基础生物学研究领域以及与生物传感、细胞标记和细胞成像研究相关的应用领域，性能越来越稳定并接近商业化。即使CdTe量子点不可能在体内使用，它们仍然在推动实现低毒性替代品和提高PLQY的工作中发挥关键作用，特别是在近红外应用中。银硫族化物和基于$CuInS_2$的量子点的水相合成化学方法得益于II-VI量子点的现有技术，但是这些无重金属的量子点在体内应用方面似乎更加合理。

生物合成为绿色生物工厂提供了在温和的生理条件下生长量子点的可能性，从而使纳米晶体直接具有生物相容性和生物功能性，而无需任何其他步骤。对金属硫属化物量子点形成的反应途径的深入研究仍待加强。这些将为获得具有可调光学特性的生物相容性量子点开辟道路，特别是结合微生物的自然或工程生物学功能，将获得具有特定靶向能力的生物相容性量子点探针。目前，后者仍处于起步阶段。利用此类生物工厂的潜在能力，未来还须进行大量的进一步研究。

具有手性的量子点的发展在吸收光谱中具有圆偏振发光和旋光的附加优点。由于水溶性手性配体的多功能性，对映体量子点可以在水中直接方便地生长。可见光和红外范围内的手性响应在将来也可能被证明具有设备应用优势。可以说，手性材料表现出负折射属性，这会产生许多有用的光电组件，例如仅受材料质量而非阿贝极限限制的透镜等。基于量子点的负折射率材料也显示出强烈的光学非线性，可能会应用于光通信系统。特别是二阶非线性是由于手性系统缺乏反转对称中心，因此消除了在器件制造过程中诱导和锁定荧光团或生色团的极性非中心对称顺序的需求。

总之，量子点的水相合成技术已经发展了30多年，证明是一种稳健的方法，尤其适用于可扩展且与生物相容的纳米晶体生产。水、羟基和其他离子的参与使合成系统比其他方法更为复杂，但这不仅可以通过量子点形成本身的化学性质以及量子点的修饰方式，而且可以结合其他形式的亲水结构以及组装成量子点超结构的多功能性而得到补偿。通过提出改进的材料和新型复杂的混合材料，可以掌握这些学科在纳米材料上的应用。两者都可以带来新的和更好的基于量子点的设备和应用，可以经济地、大规模地制造这些材料，并且对环境的影响最小，而且带来的技术对人类充分利用资源有积极作用。

# 参考文献

[1] Spanhel L, Haase M, Weller H, et al. Photochemistry of Colloidal Semiconductors. 20. Surface Modification and Stability of Strong Luminescing CdS Particles[J]. J Am Chem Soc, 1987, 109: 5649-5655.

[2] Henglein A. Mechanism of Reactions on Colloidal Micro-electrodes and Size Quantization Effects[J]. Top Curr Chem, 1988, 143: 113-180.

[3] Henglein A. Small-Particle Research: Physicochemical Properties of Extremely Small Colloidal Metal and Semiconductor Particles[J]. Chem Rev, 1989, 89: 1861-1873.

[4] Tricot Y M, Fendler J H. Colloidal Catalyst-Coated Semiconductors in Surfactant Vesicles: In Situ Generation of Rh-Coated CdS Particles in Dihexadecylphosphate Vesicles and Their Utilization for Photosensitized Charge Separation and Hydrogen Generation[J]. J Am Chem Soc, 1984, 106: 7359-7366.

[5] Meyer M, Wallberg C, Kurihara K, et al. Photosensitized Charge Separation and Hydrogen-Production in Reversed Micelle Entrapped Platinized Colloidal Cadmium-Sulfide[J]. J Chem Soc Chem Commun, 1984: 90-91.

[6] Fendler J H. Atomic and Molecular Clusters in Membrane Mimetic Chemistry[J]. Chem Rev, 1987, 87: 877-899.

[7] Zhao X K, Baral S, Rolandi R, et al. Semiconductor Particles in Bilayer Lipid-Membranes-Formation, Characterization, and Photoelectrochemistry[J]. J Am Chem Soc, 1988, 110: 1012-1024.

[8] Eychmüller A, Mews A, Weller H. A Quantum-Dot Quantum-Well: CdS/HgS/CdS[J]. Chem Phys Lett, 1993, 208: 59-62.

[9] Mews A, Eychmüller A, Giersig M, et al. Preparation, Characterization, and Photophysics of the Quantum-Dot Quantum-Well System CdS/HgS/CdS[J]. J Phys Chem, 1994, 98: 934-941.

[10] Vossmeyer T, Reck G, Katsikas L, et al. "Double-Diamond Superlattice" Built Up of $Cd_{17}S_4(SCH_2CH_2OH)_{26}$ Clusters[J]. Science, 1995, 267: 1476-1479.

[11] Weller H, Ostermann J, Schmidtke C, et al. Fluorescent Nanocrystals for Biomedical Applications[J]. Z Phys Chem, 2014, 228: 183-192.

[12] Rogach A L, Katsikas L, Kornowski A, et al. Synthesis, Morphology and Optical Properties of Thiol-Stabilized CdTe Nanoclusters in Aqueous Solution[J]. Ber Bunsen-Ges Phys Chem, 1997, 101: 1668-1670.

[13] Rogach A L, Katsikas L, Kornowski A, et al. Synthesis and Characterization of Thiol-Stabilized CdTe Nanocrystals[J]. Ber Bunsen-Ges Phys Chem, 1996, 100: 1772-1778.

[14] Rogach A, Kershaw S, Burt M, et al. Colloidally Prepared HgTe Nanocrystals with Strong Room-Temperature Infrared Luminescence[J]. Adv Mater, 1999, 11: 552-555.

[15] Rogach A L, Kornowski A, Gao M Y, et al. Synthesis and Characterization of a Size Series of Extremely Small Thiol-Stabilized CdSe Nanocrystals[J]. J Phys Chem B, 1999, 103: 3065-3069.

[16] Rogach A, Susha A, Caruso F, et al. Nano- and Microengineering: Three-Dimensional Colloidal Photonic Crystals Prepared From Submicrometer-Sized Polystyrene Latex Spheres Pre-Coated With Luminescent Polyelectrolyte/Nanocrystal Shells[J]. Adv Mater, 2000, 12: 333−337.

[17] Rogach A L. Nanocrystalline CdTe and CdTe(S) Particles: Wet Chemical Preparation, Size-Dependent Optical Properties and Perspectives of Optoelectronic Applications[J]. Mater Sci Eng B, 2000: 69−70, 435−440.

[18] Rogach A L, Harrison M T, Kershaw S V, et al. Colloidally Prepared CdHgTe and HgTe Quantum Dots with Strong Near-Infrared Luminescence[J]. Phys Status Solidi B, 2001, 224: 153−158.

[19] Rogach A L, Franzl T, Klar T A, et al. Aqueous Synthesis of Thiol-Capped CdTe Nanocrystals: State-of-the-Art[J]. J Phys Chem C, 2007, 111: 14628−14637.

[20] Rogach A L, Eychmüller A, Hickey S G, et al. Infrared-Emitting Colloidal Nanocrystals: Synthesis, Assembly, Spectroscopy, and Applications[J]. Small, 2007, 3: 536−557.

[21] Kershaw S V, Susha A S, Rogach A L. Narrow Bandgap Colloidal Metal Chalcogenide Quantum Dots: Synthetic Methods, Heterostructures, Assemblies, Electronic and Infrared Optical Properties[J]. Chem Soc Rev, 2013, 42: 3033−3087.

[22] Kershaw S V, Rogach A L. Infrared Emitting HgTe Quantum Dots and Their Waveguide and Optoelectronic Devices[J]. Z Phys Chem, 2015, 229: 23−64.

[23] Eychmüller A, Rogach A L. Chemistry and Photophysics of Thiol-Stabilized II−VI Semiconductor Nanocrystals[J]. Pure Appl Chem, 2000, 72: 179−188.

[24] Shavel A, Gaponik N, Eychmüller A. Factors Governing the Quality of Aqueous CdTe Nanocrystals: Calculations and Experiment[J]. J Phys Chem B, 2006, 110: 19280−19284.

[25] Gaponik N, Hickey S G, Dorfs D, et al. Progress in the Light Emission of Colloidal Semiconductor Nanocrystals[J]. Small, 2010, 6: 1364−1378.

[26] Lesnyak V, Gaponik N, Eychmüller A. Colloidal Semiconductor Nanocrystals: the Aqueous Approach[J]. Chem Soc Rev, 2013, 42: 2905−2929.

[27] Voitekhovich S V, Lesnyak V, Gaponik N, et al. Tetrazoles: Unique Capping Ligands and Precursors for Nano-structured Materials[J]. Small, 2015, 11: 5728−5739.

[28] Gao M Y, Kirstein S, Möhwald H, et al. Strongly Photoluminescent CdTe Nanocrystals by Proper Surface Modification[J]. J Phys Chem B, 1998, 102: 8360−8363.

[29] Gao M Y, Lesser C, Kirstein S, et al. Electroluminescence of Different Colors from Polycation/CdTe Nanocrystal Self-Assembled Films[J]. J Appl Phys, 2000, 87: 2297−2302.

[30] Zhang H, Zhou Z, Yang B, et al. The Influence of Carboxyl Groups on the Photoluminescence of Mercaptocarboxylic Acid-Stabilized CdTe Nanoparticles[J]. J Phys Chem B, 2003, 107: 8−13.

[31] Bao H B, Gong Y J, Li Z, et al. Enhancement Effect of Illumination on the Photoluminescence of Water-Soluble CdTe Nanocrystals: Toward Highly Fluorescent CdTe/CdS Core-Shell Structure[J]. Chem Mater, 2004, 16: 3853−3859.

[32] Niu H J, Gao M Y. Diameter-Tunable CdTe Nanotubes Templated by 1D Nanowires of Cadmium Thiolate Polymer[J]. Angew Chem Int Ed, 2006, 45: 6462−6466.

[33] Li Y L, Jing L H, Qiao R R, et al. Aqueous Synthesis of CdTe Nanocrystals: Progresses and Perspectives[J]. Chem Commun, 2011, 47: 9293−9311.

[34] Jing L H, Kershaw S V, Kipp T, et al. Insight into Strain Effects on Band Alignment Shifts, Carrier

Localization and Recombination Kinetics in CdTe/CdS Core/Shell Quantum Dots[J]. J Am Chem Soc, 2015, 137: 2073-2084.

[35] Murray C B, Norris D J, Bawendi M G. Synthesis and Characterization of Nearly Monodisperse CdE (E= Sulfur, Selenium, Tellurium) Semiconductor Nanocrystallites[J]. J Am Chem Soc, 1993, 115: 8706-8715.

[36] Alivisatos A P. Semiconductor Clusters, Nanocrystals, and Quantum Dots[J]. Science, 1996, 271: 933-937.

[37] Murray C B, Kagan C R, Bawendi M G. Synthesis and Characterization of Monodisperse Nanocrystals and Close-Packed Nanocrystal Assemblies[J]. Annu Rev Mater Sci, 2000, 30: 545-610.

[38] Alivisatos A P. The Use of Nanocrystals in Biological Detection[J]. Nat Biotechnol, 2004, 22: 47-52.

[39] Medintz I L, Uyeda H T, Goldman E R, et al. Quantum Dot Bioconjugates for Imaging, Labelling and Sensing. Nat[J]. Mater, 2005, 4: 435-446.

[40] Michalet X, Pinaud F F, Bentolila L A, et al. Quantum Dots for Live Cells, in Vivo Imaging, and Diagnostics[J]. Science, 2005, 307: 538-544.

[41] Sargent E H. Infrared Quantum Dots[J]. Adv Mater, 2005, 17: 515-522.

[42] Resch-Genger U, Grabolle M, Cavaliere-Jaricot S, et al. Quantum Dots versus Organic Dyes as Fluorescent Labels[J]. Nat Methods, 2008, 5: 763-775.

[43] Shen S L, Wang Q B. Rational Tuning the Optical Properties of Metal Sulfide Nanocrystals and Their Applications[J]. Chem Mater, 2013, 25: 1166-1178.

[44] Chen O, Zhao J, Chauhan V P, et al. Compact High-Quality CdSe-CdS Core-Shell Nanocrystals with Narrow Emission Linewidths and Suppressed Blinking[J]. Nat Mater, 2013, 12: 445-451.

[45] Bao J, Bawendi M G. A Colloidal Quantum Dot Spectrometer[J]. Nature, 2015, 523: 67-70.

[46] Bruchez M Jr, Moronne M, Gin P, et al. Semiconductor Nanocrystals as Fluorescent Biological Labels[J]. Science, 1998, 281: 2013-2016.

[47] Chan W C W, Nie S M. Quantum Dot Bioconjugates for Ultrasensitive Nonisotopic Detection[J]. Science, 1998, 281: 2016-2018.

[48] Kim S, Lim Y T, Soltesz E G, et al. Near-Infrared Fluorescent Type II Quantum Dots for Sentinel Lymph Node Mapping[J]. Nat Biotechnol, 2004, 22: 93-97.

[49] Gao X H, Cui Y Y, Levenson R M, et al. In Vivo Cancer Targeting and Imaging with Semiconductor Quantum Dots[J]. Nat Biotechnol, 2004, 22: 969-976.

[50] Giepmans B N G, Adams S R, Ellisman M H, et al. The Fluorescent Toolbox for Assessing Protein Location and Function[J]. Science, 2006, 312: 217-224.

[51] Choi H S, Liu W, Misra P, et al. Renal Clearance of Quantum Dots[J]. Nat Biotechnol, 2007, 25: 1165-1170.

[52] Yezhelyev M V, Qi L, O'Regan R M, et al. Proton-Sponge Coated Quantum Dots for siRNA Delivery and Intracellular Imaging[J]. J Am Chem Soc, 2008, 130: 9006-9012.

[53] Gill R, Zayats M, Willner I. Semiconductor Quantum Dots for Bioanalysis[J]. Angew Chem Int Ed, 2008, 47: 7602-7625.

[54] Zrazhevskiy P, Gao X H. Multifunctional Quantum Dots for Personalized Medicine[J]. Nano Today, 2009, 4: 414-428.

[55] Zrazhevskiy P, Sena M, Gao X H. Designing Multifunctional Quantum Dots for Bioimaging, Detection, and Drug Delivery[J]. Chem Soc Rev, 2010, 39: 4326-4354.

[56] Rogach A L, Ogris M. Near-Infrared-Emitting Semiconductor Quantum Dots for Tumor Imaging and

Targeting[J]. Curr Opin Mol Ther, 2010, 12: 331−339.

[57]Mulder W J M, Strijkers G J, Van Tilborg G A F, et al. Nanoparticulate Assemblies of Amphiphiles and Diagnostically Active Materials for Multimodality Imaging[J]. Acc Chem Res, 2009, 42: 904−914.

[58]Geszke-Moritz M, Moritz M. Quantum Dots as Versatile Probes in Medical Sciences: Synthesis, Modification and Properties[J]. Mater Sci Eng C, 2013, 33: 1008−1021.

[59]Sapsford K E, Algar W R, Berti L, et al. Functionalizing Nanoparticles with Biological Molecules: Developing Chemistries that Facilitate Nanotechnology[J]. Chem Rev, 2013, 113: 1904−2074.

[60]Cassette E, Helle M, Bezdetnaya L, et al. Design of New Quantum Dot Materials for Deep Tissue Infrared Imaging[J]. Adv Drug Delivery Rev, 2013, 65: 719−731.

[61]Probst C E, Zrazhevskiy P, Bagalkot V, et al. Quantum Dots as a Platform for Nanoparticle Drug Delivery Vehicle Design[J]. Adv Drug Delivery Rev, 2013, 65: 703−718.

[62]Yao J, Yang M, Duan Y X. Chemistry, Biology, and Medicine of Fluorescent Nanomaterials and Related Systems: New Insights into Biosensing, Bioimaging, Genomics, Diagnostics, and Therapy[J]. Chem Rev, 2014, 114: 6130−6178.

[63]Howes P D, Chandrawati R, Stevens M M. Colloidal Nanoparticles as Advanced Biological Sensors[J]. Science, 2014, 346: 124−390.

[64]Tyrakowski C M, Snee P T. A Primer on the Synthesis, Water-Solubilization, and Functionalization of Quantum Dots, Their Use as Biological Sensing Agents, and Present Status[J]. Phys Chem Chem Phys, 2014, 16: 837−855.

[65]Tonga G Y, Moyano D F, Kim C S, et al. Inorganic Nanoparticles for Therapeutic Delivery: Trials, Tribulations and Promise[J]. Curr Opin Colloid Interface Sci, 2014, 19: 49−55.

[66]Wu P, Yan X P. Doped Quantum Dots for Chemo/Biosensing and Bioimaging[J]. Chem Soc Rev, 2013, 42: 5489−5521.

[67]Wegner K D, Hildebrandt N. Bright and Versatile in Vitro and in Vivo Fluorescence Imaging Biosensors[J]. Chem Soc Rev, 2015, 44: 4792−4834.

[68]Bilan R, Fleury F, Nabiev I, et al. Quantum Dot Surface Chemistry and Functionalization for Cell Targeting and Imaging[J]. Bioconjugate Chem, 2015, 26: 609−624.

[69]Zhan N, Palui G, Mattoussi H. Preparation of Compact Biocompatible Quantum Dots Using Multicoordinating Molecular-Scale Ligands Based on a Zwitterionic Hydrophilic Motif and Lipoic Acid Anchors[J]. Nat Protoc, 2015, 10: 859−874.

[70]Breger J, Delehanty J B, Medintz I L. Continuing Progress Toward Controlled Intracellular Delivery of Semiconductor Quantum Dots[J]. Wiley Interdisciplinary Reviews-Nanomedicine and Nanobiotechnology, 2015, 7: 131−151.

[71] Zhou J, Yang Y, Zhang C. Toward Biocompatible Semiconductor Quantum Dots: From Biosynthesis and Bioconjugation to Biomedical Application[J]. Chem Rev, 2015, 115: 11669−11717.

[72]Kovalenko M V, Manna L, Cabot A, et al. Prospects of Nanoscience with Nanocrystals[J]. ACS Nano, 2015, 9: 1012−1057.

[73]Silvi S, Credi A. Luminescent Sensors Based on Quantum Dot-Molecule Conjugates[J]. Chem Soc Rev, 2015, 44: 4275−4289.

[74]Kobayashi H, Hama Y, Koyama Y, et al. Simultaneous Multicolor Imaging of Five Different Lymphatic

Basins Using Quantum Dots[J]. Nano Lett, 2007, 7: 1711−1716.

[75]Colvin V L, Schlamp M C, Alivisatos A P. Light-Emitting-Diodes Made from Cadmium Selenide Nanocrystals and a Semiconducting Polymer[J]. Nature, 1994, 370: 354−357.

[76]Rogach A L, Gaponik N, Lupton J M, et al. Light-Emitting Diodes with Semiconductor Nanocrystals[J]. Angew Chem Int Ed, 2008, 47: 6538−6549.

[77]Salter C L, Stevenson R M, Farrer I, et al. An Entangled-Light-Emitting Diode[J]. Nature, 2010, 465: 594−597.

[78]McDonald S A, Konstantatos G, Zhang S G, et al. Solution-Processed PbS Quantum Dot Infrared Photodetectors and Photovoltaics[J]. Nat Mater, 2005, 4: 138−142.

[79]Gaponik N, Rogach A L. Thiol-Capped CdTe Nanocrystals: Progress and Perspectives of the Related Research Fields[J]. Phys Chem Phys, 2010, 12: 8685−8693.

[80]Erdem T, Demir H V. Semiconductor Nanocrystals as Rare-Earth Alternatives[J]. Nat Photonics, 2011, 5: 126−126.

[81]Nozik A J, Beard M C, Luther J M, et al. Semiconductor Quantum Dots and Quantum Dot Arrays and Applications of Multiple Exciton Generation to Third-Generation Photovoltaic Solar Cells[J]. Chem Rev, 2010, 110: 6873−6890.

[82]Gaponik N, Herrmann A K, Eychmüller A. Colloidal Nanocrystal-Based Gels and Aerogels: Material Aspects and Application Perspectives[J]. J Phys Chem Lett, 2012, 3: 8−17.

[83]Talapin D V, Lee J S, Kovalenk M V, et al. Prospects of Colloidal Nanocrystals for Electronic and Optoelectronic Applications[J]. Chem Rev, 2010, 110: 389−458.

[84]Hetsch F, Xu X, Wang H, et al. Semiconductor Nanocrystal Quantum Dots as Solar Cell Components and Photosensitizers: Material, Charge Transfer, and Separation Aspects of Some Device Topologies[J]. J Phys Chem Lett, 2011, 2: 1879−1887.

[85]Kim J Y, Voznyy O, Zhitomirsky D, et al. 25th Anniversary Article: Colloidal Quantum Dot Materials and Devices: A Quarter-Century of Advances[J]. Adv Mater, 2013, 25: 4986−5010.

[86]Meinardi F, Colombo A, Velizhanin K A, et al. Large-Area Luminescent Solar Concentrators Based on 'Stokes-Shift-Engineered' Nanocrystals in A Mass-Polymerized PMMA Matrix[J]. Nat Photonics, 2014, 8: 392−399.

[87]Kramer I J, Sargent E H. The Architecture of Colloidal Quantum Dot Solar Cells: Materials to Devices[J]. Chem Rev, 2014, 114: 863−882.

[88]Hines D A, Kamat P V. Recent Advances in Quantum Dot Surface Chemistry[J]. ACS Appl Mater Interfaces, 2014, 6: 3041−3057.

[89]Meinardi F, McDaniel H, Carulli F, et al. Highly Efficient Large-Area Colourless Luminescent Solar Concentrators Using Heavy-Metal-Free Colloidal Quantum Dots[J]. Nat Nanotechnol, 2015, 10: 878−885.

[90]Carey G H, Abdelhady A L, Ning Z, et al. Colloidal Quantum Dot Solar Cells[J]. Chem Rev, 2015, 115: 12732−12763.

[91]Hens Z. Economical Routes to Colloidal Nanocrystals[J]. Science, 2015, 348: 1211−1212.

[92]Dai X, Zhang Z, Jin Y, et al. Solution-Processed, High-Performance Light-Emitting Diodes Based on Quantum Dots[J]. Nature, 2014, 515: 96−99.

[93]Dabbousi B O, Rodriguez-Viejo J, Heine J R, et al. (CdSe)ZnS Core-Shell Quantum Dots: Synthesis and

Optical and Structural Characterization of a Size Series of Highly Luminescent Materials[J]. J Phys Chem B, 1997, 101: 9463−9475.

[94] Peng X G, Schlamp M C, Kadavanich A V, et al. Epitaxial Growth of Highly Luminescent CdSe/CdS Core/Shell Nanocrystals with Photostability and Electronic Accessibility[J]. J Am Chem Soc, 1997, 119: 7019−7029.

[95] Peng X G, Wickham J, Alivisatos A P. Kinetics of II−VI and III−V Colloidal Semiconductor Nanocrystal Growth: "Focusing" of Size Distributions[J]. J Am Chem Soc, 1998, 120: 5343−5344.

[96] Peng X G, Manna L, Yang W D, et al. Shape Control of CdSe Nanocrystals[J]. Nature, 2000, 404: 59−61.

[97] Yu W W, Wang Y A, Peng X G. Formation and Stability of Size-, Shape-, and Structure-Controlled CdTe Nanocrystals: Ligand Effects on Monomers and Nanocrystals[J]. Chem Mater, 2003, 15: 4300−4308.

[98] van Embden J, Chesman A S R, Jasieniak J J. The Heat-Up Synthesis of Colloidal Nanocrystals[J]. Chem Mater, 2015, 27: 2246−2285.

[99] Cui R, Liu H H, Xie H Y, et al. Living Yeast Cells as a Controllable Biosynthesizer for Fluorescent Quantum Dots[J]. Adv Funct Mater, 2009, 19: 2359−2364.

[100] Sturzenbaum S R, Hockner M, Panneerselvam A, et al. Biosynthesis of Luminescent Quantum Dots in an Earthworm[J]. Nat Nanotechnol, 2013, 8: 57−60.

[101] Zhou Y L, Zhu Z N, Huang W X, et al. Optical Coupling Between Chiral Biomolecules and Semiconductor Nanoparticles: Size-Dependent Circular Dichroism Absorption[J]. Angew Chem Int Ed, 2011, 50: 11456−11459.

[102] Zhou Y L, Yang M, Sun K, et al. Similar Topological Origin of Chiral Centers in Organic and Nanoscale Inorganic Structures: Effect of Stabilizer Chirality on Optical Isomerism and Growth of CdTe Nanocrystals[J]. J Am Chem Soc, 2010, 132: 6006−6013.

[103] Hinds S, Taft B J, Levina L, et al. Nucleotide-Directed Growth of Semiconductor Nanocrystals[J]. J Am Chem Soc, 2006, 128: 64−65.

[104] Tikhomirov G, Hoogland S, Lee P E, et al. DNA-Based Programming of Quantum Dot Valency, Self-Assembly and Luminescence[J]. Nat Nanotechnol, 2011, 6: 485−490.

[105] Ma N, Tikhomirov G, Kelley S O. Nucleic Acid-Passivated Semiconductor Nanocrystals: Biomolecular Templating of Form and Function[J]. Acc Chem Res, 2010, 43: 173−180.

[106] Ma N, Sargent E H, Kelley S O. One-Step DNA-Programmed Growth of Luminescent and Biofunctionalized Nanocrystals[J]. Nat Nanotechnol, 2009, 4: 121−125.

[107] Deng Z T, Samanta A, Nangreave J, et al. Robust DNA-Functionalized Core/Shell Quantum Dots with Fluorescent Emission Spanning from UV-Vis to Near-IR and Compatible with DNA-Directed Self-Assembly[J]. J Am Chem Soc, 2012, 134: 17424−17427.

[108] Ruhle S, Shalom M, Zaban A. Quantum-Dot-Sensitized Solar Cells[J]. Chem Phys Chem, 2010, 11: 2290−2304.

[109] Sargent E H. Colloidal Quantum Dot Solar Cells[J]. Nat Photonics, 2012, 6: 133−135.

[110] Kim M R, Xu Z, Chen G, et al. Semiconductor and Metallic Core−Shell Nanostructures: Synthesis and Applications in Solar Cells and Catalysis[J]. Chem - Eur J, 2014, 20: 11256−11275.

[111] Lan X, Masala S, Sargent E H. Charge-Extraction Strategies for Colloidal Quantum Dot Photovoltaics[J]. Nat Mater, 2014, 13: 233−240.

[112] Greenham N C, Peng X, Alivisatos A P. Charge Separation and Transport in Conjugated-Polymer/Semiconductor-Nanocrystal Composites Studied by Photoluminescence Quenching and Photoconductivity[J]. Phys Rev B: Condens Matter Mater Phys, 1996, 54: 17628−17637.

[113] Leatherdale C A, Kagan C R, Morgan N Y, et al. Photoconductivity in CdSe Quantum Dot Solids[J]. Phys Rev B: Condens Matter Mater Phys, 2000, 62: 2669−2680.

[114] Jiang X, Schaller R D, Lee S B, et al. PbSe Nanocrystal/Conducting Polymer Solar Cells with an Infrared Response to 2 Micron[J]. J Mater Res, 2007, 22: 2204−2210.

[115] Sargent E H. Solar Cells Photodetectors and Optical Sources from Infrared Colloidal Quantum Dots[J]. Adv Mater, 2008, 20: 3958−3964.

[116] Konstantatos G, Sargent E H. Nanostructured Materials for Photon Detection[J]. Nat Nanotechnol, 2010, 5: 391−400.

[117] Konstantatos G, Sargent E H. Colloidal Quantum Dot Photodetectors. Infrared Phys[J]. Technol, 2011, 54: 278−282.

[118] Graetzel M. Artificial Photosynthesis: Water Cleavage into Hydrogen and Oxygen by Visible Light[J]. Acc Chem Res, 1981, 14: 376−384.

[119] Darwent J R, Porter G. Photochemical Hydrogen Production Using Cadmium Sulphide Suspensions in Aerated Water[J]. J Chem Soc Chem Commun, 1981: 145−146.

[120] Darwent J R. $H_2$ Production Photosensitized by Aqueous Semiconductor Dispersions[J]. J Chem Soc Faraday Trans 2, 1981, 77: 1703−1709.

[121] Kalyanasundaram K, Borgarello E, Graetzel M. Visible Light Induced Water Cleavage in CdS Dispersions Loaded with Pt and $RuO_2$, Hole Scavenging by $RuO_2$[J]. Helv Chim Acta, 1981, 64: 362−366.

[122] Amirav L, Alivisatos A P. Photocatalytic Hydrogen Production with Tunable Nanorod Heterostructures[J]. J Phys Chem Lett, 2010, 1: 1051−1054.

[123] Berr M J, Wagner P, Fischbach S, et al. Hole Scavenger Redox Potentials Determine Quantum Efficiency and Stability of Pt-Decorated CdS Nanorods for Photocatalytic Hydrogen Generation[J]. Appl Phys Lett 2012, 100: 223903.

[124] Vaneski A, Susha A S, Rodríguez-Fernandez J, et al. Hybrid Colloidal Hetero-structures of Anisotropic Semiconductor Nanocrystals Decorated with Noble Metals: Synthesis and Function[J]. Adv Funct Mater, 2011, 21: 1547−1556.

[125] Brown K A, Dayal S, Ai X, et al. Controlled Assembly of Hydrogenase-CdTe Nanocrystal Hybrids for Solar Hydrogen Production[J]. J Am Chem Soc, 2010, 132: 9672−9680.

[126] Brown K A, Wilker M B, Boehm M, et al. Characterization of Photochemical Processes for $H_2$ Production by CdS Nanorod−[FeFe] Hydrogenase Complexes[J]. J Am Chem Soc, 2012, 134: 5627−5636.

[127] Reiss P, Protiere M, Li L. Core/Shell Semiconductor Nanocrystals[J]. Small, 2009, 5: 154−168.

[128] Pearson R G. Hard and Soft Acids and Bases[J]. J Am Chem Soc, 1963, 85: 3533−3539.

[129] Parr R G, Pearson R G. Absolute Hardness − Companion Parameter to Absolute Electronegativity[J]. J Am Chem Soc, 1983, 105: 7512−7516.

[130] Gupta S, Kershaw S V, Rogach A L. 25th Anniversary Article: Ion Exchange in Colloidal Nanocrystals[J]. Adv Mater, 2013, 25: 6923−6944.

[131] Buketov E A, Ugorets M Z, Pashinkin A S. Solubility Products and Entropies of Sulfides, Selenides and

Tellurides[J]. Russ J Inorg Chem, 1964, 9: 292-294.

[132] Licht S. Aqueous Solubilities, Solubility Products and Standard Oxidation-Reduction Potentials of the Metal Sulfides[J]. J Electrochem Soc, 1988, 135: 2971-2975.

[133] Moon G D, Ko S, Xia Y N, et al. Chemical Transformations in Ultrathin Chalcogenide Nanowires[J]. ACS Nano, 2010, 4: 2307-2319.

[134] Gaponik N, Talapin D V, Rogach A L, et al. Thiol-Capping of CdTe Nanocrystals: An Alternative to Organometallic Synthetic Routes[J]. J Phys Chem B, 2002, 106: 7177-7185.

[135] Li L, Qian H F, Fang N H, et al. Significant Enhancement of the Quantum Yield of CdTe Nanocrystals Synthesized in Aqueous Phase by Controlling the pH and Concentrations of Precursor Solutions[J]. J Lumin, 2006, 116: 59-66.

[136] Tomasulo M, Yildiz I, Kaanumalle S L, et al. pH-Sensitive Ligand for Luminescent Quantum Dots[J]. Langmuir, 2006, 22: 10284-10290.

[137] Jeong S, Achermann M, Nanda J, et al. Effect of the Thiol-Thiolate Equilibrium on the Photophysical Properties of Aqueous CdSe/ZnS Nanocrystal Quantum Dots[J]. J Am Chem Soc, 2005, 127: 10126-10127.

[138] Xu S H, Wang C L, Xu Q Y, et al. Key Roles of Solution pH and Ligands in the Synthesis of Aqueous ZnTe Nanoparticles[J]. Chem Mater, 2010, 22: 5838-5844.

[139] Cheng T, Li D M, Li J, et al. Aqueous Synthesis of High-Fluorescence ZnTe Quantum Dots[J]. J Mater Sci: Mater Electron, 2015, 26: 4062-4068.

[140] de Mello Donega C. Synthesis and Properties of Colloidal Heteronanocrystals[J]. Chem Soc Rev, 2011, 40: 1512-1546.

[141] Fang Z, Liu L, Xu L L, et al. Synthesis of Highly Stable Dihydrolipoic Acid Capped Water-Soluble CdTe Nanocrystals[J]. Nanotechnology, 2008, 19: 235603.

[142] Zhang J, Li J, Zhang J X, et al. Aqueous Synthesis of ZnSe Nanocrystals by Using Glutathione As Ligand: The pH-Mediated Coordination of $Zn^{2+}$ with Glutathione[J]. J Phys Chem C, 2010, 114: 11087-11091.

[143] Dance I G, Scudder M L, Secomb R. Cadmium Thiolates Tetrahedral $CdS_4$ and Dodecahedral $CdS_4O_4$ Coordination in Catena-Bis(Carbethoxymethanethiolato)Cadmium(II)[J]. Inorg Chem, 1983, 22: 1794-1797.

[144] Krezel A, Bal W. Coordination Chemistry of Glutathione[J]. Acta Biochim Polym, 1999, 46: 567-580.

[145] Efros A L, Efros A L. Interband Absorption of Light in a Semiconductor Sphere[J]. Sov Phys Semicond, 1982, 16: 772-775.

[146] Brus L E. A Simple-Model for the Ionization-Potential, Electron-Affinity, and Aqueous Redox Potentials of Small Semiconductor Crystallites[J]. J Chem Phys, 1983, 79: 5566-5571.

[147] Brus L E. Electron-Electron and Electron-Hole Interactions in Small Semiconductor Crystallites: The Size Dependence of the Lowest Excited Electronic State[J]. J Chem Phys, 1984, 80: 4403-4409.

[148] Rossetti R, Ellison J L, Gibson J M, et al. Size Effects in the Excited Electronic States of Small Colloidal CdS Crystallites[J]. J Chem Phys, 1984, 80: 4464-4469.

[149] Weller H, Koch U, Gutierrez M, et al. Photo-chemistry of Colloidal Metal Sulfides. 7. Absorption and Fluorescence of Extremely Small ZnS Particles — — the World of the Neglected Dimensions[J]. Ber Bunsenges Phys Chem, 1984, 88: 649-656.

[150] Rossetti R, Hull R, Gibson J M, et al. Excited Electronic States and Optical-Spectra of ZnS and CdS Crystallites in the $\cong$15 to 50 Å Size Range - Evolution from Molecular to Bulk Semiconducting Properties[J].

J Chem Phys, 1985, 82: 552−559.

[151] Nozik A J, Williams F, Nenadovic M T, et al. Size Quantization in Small Semiconductor Particles[J]. J Phys Chem, 1985, 89: 397−399.

[152] Weller H, Fojtik A, Henglein A. Photochemistry of Semiconductor Colloids - Properties of Extremely Small Particles of $Cd_3P_2$ and $Zn_3P_2$[J]. Chem Phys Lett, 1985, 117: 485−488.

[153] Dannhauser T, O'Neil M, Johansson K, et al. Photophysics of Quantized Colloidal Semiconductors Dramatic Luminescence Enhancement by Binding of Simple Amines[J]. J Phys Chem, 1986, 90: 6074−6076.

[154] Fojtik A, Weller H, Henglein A. Photochemistry of Semiconductor Colloids. 11. Size Quantization Effects in Q-Cadmium Arsenide[J]. Chem Phys Lett, 1985, 120: 552−554.

[155] Resch U, Weller H, Henglein A. Photochemistry and Radiation-Chemistry of Colloidal Semiconductors. 33. Chemical-Changes and Fluorescence in CdTe and ZnTe[J]. Langmuir, 1989, 5: 1015−1020.

[156] Vossmeyer T, Katsikas L, Giersig M, et al. CdS Nanoclusters: Synthesis, Characterization, Size Dependent Oscillator Strength, Temperature Shift of the Excitonic Transition Energy, and Reversible Absorbance Shift[J]. J Phys Chem, 1994, 98: 7665−7673.

[157] Zhu X, Chass G A, Kwek L C, et al. Excitonic Character in Optical Properties of Tetrahedral CdX (X = S, Se, Te) Clusters[J]. J Phys Chem C, 2015, 119: 29171−29177.

[158] Vossmeyer T, Reck G, Schulz B, et al. Double-Layer Superlattice Structure Built Up of $Cd_{32}S_{14}[SCH_2CH-(OH)CH_3]_{36} \cdot 4H_2O$ Clusters[J]. J Am Chem Soc, 1995, 117: 12881−12882.

[159] Rajh T, Micic O I, Nozik A J. Synthesis and Characterization of Surface-Modified Colloidal Cadmium Telluride Quantum Dots[J]. J Phys Chem, 1993, 97: 11999−12003.

[160] Guo J, Yang W L, Wang C C. Systematic Study of the Photoluminescence Dependence of Thiol-Capped CdTe Nanocrystals on the Reaction Conditions[J]. J Phys Chem B, 2005, 109: 17467−17473.

[161] Zou L, Gu Z Y, Zhang N, et al. Ultrafast Synthesis of Highly Luminescent Green- to Near Infrared-Emitting CdTe Nanocrystals in Aqueous Phase[J]. J Mater Chem, 2008, 18: 2807−2815.

[162] Priyam A, Ghosh S, Bhattacharya S C, et al. Supersaturation Driven Tailoring of Photoluminescence Efficiency and Size Distribution: A Simplified Aqueous Approach for Producing High-Quality, Biocompatible Quantum Dots[J]. J Colloid Interface Sci, 2009, 333: 195−201.

[163] Zhang H, Wang D Y, Yang B, et al. Manipulation of Aqueous Growth of CdTe Nanocrystals to Fabricate Colloidally Stable One-Dimensional Nanostructures[J]. J Am Chem Soc, 2006, 128: 10171−10180.

[164] Tang Z Y, Kotov N A, Giersig M. Spontaneous Organization of Single CdTe Nanoparticles into Luminescent Nanowires[J]. Science, 2002, 297: 237−240.

[165] Srivastava S, Santos A, Critchley K, et al. Light-Controlled Self-Assembly of Semiconductor Nanoparticles into Twisted Ribbons[J]. Science, 2010, 327: 1355−1359.

[166] Deng D W, Gu Y Q. In Reporters, Markers, Dyes, Nanoparticles, and Molecular Probes for Biomedical Applications[M]//Achilefu S, Raghavachari R. Proceedings of SPIE 7190, Bellingham, WA: Society of Photo-Optical Instrumentation Engineers, 2009.

[167] Wu K F, Li Q Y, Jia Y Y, et al. Efficient and Ultrafast Formation of Long-Lived Charge-Transfer Exciton State in Atomically Thin Cadmium Selenide/Cadmium Telluride Type-II Heteronanosheets[J]. ACS Nano, 2015, 9: 961−968.

[168] Zhang H, Wang L P, Xiong H M, et al. Hydrothermal Synthesis for High-Quality CdTe Nanocrystals[J]. Adv

Mater, 2003, 15: 1712−1715.

[169] Li L, Qian H F, Ren J C. Rapid Synthesis of Highly Luminescent CdTe Nanocrystals in the Aqueous Phase by Microwave Irradiation with Controllable Temperature[J]. Chem Commun, 2005: 528−530.

[170] He Y, Sai L M, Lu H T, et al. Microwave-Assisted Synthesis of Water-Dispersed CdTe Nanocrystals with High Luminescent Efficiency and Narrow Size Distribution[J]. Chem Mater, 2007, 19: 359−365.

[171] He Y, Lu H T, Sai L M, et al. Synthesis of CdTe Nanocrystals through Program Process of Microwave Irradiation[J]. J Phys Chem B, 2006, 110: 13352−13356.

[172] Baghbanzadeh M, Carbone L, Cozzoli P D, et al. Microwave-Assisted Synthesis of Colloidal Inorganic Nanocrystals[J]. Angew Chem Int Ed, 2011, 50: 11312−11359.

[173] Shavel A, Gaponik N, Eychmüller A. Efficient UV-Blue Photoluminescing Thiol-Stabilized Water-Soluble Alloyed ZnSe(S) Nanocrystals[J]. J Phys Chem B, 2004, 108: 5905−5908.

[174] Lan G Y, Lin Y W, Huang Y F, et al. Photo-Assisted Synthesis of Highly Fluorescent ZnSe(S) Quantum Dots in Aqueous Solution[J]. J Mater Chem, 2007, 17: 2661−2666.

[175] Jiang F, Muscat A J. Ligand-Controlled Growth of ZnSe Quantum Dots in Water during Ostwald Ripening[J]. Langmuir, 2012, 28: 12931−12940.

[176] Wang C, Hu Z, Xu S, et al. Caution for Monitoring the Surface Modification of Dually Emitted ZnSe Quantum Dots by Time-Resolved Photoluminescence[J]. Nanotechnology, 2015, 26: 125703.

[177] Qian H F, Dong C Q, Weng J F, et al. Facile One-Pot Synthesis of Luminescent, Water-Soluble, and Biocompatible Glutathione-Coated CdTe Nanocrystals[J]. Small, 2006, 2: 747−751.

[178] Yu Y X, Zhang K X, Sun S Q. One-Pot Aqueous Synthesis of Near Infrared Emitting PbS Quantum Dots[J]. Appl Surf Sci, 2012, 258: 7181−7187.

[179] Deng D W, Zhang W H, Chen X Y, et al. Facile Synthesis of High-Quality, Water-Soluble, Near-Infrared-Emitting PbS Quantum Dots[J]. Eur J Inorg Chem, 2009: 3440−3446.

[180] Primera-Pedrozo O M, Arslan Z, Rasulev B, et al. Room temperature Synthesis of PbSe Quantum Dots in Aqueous Solution: Stabilization by Interactions with Ligands[J]. Nanoscale, 2012, 4: 1312−1320.

[181] Harrison M T, Kershaw S V, Burt M G, et al. Investigation of Factors Affecting the Photoluminescence of Colloidally-Prepared HgTe Nanocrystals[J]. J Mater Chem, 1999, 9: 2721−2722.

[182] Kovalenko M V, Kaufmann E, Pachinger D, et al. Colloidal HgTe Nanocrystals with Widely Tunable Narrow Band Gap Energies: From Telecommunications to Molecular Vibrations[J]. J Am Chem Soc, 2006, 128: 3516−3517.

[183] Chen M Y, Yu H, Kershaw S V, et al. Fast, Air-Stable Infrared Photodetectors based on Spray-Deposited Aqueous HgTe Quantum Dots[J]. Adv Funct Mater, 2014, 24: 53−59.

[184] Zhu C N, Jiang P, Zhang Z L, et al. $Ag_2Se$ Quantum Dots with Tunable Emission in the Second Near-Infrared Window[J]. ACS Appl Mater Interfaces, 2013, 5: 1186−1189.

[185] Tan L J, Wan A J, Zhao T T, et al. Aqueous Synthesis of Multidentate-Polymer-Capping $Ag_2Se$ Quantum Dots with Bright Photoluminescence Tunable in a Second Near-Infrared Biological Window[J]. ACS Appl Mater Interfaces, 2014, 6: 6217−6222.

[186] Wang C X, Wang Y, Xu L, et al. Facile Aqueous-Phase Synthesis of Biocompatible and Fluorescent $Ag_2S$ Nanoclusters for Bioimaging: Tunable Photoluminescence from Red to Near Infrared[J]. Small, 2012, 8: 3137−3142.

[187] Gui R J, Jin H, Wang Z H, et al. Recent Advances in Synthetic Methods and Applications of Colloidal Silver Chalcogenide Quantum Dots[J]. Coord Chem Rev, 2015, 296: 91−124.

[188] Yang M, Gui R J, Jin H, et al. $Ag_2Te$ Quantum Dots with Compact Surface Coatings of Multivalent Polymers: Ambient One-Pot Aqueous Synthesis and the Second Near-Infrared Bioimaging[J]. Colloids Surf B, 2015, 126: 115−120.

[189] Hocaoglu I, Cizmeciyan M N, Erdem R, et al. Development of Highly Luminescent and Cytocompatible Near-IR-Emitting Aqueous $Ag_2S$ Quantum Dots[J]. J Mater Chem, 2012, 22: 14674−14681.

[190] Duman F D, Hocaoglu I, Ozturk D G, et al. Highly Luminescent and Cytocompatible Cationic $Ag_2S$ NIR-Emitting Quantum Dots for Optical Imaging and Gene Transfection[J]. Nanoscale, 2015, 7: 11352−11362.

[191] Xiong W W, Yang G H, Wu X C, et al. Aqueous Synthesis of Color-Tunable $CuInS_2$/ZnS Nanocrystals for the Detection of Human Interleukin 6[J]. ACS Appl Mater Interfaces, 2013, 5: 8210−8216.

[192] Chen Y Y, Li S J, Huang L J, et al. Green and Facile Synthesis of Water-Soluble Cu-In-S/ZnS Core/Shell Quantum Dots[J]. Inorg Chem, 2013, 52: 7819−7821.

[193] Liu S, Zhang H, Qiao Y, et al. One-Pot Synthesis of Ternary $CuInS_2$ Quantum Dots with Near-Infrared Fluorescence in Aqueous Solution[J]. RSC Adv, 2012, 2: 819−825.

[194] Guo W S, Sun X L, Jacobson O, et al. Intrinsically Radioactive [$^{64}Cu$]CuInS/ZnS Quantum Dots for PET and Optical Imaging: Improved Radiochemical Stability and Controllable Cerenkov Luminescence[J]. ACS Nano, 2015, 9: 488−495.

[195] Xiong W W. Yang G H, Wu X C, et al. Microwave-Assisted Synthesis of Highly Luminescent $AgInS_2$/ZnS Nanocrystals for Dynamic Intracellular Cu(II) Detection[J]. J Mater Chem B, 2013, 1: 4160−4165.

[196] Regulacio M D, Win K Y, Lo S L, et al. Aqueous Synthesis of Highly Luminescent $AgInS_2$-ZnS Quantum Dots and Their Biological Applications[J]. Nanoscale, 2013, 5: 2322−2327.

[197] Kang X J, Huang L J, Yang Y C, et al. Scaling up the Aqueous Synthesis of Visible Light Emitting Multinary $AgInS_2$/ZnS Core/Shell Quantum Dots[J]. J Phys Chem C, 2015, 119: 7933−7940.

[198] Barnham K, Marques J L, Hassard J, et al. Quantum-Dot Concentrator and Thermodynamic Model for the Global Redshift[J]. Appl Phys Lett, 2000, 76: 1197−1199.

[199] Akhavan S, Cihan A F, Bozok B, et al. Nanocrystal Skins with Exciton Funneling for Photosensing[J]. Small, 2014, 10: 2470−2475.

[200] Xu F, Ma X, Haughn C R, et al. Efficient Exciton Funneling in Cascaded PbS Quantum Dot Superstructures[J]. ACS Nano, 2011, 5: 9950−9957.

[201] Gaponik N, Radtchenko I L, Sukhorukov G B, et al. Toward Encoding Combinatorial Libraries: Charge-Driven Microencapsulation of Semiconductor Nanocrystals Luminescing in the Visible and Near IR[J]. Adv Mater, 2002, 14: 879−882.

[202] Lovric J, Bazzi H S, Cuie Y, et al. Differences in Subcellular Distribution and Toxicity of Green and Red Emitting CdTe Quantum Dots[J]. J Mol Med, 2005, 83: 377−385.

[203] Klimov V I, Ivanov S A, Nanda J, et al. Single-Exciton Optical Gain in Semiconductor Nanocrystals[J]. Nature, 2007, 447: 441−446.

[204] LaMer V K, Dinegar R H. Theory, Production and Mechanism of Formation of Monodispersed Hydrosols[J]. J Am Chem Soc, 1950, 72: 4847−4854.

[205] Xie R G, Li Z, Peng X G. Nucleation Kinetics vs Chemical Kinetics in the Initial Formation of Semiconductor Nanocrystals[J]. J Am Chem Soc, 2009, 131: 15457-15466.

[206] Talapin D V, Rogach A L, Haase M, et al. Evolution of an Ensemble of Nanoparticles in a Colloidal Solution: Theoretical Study[J]. J Phys Chem B, 2001, 105: 12278-12285.

[207] van Embden J, Sader J E, Davidson M, et al. Evolution of Colloidal Nanocrystals: Theory and Modeling of their Nucleation and Growth[J]. J Phys Chem C, 2009, 113: 16342-16355.

[208] Park J, Joo J, Kwon S G, et al. Synthesis of Monodisperse Spherical Nanocrystals[J]. Angew Chem Int Ed, 2007, 46: 4630-4660.

[209] Lifshitz I M, Slyozov V V. The Kinetics of Precipitation from Supersaturated Solid Solutions[J]. J Phys Chem Solids, 1961, 19: 35-50.

[210] Wagner C. Theorie der Alterung von Niederschlägen durch Umlösen (Ostwald-Reifung)[J]. Z Elektrochem, 1961, 65: 581-591.

[211] Talapin D V, Rogach A L, Shevchenko E V, et al. Dynamic Distribution of Growth Rates within the Ensembles of Colloidal II-VI and III-V Semiconductor Nanocrystals as a Factor Governing Their Photoluminescence Efficiency[J]. J Am Chem Soc, 2002, 124: 5782-5790.

[212] Yin Y, Alivisatos A P. Colloidal Nanocrystal Synthesis and the Organic-Inorganic Interface[J]. Nature, 2005, 437: 664-670.

[213] Wang C L, Zhang H, Xu S H, et al. Sodium-Citrate-Assisted Synthesis of Aqueous CdTe Nanocrystals: Giving New Insight into the Effect of Ligand Shell[J]. J Phys Chem C, 2009, 113: 827-833.

[214] Yuwen L H, Lu H T, He Y, et al. A Facile Low Temperature Growth of CdTe Nanocrystals Using Novel Dithiocarbamate Ligands in Aqueous Solution[J]. J Mater Chem, 2010, 20: 2788-2793.

[215] Du Y P, Xu B, Fu T, et al. Near-Infrared Photoluminescent $Ag_2S$ Quantum Dots from a Single Source Precursor[J]. J Am Chem Soc, 2010, 132: 1470-1471.

[216] Leon-Velazquez M S, Irizarry R, Castro-Rosario M E. Nucleation and Growth of Silver Sulfide Nanoparticles[J]. J Phys Chem C, 2010, 114: 5839-5849.

[217] Yarema M, Pichler S, Sytnyk M, et al. Infrared Emitting and Photoconducting Colloidal Silver Chalcogenide Nanocrystal Quantum Dots from a Silylamide-Promoted Synthesis[J]. ACS Nano, 2011, 5: 3758-3765.

[218] Gu Y P, Cui R, Zhang Z L, et al. Ultrasmall Near-Infrared $Ag_2Se$ Quantum Dots with Tunable Fluorescence for in vivo Imaging[J]. J Am Chem Soc, 2012, 134: 79-82.

[219] Hong G S, Robinson J T, Zhang Y J, et al. In Vivo Fluorescence Imaging with $Ag_2S$ Quantum Dots in the Second Near-Infrared Region[J]. Angew Chem Int Ed, 2012, 51: 9818-9821.

[220] Zhang Y, Hong G S, Zhang Y J, et al. $Ag_2S$ Quantum Dot: A Bright and Biocompatible Fluorescent Nanoprobe in the Second Near-Infrared Window[J]. ACS Nano, 2012, 6: 3695-3702.

[221] Ge J P, Xu S, Liu L P, et al. A Positive-Microemulsion Method for Preparing Nearly Uniform $Ag_2Se$ Nanoparticles at Low Temperature[J]. Chem - Eur J, 2006, 12: 3672-3677.

[222] Gui R J, Sun J, Liu D X, et al. A Facile Cation Exchange-Based Aqueous Synthesis of Highly Stable and Biocompatible $Ag_2S$ Quantum Dots Emitting in the Second Near-Infrared Biological Window[J]. Dalton Trans, 2014, 43: 16690-16697.

[223] Tan L J, Wan A J, Li H L. Conjugating S-Nitrosothiols with Glutathiose Stabilized Silver Sulfide Quantum Dots for Controlled Nitric Oxide Release and Near-Infrared Fluorescence Imaging[J]. ACS Appl Mater

Interfaces, 2013, 5: 11163−11171.

[224] Hocaoglu I, Demir F, Birer O, et al. Emission Tunable, Cyto/Hemocompatible, Near-IR-Emitting $Ag_2S$ Quantum Dots by Aqueous Decomposition of DMSA[J]. Nanoscale, 2014, 6: 11921−11931.

[225] Chen J, Zhang T, Feng L L, et al. Synthesis of Ribonuclease-A Conjugated $Ag_2S$ Quantum Dots Clusters via Biomimetic Route[J]. Mater Lett, 2013, 96: 224−227.

[226] Wang Y, Yan X P. Fabrication of Vascular Endothelial Growth Factor Antibody Bioconjugated Ultrasmall Near-Infrared Fluorescent $Ag_2S$ Quantum Dots for Targeted Cancer Imaging in Vivo[J]. Chem Commun, 2013, 49: 3324−3326.

[227] Yang H Y, Zhao Y W, Zhang Z Y, et al. One-Pot Synthesis of Water-Dispersible $Ag_2S$ Quantum Dots with Bright Fluorescent Emission in the Second Near-Infrared Window[J]. Nanotechnology, 2013, 24: 055706.

[228] Gui R J, Wan A J, Liu X F, et al. Water-Soluble Multidentate Polymers Compactly Coating $Ag_2S$ Quantum Dots with Minimized Hydrodynamic Size and Bright Emission Tunable From Red to Second Near-Infrared Region[J]. Nanoscale, 2014, 6: 5467−5473.

[229] Chen B K, Zhong H Z, Zhang W Q, et al. Highly Emissive and Color-Tunable $CuInS_2$-Based Colloidal Semiconductor Nanocrystals: Off-Stoichiometry Effects and Improved Electro-luminescence Performance[J]. Adv Funct Mater, 2012, 22: 2081−2088.

[230] Zhong H Z, Bai Z L, Zou B S. Tuning the Luminescence Properties of Colloidal I-III-VI Semiconductor Nanocrystals for Optoelectronics and Biotechnology Applications[J]. J Phys Chem Lett, 2012, 3: 3167−3175.

[231] Han W, Yi L X, Zhao N, et al. Synthesis and Shape-Tailoring of Copper Sulfide/Indium Sulfide-Based Nanocrystals[J]. J Am Chem Soc, 2008, 130: 13152−13161.

[232] Li L, Daou T J, Texier I, et al. Highly Luminescent $CuInS_2$/ZnS Core/Shell Nanocrystals: Cadmium-Free Quantum Dots for in Vivo Imaging[J]. Chem Mater, 2009, 21: 2422−2429.

[233] Xie R G, Rutherford M, Peng X G. Formation of High-Quality I-III-VI Semiconductor Nanocrystals by Tuning Relative Reactivity of Cationic Precursors[J]. J Am Chem Soc, 2009, 131: 5691−5697.

[234] Pons T, Pic E, Lequeux N, et al. Cadmium-Free $CuInS_2$/ZnS Quantum Dots for Sentinel Lymph Node Imaging with Reduced Toxicity[J]. ACS Nano, 2010, 4: 2531−2538.

[235] Li L, Pandey A, Werder D J, et al. Efficient Synthesis of Highly Luminescent Copper Indium Sulfide-Based Core/Shell Nanocrystals with Surprisingly Long-Lived Emission[J]. J Am Chem Soc, 2011, 133: 1176−1179.

[236] Ding K, Jing L H, Liu C Y, et al. Magnetically Engineered Cd-free Quantum Dots as Dual-Modality Probes for Fluorescence/Magnetic Resonance Imaging of Tumors[J]. Biomaterials, 2014, 35: 1608−1617.

[237] Allen P M, Bawendi M G. Ternary I-III-VI Quantum Dots Luminescent in the Red to Near-Infrared[J]. J Am Chem Soc, 2008, 130: 9240−9241.

[238] Cassette E, Pons T, Bouet C, et al. Synthesis and Characterization of Near-Infrared Cu-In-Se/ZnS Core/Shell Quantum Dots for in Vivo Imaging[J]. Chem Mater, 2010, 22: 6117−6124.

(239) Zhong H Z, Zhou Y, Ye M F, et al. Controlled Synthesis and Optical Properties of Colloidal Ternary Chalcogenide $CuInS_2$ Nanocrystals[J]. Chem Mater, 2008, 20: 6434−6443.

[240] Zhang Y, Xie C, Su H, et al. Employing Heavy Metal-Free Colloidal Quantum Dots in Solution-Processed White Light-Emitting Diodes[J]. Nano Lett, 2011, 11: 329−332.

[241] Tan Z N, Zhang Y, Xie C, et al. Near-Band-Edge Electroluminescence from Heavy-Metal-Free Colloidal Quantum Dots[J]. Adv Mater, 2011, 23: 3553−3558.

[242] Kolny-Olesiak J, Weller H. Synthesis and Application of Colloidal CuInS$_2$ Semiconductor Nanocrystals[J]. ACS Appl Mater Interfaces, 2013, 5: 12221−12237.

[243] Aldakov D, Lefrancois A, Reiss P. Ternary and Quaternary Metal Chalcogenide Nanocrystals: Synthesis, Properties and Applications[J]. J Mater Chem C, 2013, 1: 3756−3776.

[244] Deng D W, Cao J, Qu L Z, et al. Highly Luminescent Water-Soluble Quaternary Zn-Ag-In-S Quantum Dots for Tumor Cell-Targeted Imaging[J]. Phys Chem Chem Phys, 2013, 15: 5078−5083.

[245] Deng D, Qu L, Cheng Z, et al. Highly Luminescent Water-Soluble Quaternary Zn-Ag-In-S Quantum Dots and Their Unique Precursor S/In Ratio-Dependent Spectral Shifts[J]. J Lumin, 2014, 146: 364−370.

[246] Chen Y Y, Li S J, Huang L J, et al. Low-Cost and Gram-Scale Synthesis of Water-Soluble Cu-In-S/ZnS Core/Shell Quantum Dots in an Electric Pressure Cooker[J]. Nanoscale, 2014, 6: 1295−1298.

[247] Park Y S, Dmytruk A, Dmitruk I, et al. Size-Selective Growth and Stabilization of Small CdSe Nanoparticles in Aqueous Solution[J]. ACS Nano, 2010, 4: 121−128.

[248] Li J, Hong X, Li D, et al. Mixed Ligand System of Cysteine and Thioglycolic Acid Assisting in the Synthesis of Highly Luminescent Water-Soluble CdTe Nanorods[J]. Chem Commun, 2004: 1740−1741.

[249] Tang B, Yang F, Lin Y, et al. Synthesis and Characterization of Wavelength-Tunable, Water-Soluble, and Near-Infrared-Emitting CdHgTe Nanorods[J]. Chem Mater, 2007, 19: 1212−1214.

[250] Aldeek F, Balan L, Lambert J, et al. The Influence of Capping Thioalkyl Acid on the Growth and Photoluminescence Efficiency of CdTe and CdSe Quantum Dots[J]. Nanotechnology, 2008, 19: 475401.

[251] Acar H Y, Kas R, Yurtsever E, et al. Emergence of 2MPA as an Effective Coating for Highly Stable and Luminescent Quantum Dots[J]. J Phys Chem C, 2009, 113: 10005−10012.

[252] Fang T, Ma K G, Ma L L, et al. 3-Mercaptobutyric Acid as an Effective Capping Agent for Highly Luminescent CdTe Quantum Dots: New Insight into the Selection of Mercapto Acids[J]. J Phys Chem C, 2012, 116: 12346−12352.

[253] Yu W W, Peng X G. Formation of High-Quality CdS and Other II-VI Semiconductor Nanocrystals in Noncoordinating Solvents: Tunable Reactivity of Monomers[J]. Angew Chem Int Ed, 2002, 41: 2368−2371.

[254] Battaglia D, Peng X G. Formation of High Quality InP and InAs Nanocrystals in a Noncoordinating Solvent[J]. Nano Lett, 2002, 2: 1027−1030.

[255] van Embden J, Mulvaney P. Nucleation and Growth of CdSe Nanocrystals in a Binary Ligand System[J]. Langmuir, 2005, 21: 10226−10233.

[256] Li C L, Murase N. Surfactant-Dependent Photoluminescence of CdTe Nanocrystals in Aqueous Solution[J]. Chem Lett, 2005, 34: 92−93.

[257] Zhang H, Liu Y, Wang C L, et al. Directing the Growth of Semiconductor Nanocrystals in Aqueous Solution: Role of Electrostatics[J]. Chem Phys Chem, 2008, 9: 1309−1316.

[258] Zhang H, Liu Y, Zhang J H, et al. Influence of Interparticle Electrostatic Repulsion in the Initial Stage of Aqueous Semiconductor Nanocrystal Growth[J]. J Phys Chem C, 2008, 112: 1885−1889.

[259] Zhou D, Lin M, Chen Z L, et al. Simple Synthesis of Highly Luminescent Water-Soluble CdTe Quantum Dots with Controllable Surface Functionality[J]. Chem Mater, 2011, 23: 4857−4862.

[260] Han J S, Zhang H, Sun H Z, et al. Manipulating the Growth of Aqueous Semiconductor Nanocrystals Through Amine-Promoted Kinetic Process[J]. Phys Chem, 2010, 12: 332−336.

[261] Han J S, Luo X T, Zhou D, et al. Growth Kinetics of Aqueous CdTe Nanocrystals in the Presence of Simple

Amines[J]. J Phys Chem C, 2010, 114: 6418-6425.

[262] Hines M A, Guyot-Sionnest P. Synthesis and Characterization of Strongly Luminescing ZnS-Capped CdSe Nanocrystals[J]. J Phys Chem, 1996, 100: 468-471.

[263] Talapin D V, Rogach A L, Kornowski A, et al. Highly Luminescent Monodisperse CdSe and CdSe/ZnS Nanocrystals Synthesized in a Hexadecylamine-Trioctylphosphine Oxide-Trioctylphospine Mixture[J]. Nano Lett, 2001, 1: 207-211.

[264] Zheng J S, Huang F, Yin S G, et al. Correlation between the Photoluminescence and Oriented Attachment Growth Mechanism of CdS Quantum Dots[J]. J Am Chem Soc, 2010, 132: 9528-9530.

[265] Yin S G, Huang F, Zhang J, et al. The Effects of Particle Concentration and Surface Charge on the Oriented Attachment Growth Kinetics of CdTe Nanocrystals in $H_2O$[J]. J Phys Chem C, 2011, 115: 10357-10364.

[266] Lv X, Xue X, Huang Y, et al. The Relationship between Photoluminescence (PL) Decay and Crystal Growth Kinetics in Thioglycolic Acid (TGA) Capped CdTe Quantum Dots (QDs)[J]. Phys Chem, 2014, 16: 11747-11753.

[267] Li C L, Nishikawa K, Ando M, et al. Synthesis of Cd-Free Water-Soluble $ZnSe_{1-x}Te_x$ Nanocrystals with High Luminescence in the Blue Region[J]. J Colloid Interface Sci, 2008, 321: 468-476.

[268] Li C L, Nishikawa K, Ando M, et al. Highly Luminescent Water-Soluble ZnSe Nanocrystals and Their Incorporation in a Glass Matrix[J]. Colloids Surf A, 2007, 294: 33-39.

[269] Xu B, Cai B, Liu M, et al. Ultraviolet Radiation Synthesis of Water Dispersed CdTe/CdS/ZnS Core-Shell-Shell Quantum Dots with High Fluorescence Strength and Biocompatibility[J]. Nanotechnology, 2013, 24: 205601.

[270] Zare H, Marandi M, Fardindoost S, et al. High-Efficiency CdTe/CdS Core/Shell Nanocrystals in Water Enabled by Photo-Induced Colloidal Hetero-Epitaxy of CdS Shelling at Room Temperature[J]. Nano Res, 2015, 8: 2317-2328.

[271] Deng Z T, Schulz O, Lin S. et al. Aqueous Synthesis of Zinc Blende CdTe/CdS Magic-Core/Thick-Shell Tetrahedral-Shaped Nanocrystals with Emission Tunable to Near-Infrared[J]. J Am Chem Soc, 2010, 132: 5592-5593.

[272] Silva A C A, da Silva S W, Morais P C, et al. Shell Thickness Modulation in Ultrasmall CdSe/$CdS_xSe_{1-x}$/CdS Core/Shell Quantum Dots via 1-Thioglycerol[J]. ACS Nano, 2014, 8: 1913-1922.

[273] Silva A C A, Neto E S F, da Silva S W, et al. Modified Phonon Confinement Model and Its Application to CdSe/CdS Core-Shell Magic-Sized Quantum Dots Synthesized in Aqueous Solution by a New Route[J]. J Phys Chem C, 2013, 117: 1904-1914.

[274] Dai M Q, Zheng W, Huang Z W, et al. Aqueous Phase Synthesis of Widely Tunable Photoluminescence Emission CdTe/CdS Core/Shell Quantum Dots Under a Totally Ambient Atmosphere[J]. J Mater Chem, 2012, 22: 16336-16345.

[275] Wang C L, Zhang H, Zhang J H, et al. Application of Ultrasonic Irradiation in Aqueous Synthesis of Highly Fluorescent CdTe/CdS Core-Shell Nanocrystals[J]. J Phys Chem C, 2007, 111: 2465-2469.

[276] Chen L N, Wang J, Li W T, et al. Aqueous One-Pot Synthesis of Bright And Ultrasmall CdTe/CdS Near-Infrared-Emitting Quantum Dots and Their Application for Tumor Targeting in Vivo[J]. Chem Commun, 2012, 48: 4971-4973.

[277] Ma Y F, Li Y, Zhong X H. Facile Synthesis of High-Quality CdTe/CdS Core/Shell Quantum Dots in Aqueous

Phase by Using Dual Capping Ligands[J]. RSC Adv, 2014, 4: 45473-45480.

[278]Silva F O, Carvalho M S, Mendonca R, et al. Effect of Surface Ligands on the Optical Properties of Aqueous Soluble CdTe Quantum Dots[J]. Nanoscale Res Lett, 2012, 7: 536.

[279]Gu Z Y, Zou L, Fang Z, et al. One-Pot Synthesis of Highly Luminescent CdTe/CdS Core/Shell Nanocrystals in Aqueous Phase[J]. Nanotechnology, 2008, 19: 135604.

[280]Gui R J, An X Q. Layer-by-Layer Aqueous Synthesis, Characterization and Fluorescence Properties of Type-II CdTe/CdS Core/Shell Quantum Dots with Near-Infrared Emission[J]. RSC Adv, 2013, 3: 20959-20969.

[281]Zhu Y, Li Z, Chen M, et al. One-Pot Preparation of Highly Fluorescent Cadmium Telluride/Cadmium Sulfide Quantum Dots Under Neutral-pH Condition for Biological Applications[J]. J Colloid Interface Sci, 2013, 390: 3-10.

[282]Peng H, Zhang L J, Soeller C, et al. Preparation of Water-Soluble CdTe/CdS Core/Shell Quantum Dots with Enhanced Photostability[J]. J Lumin, 2007, 127: 721-726.

[283]Wang Y, Tang Z Y, Correa-Duarte M A, et al. Mechanism of Strong Luminescence Photoactivation of Citrate-Stabilized Water-Soluble Nanoparticles with CdSe Cores[J]. J Phys Chem B, 2004, 108: 15461-15469.

[284]Pilla V, de Lima S R, Andrade A A, et al. Fluorescence Quantum Efficiency of CdSe/CdS Magic-Sized Quantum Dots Functionalized with Carboxyl or Hydroxyl Groups[J]. Chem Phys Lett, 2013, 580: 130-134.

[285]Schumacher W, Nagy A, Waldman W J, et al. Direct Synthesis of Aqueous CdSe/ZnS-Based Quantum Dots Using Microwave Irradiation[J]. J Phys Chem C, 2009, 113: 12132-12139.

(286) Liu Y F, Yu J S. In Situ Synthesis of Highly Luminescent Glutathione-Capped CdTe/ZnS Quantum Dots with Biocompatibility[J]. J Colloid Interface Sci, 2010, 351: 1-9.

(287) Kuzyniak W, Adegoke O, Sekhosana K, et al. Synthesis and Characterization of Quantum Dots Designed for Biomedical Use[J]. Int J Pharm, 2014, 466: 382-389.

[288]Luo J H, Wei H Y, Li F, et al. Microwave Assisted Aqueous Synthesis of Core-Shell $CdSe_xTe_{1-x}$-CdS Quantum Dots for High Performance Sensitized Solar Cells[J]. Chem Commun, 2014, 50: 3464-3466.

[289]Qian H, Dong C, Peng J, et al. High-Quality and Water-Soluble Near-Infrared Photoluminescent CdHgTe/CdS Quantum Dots Prepared by Adjusting Size and Composition[J]. J Phys Chem C, 2007, 111: 16852-16857.

[290]Fang Z, Li Y, Zhang H, et al. Facile Synthesis of Highly Luminescent UV-Blue-Emitting ZnSe/ZnS Core/Shell Nanocrystals in Aqueous Media[J]. J Phys Chem C, 2009, 113: 14145-14150.

[291]Ma R, Zhou P J, Zhan H J, et al. Optimization of Microwave-Assisted Synthesis of High-Quality ZnSe/ZnS Core/Shell Quantum Dots Using Response Surface Methodology[J]. Opt Commun, 2013, 291: 476-481.

[292]Wu P, Fang Z, Zhong X H, et al. Depositing ZnS shell Around ZnSe Core Nanocrystals in Aqueous Media via Direct Thermal Treatment[J]. Colloids Surf A, 2011, 375: 109-116.

[293]Ulusoy M, Walter J G, Lavrentieva A, et al. One-Pot Aqueous Synthesis of Highly Strained CdTe/CdS/ZnS Nanocrystals and Their Interactions With Cells[J]. RSC Adv, 2015, 5: 7485-7494.

[294]Green M, Williamson P, Samalova M, et al. Synthesis of Type II/Type I CdTe/CdS/ ZnS Quantum Dots and Their Use in Cellular Imaging[J]. J Mater Chem, 2009, 19: 8341-8346.

[295]Tian J N, Liu R J, Zhao Y C, et al. Synthesis of CdTe/CdS/ZnS Quantum Dots and Their Application in

Imaging of Hepatocellular Carcinoma Cells and Immunoassay for Alpha Fetoprotein[J]. Nanotechnology, 2010, 21: 305101.

[296]Yuan Z M, Yang P. Effect of Shells on Photoluminescence of Aqueous CdTe Quantum Dots[J]. Mater Res Bull, 2013, 48: 2640−2647.

[297]Li Z, Dong C Q, Tang L C, et al. Aqueous Synthesis of CdTe/CdS/ZnS Quantum Dots and their Optical and Chemical Properties[J]. Luminescence, 2011, 26: 439−448.

[298]Li L L, Chen Y, Lu Q, et al. Electrochemiluminescence Energy Transfer-Promoted Ultrasensitive Immunoassay Using Near-Infrared-Emitting CdSeTe/CdS/ZnS Quantum Dots and Gold Nanorods[J]. Sci Rep, 2013, 3: 1529.

[299]Zhu Y, Li C, Xu Y, et al. Ultrasonic-Assisted Synthesis of Aqueous CdTe/CdS QDs in Salt Water Bath Heating[J]. J Alloys Compd, 2014, 608: 141−147.

[300]Zhao D, He Z K, Chan W H, et al. Synthesis and Characterization of High-Quality Water-Soluble Near-Infrared-Emitting CdTe/CdS Quantum Dots Capped by N-Acetyl-L-cysteine Via Hydrothermal Method[J]. J Phys Chem C, 2009, 113: 1293−1300.

[301]Liu Y F, Yu J S. Selective Synthesis of CdTe and High Luminescence CdTe/CdS Quantum Dots: The Effect of Ligands[J]. J Colloid Interface Sci, 2009, 333: 690−698.

[302]Rogach A L, Nagesha D, Ostrander J W, et al. "Raisin Bun"-Type Composite Spheres of Silica and Semiconductor Nanocrystals[J]. Chem Mater, 2000, 12: 2676−2685.

[303]Wang Y, Tang Z Y, Correa-Duarte M A, et al. Multicolor Luminescence Patterning by Photo-activation of Semiconductor Nanoparticle Films[J]. J Am Chem Soc, 2003, 125: 2830−2831.

[304]Liu Y F, Xie B, Yin Z G, et al. Synthesis of Highly Stable CdTe/CdS Quantum Dots with Biocompatibility[J]. Eur J Inorg Chem[J]. 2010: 1501−1506.

[305]Rawalekar S, Kaniyankandy S, Verma S, et al. Ultrafast Charge Carrier Relaxation and Charge Transfer Dynamics of CdTe/CdS Core-Shell Quantum Dots as Studied by Femtosecond Transient Absorption Spectroscopy[J]. J Phys Chem C, 2010, 114: 1460−1466.

[306]Samanta A, Deng Z, Liu Y. Aqueous Synthesis of Glutathione-Capped CdTe/CdS/ZnS and CdTe/CdSe/ZnS Core/Shell/Shell Nanocrystal Heterostructures[J]. Langmuir, 2012, 28: 8205−8215.

[307]Schooss D, Mews A, Eychmüller A, et al. Quantum-Dot Quantum-Well CdS/HgS/CdS-Theory and Experiment[J]. Phys Rev B: Condens Matter Mater Phys, 1994, 49: 17072−17078.

[308]Robinson R D, Sadtler B, Demchenko D O, et al. Spontaneous Superlattice Formation in Nanorods through Partial Cation Exchange[J]. Science, 2007, 317: 355−358.

[309]Braun M, Burda C, El-Sayed M A. Variation of the Thickness and Number of Wells in the CdS/HgS/CdS Quantum Dot Quantum Well System[J]. J Phys Chem A, 2001, 105: 5548−5551.

[310]Harrison M T, Kershaw S V, Burt M G, et al. Wet Chemical Synthesis and Spectroscopic Study of CdHgTe Nanocrystals with Strong Near-Infrared Luminescence[J]. Mater Sci Eng B, 2000: 69−70, 355−360.

[311]Gupta S, Zhovtiuk O, Vaneski A, et al. $Cd_xHg_{1-x}Te$ Alloy Colloidal Quantum Dots: Tuning Optical Properties from the Visible to Near-Infrared by Ion Exchange[J]. Part Syst Char, 2013, 30: 346−354.

[312]Groeneveld E, Witteman L, Lefferts M, et al. Tailoring ZnSe-CdSe Colloidal Quantum Dots via Cation Exchange: From Core/Shell to Alloy Nanocrystals[J]. ACS Nano, 2013, 7: 7913−7930.

[313] Sheng Y Z, Wei J M, Liu B T, et al. A Facile Route to Synthesize CdZnSe Core-Shell-Like Alloyed

Quantum Dots via Cation Exchange Reaction in Aqueous System[J]. Mater Res Bull, 2014, 57: 67–71.

[314] Smith A M, Lane L A, Nie S M. Mapping the Spatial Distribution of Charge Carriers in Quantum-Confined Heterostructures[J]. Nat Commun, 2014, 5: 4506.

[315] Rawalekar S, Kaniyankandy S, Verma S, et al. Effect of Surface States on Charge-Transfer Dynamics in Type II CdTe/ZnTe Core−Shell Quantum Dots: A Femtosecond Transient Absorption Study[J]. J Phys Chem C, 2011, 115: 12335–12342.

[316] Zeng R S, Zhang T T, Liu J C, et al. Aqueous Synthesis of Type-II CdTe/CdSe Core-Shell Quantum Dots for Fluorescent Probe Labeling Tumor Cells[J]. Nanotechnology, 2009, 20: 095102.

[317] Xia Y S, Zhu C Q. Aqueous Synthesis of Type-II Core/Shell CdTe/CdSe Quantum Dots for Near-Infrared Fluorescent Sensing of Copper(II)[J]. Analyst, 2008, 133: 928–932.

[318] Wang J, Han H Y. Hydrothermal Synthesis of High-Quality Type-II CdTe/CdSe Quantum Dots with Near-Infrared Fluorescence[J]. J Colloid Interface Sci, 2010, 351: 83–87.

[319] Zhang Y, Li Y, Yan X P. Aqueous Layer-by-Layer Epitaxy of Type-II CdTe/CdSe Quantum Dots with Near-infrared Fluorescence for Bioimaging Applications[J]. Small, 2009, 5: 185–189.

[320] He Y, Lu H T, Sai L M, et al. Microwave-Assisted Growth and Characterization of Water-Dispersed CdTe/CdS Core-Shell Nanocrystals with High Photoluminescence[J]. J Phys Chem B, 2006, 110: 13370–13374.

[321] He Y, Lu H T, Sai L M, et al. Microwave Synthesis of Water-Dispersed CdTe/CdS/ZnS Core-Shell-Shell Quantum Dots with Excellent Photostability and Biocompatibility[J]. Adv Mater, 2008, 20: 3416–3421.

[322] Law W C, Yong K T, Roy I, et al. Aqueous-Phase Synthesis of Highly Luminescent CdTe/ZnTe Core/Shell Quantum Dots Optimized for Targeted Bioimaging[J]. Small, 2009, 5: 1302–1310.

[323] Lesnyak V, Lutich A, Gaponik N, et al. One-Pot Aqueous Synthesis of High Quality Near Infrared Emitting $Cd_{1-x}Hg_xTe$ Nanocrystals[J]. J Mater Chem, 2009, 19: 9147–9152.

[324] Liu F C, Cheng T L, Shen C C, et al. Synthesis of Cysteine-Capped $Zn_xCd_{1-x}Se$ Alloyed Quantum Dots Emitting in the Blue-Green Spectral Range[J]. Langmuir, 2008, 24: 2162–2167.

[325] Lesnyak V, Plotnikov A, Gaponik N, et al. Toward Efficient Blue-Emitting Thiol-Capped $Zn_{1-x}Cd_xSe$ Nanocrystals[J]. J Mater Chem, 2008, 18: 5142–5146.

[326] Du J, Li X L, Wang S J, et al. Microwave-Assisted Synthesis of Highly Luminescent Glutathione-Capped $Zn_{1-x}Cd_xTe$ Alloyed Quantum Dots with Excellent Biocompatibility[J]. J Mater Chem, 2012, 22: 11390–11395.

[327] Li W W, Liu J, Sun K, et al. Highly Fluorescent Water Soluble $Cd_xZn_{1-x}Te$ Alloyed Quantum Dots Prepared in Aqueous Solution: One-Step Synthesis and the Alloy Effect of Zn[J]. J Mater Chem, 2010, 20: 2133–2138.

[328] Liu F C, Chen Y M, Lin J H, et al. Synthesis of Highly Fluorescent Glutathione-Capped $Zn_xHg_{1-x}Se$ Quantum Dot and Its Application for Sensing Copper Ion[J]. J Colloid Interface Sci, 2009, 337: 414–419.

[329] Sun H Z, Zhang H, Ju J, et al. One-Step Synthesis of High-Quality Gradient CdHgTe Nanocrystals: A Prerequisite to Prepare CdHgTe-Polymer Bulk Composites with Intense Near-Infrared Photoluminescence[J]. Chem Mater, 2008, 20: 6764–6769.

[330] Liu S, Su X. The Synthesis and Application of I-III-VI Type Quantum Dots[J]. RSC Adv, 2014, 4: 43415–43428.

[331] Xie B B, Hu B B, Jiang L F, et al. The Phase Transformation of $CuInS_2$ From Chalcopyrite to Wurtzite.

Nanoscale Res[J]. Lett, 2015, 10: 86.

[332] Fernando Q, Freiser H. Chelating Properties of β-Mercaptopropionic Acid[J]. J Am Chem Soc, 1958, 80: 4928-4931.

[333] Cheney G E, Fernando Q, Freiser H. Some Metal Chelates of Mercaptosuccinic Acid[J]. J Phys Chem, 1959, 63: 2055-2057.

[334] Wang M N, Liu X Y, Cao C B, et al. Synthesis of Band-Gap Tunable Cu-In-S Ternary Nanocrystals in Aqueous Solution[J]. RSC Adv, 2012, 2: 2666-2670.

[335] Mao W Y, Guo J, Yang W L, et al. Synthesis of High-Quality Near-Infrared-Emitting CdTeS Alloyed Quantum Dots via the Hydrothermal Method[J]. Nanotechnology, 2007, 18: 485611.

[336] Xue B, Deng D W, Cao J, et al. Synthesis of NAC Capped near Infrared-Emitting CdTeS Alloyed Quantum Dots and Application for in Vivo Early Tumor Imaging[J]. Dalton Trans, 2012, 41: 4935-4947.

[337] Piven N, Susha A S, Doeblinger M, et al. Aqueous Synthesis of Alloyed $CdSe_xTe_{1-x}$ Nanocrystals[J]. J Phys Chem C, 2008, 112: 15253-15259.

[338] Liang G X, Gu M M, Zhang J R, et al. Preparation and Bioapplication of High-Quality, Water-Soluble, Biocompatible, and Near-Infrared-Emitting CdSeTe Alloyed Quantum Dots[J]. Nanotechnology, 2009, 20: 415103.

[339] Tan J, Liang Y, Wang J, et al. Facile Synthesis of CdTe-Based Quantum Dots Promoted by Mercaptosuccinic Acid and Hydrazine[J]. New J Chem, 2015, 39: 4488-4493.

[340] Murase N, Gao M Y, Gaponik N, et al. Synthesis and Optical Properties of Water Soluble ZnSe Nanocrystals[J]. Int J Mod Phys B, 2001, 15: 3881-3884.

[341] Murase N, Gao M Y. Preparation and Photoluminescence of Water-Dispersible ZnSe Nanocrystals[J]. Mater Lett, 2004, 58: 3898-3902.

[342] Kim T, Kim S W, Kang M, et al. Large-Scale Synthesis of InPZnS Alloy Quantum Dots with Dodecanethiol as a Composition Controller[J]. J Phys Chem Lett, 2012, 3: 214-218.

[343] Jiang T T, Song J L Q, Wang H J, et al. Aqueous Synthesis of Color Tunable Cu Doped Zn-In-S/ZnS Nanoparticles in the Whole Visible Region for Cellular Imaging[J]. J Mater Chem B, 2015, 3: 2402-2410.

[344] Chen Y Y, Huang L J, Li S J, et al. Aqueous Synthesis of Glutathione-capped $Cu^+$ and $Ag^+$-doped $Zn_xCd_{1-x}S$ Quantum Dots with Full Color Emission[J]. J Mater Chem C, 2013, 1: 751-756.

[345] Son D H, Hughes S M, Yin Y D, et al. Cation Exchange Reactions in Ionic Nanocrystals[J]. Science, 2004, 306: 1009-1012.

[346] Prudnikau A, Artemyev M, Molinari M, et al. Chemical Substitution of Cd Ions by Hg in CdSe Nanorods and Nanodots: Spectroscopic and Structural Examination[J]. Mater Sci Eng B, 2012, 177: 744-749.

[347] Gupta S, Kershaw S V, Susha A S, et al. Near-Infrared-Emitting $Cd_xHg_{1-x}Se$ Nanorods Fabricated by Ion Exchange in an Aqueous Medium[J]. Chem Phys Chem, 2013, 14: 2853-2858.

[348] Regulacio M D, Han M Y. Composition-Tunable Alloyed Semiconductor Nanocrystals[J]. Acc Chem Res, 2010, 43: 621-630.

[349] Rivest J B, Jain P K. Cation Exchange on the Nanoscale: An Emerging Technique for New Material Synthesis, Device Fabrication, and Chemical Sensing[J]. Chem Soc Rev, 2013, 42: 89-96.

[350] Moon G D, Ko S, Min Y, et al. Chemical Transformations of Nanostructured Materials[J]. Nano Today, 2011, 6: 186-203.

[351] Sitt A, Hadar I, Banin U. Band-gap Engineering, Optoelectronic Properties and Applications of Colloidal Heterostructured Semiconductor Nanorods[J]. Nano Today, 2013, 8: 494−513.

[352] Jain P K, Beberwyck B J, Fong L K, et al. Highly Luminescent Nanocrystals From Removal of Impurity Atoms Residual From Ion-Exchange Synthesis[J]. Angew Chem Int Ed, 2012, 51: 2387−2390.

[353] Justo Y, Goris B, Kamal J S, et al. Multiple Dot-in-Rod PbS/CdS Heterostructures with High Photoluminescence Quantum Yield in the Near-Infrared[J]. J Am Chem Soc, 2012, 134: 5484−5487.

[354] Schooss D, Mews A, Eychmüller A, et al. Quantum-Dot Quantum Well CdS/HgS/CdS: Theory and Experiment[J]. Phys Rev B: Condens. Matter Mater Phys, 1994, 49: 17072−17078.

[355] Smith A M, Nie S M. Bright and Compact Alloyed Quantum Dots with Broadly Tunable Near-Infrared Absorption and Fluorescence Spectra through Mercury Cation Exchange[J]. J Am Chem Soc, 2011, 133: 24−26.

[356] Zheng Y G, Yang Z C, Ying J Y. Aqueous Synthesis of Glutathione-Capped ZnSe and $Zn_{1-x}Cd_xSe$ Alloyed Quantum Dots[J]. Adv Mater, 2007, 19: 1475−1479.

[357] Lou S Y, Zhou C H, Xu W W, et al. Facile Synthesis of Water-Soluble $Zn_xCd_{1-x}Se$ Nanocrystals via a Two-Phase Cation Exchange Method[J]. Chem Eng J, 2012: 211−212, 104−111.

[358] Shao H, Wang C, Xu S, et al. Hydrazine-Promoted Sequential Cation Exchange: A Novel Synthesis Method for Doped Ternary Semiconductor Nanocrystals with Tunable Emission[J]. Nanotechnology, 2014, 25: 025603.

[359] Jain P K, Amirav L, Aloni S, et al. Nanoheterostructure Cation Exchange: Anionic Framework Conservation[J]. J Am Chem Soc, 2010, 132: 9997−9999.

[360] Zheng J J, Yuan X, Ikezawa M, et al. Efficient Photoluminescence of $Mn^{2+}$ Ions in MnS/ZnS Core/Shell Quantum Dots[J]. J Phys Chem C, 2009, 113: 16969−16974.

[361] Chen C, He X W, Gao L, et al. Cation Exchange-Based Facile Aqueous Synthesis of Small, Stable, and Nontoxic Near-Infrared $Ag_2Te$/ZnS Core/Shell Quantum Dots Emitting in the Second Biological Window[J]. ACS Appl Mater Interfaces, 2013, 5: 1149−1155.

[362] Choi D, Pyo J Y, Kim Y, et al. Facile Synthesis of Composition-Gradient $Cd_{1-x}Zn_xS$ Quantum Dots by Cation Exchange for Controlled Optical Properties[J]. J Mater Chem C, 2015, 3: 3286−3293.

[363] Wei S H, Zunger A. Calculated Natural Band Offsets of All II-VI and III-V Semiconductors: Chemical Trends and the Role of Cation d Orbitals[J]. Appl Phys Lett, 1998, 72: 2011−2013.

[364] Li Y H, Walsh A, Chen S, et al. Revised Ab Initio Natural Band Offsets of All Group IV, II-VI, and III-V Semiconductors[J]. Appl Phys Lett, 2009, 94: 212109.

[365] Li Y H, Gong X G, Wei S H. Ab Initio All-Electron Calculation of Absolute Volume Deformation Potentials of IV-IV, III-V, and II-VI Semiconductors: The Chemical Trends[J]. Phys Rev B: Condens. Matter Mater Phys, 2006, 73: 245206.

[366] Manna L, Scher E C, Alivisatos A P. Synthesis of Soluble and Processable Rod-, Arrow-, Teardrop-, and Tetrapod-Shaped CdSe Nanocrystals[J]. J Am Chem Soc, 2000, 122: 12700−12706.

[367] Scher E C, Manna L, Alivisatos A P. Shape Control and Applications of Nanocrystals[J]. Philos Trans R Soc A, 2003, 361: 241−257.

[368] Puzder A, Williamson A J, Zaitseva N, et al. The Effect of Organic Ligand Binding on the Growth of CdSe Nanoparticles Probed by Ab Initio Calculations[J]. Nano Lett, 2004, 4: 2361−2365.

[369] Goldstein A N, Echer C M, Alivisatos A P. Melting in Semiconductor Nanocrystals[J]. Science, 1992, 256: 1425-1427.

[370] Shibata T, Bunker B A, Zhang Z, et al. Size-Dependent Spontaneous Alloying of Au-Ag Nanoparticles[J]. J Am Chem Soc, 2002, 124: 11989-11996.

[371] Wang J, Duan H L, Huang Z P, et al. A Scaling Law for Properties of Nano-Structured Materials[J]. Proc R Soc London Ser A, 2006, 462: 1355-1363.

[372] Zhong X H, Han M Y, Dong Z L, et al. Composition-Tunable $Zn_xCd_{1-x}Se$ Nanocrystals with High Luminescence and Stability[J]. J Am Chem Soc, 2003, 125: 8589-8594.

[373] Zhong X H, Zhang Z H, Liu S H, et al. Embryonic Nuclei-Induced Alloying Process for the Reproducible Synthesis of Blue-Emitting $Zn_xCd_{1-x}Se$ Nanocrystals with Long-Time Thermal Stability in Size Distribution and Emission Wavelength[J]. J Phys Chem B, 2004, 108: 15552-15559.

[374] Wang X Y, Ren X F, Kahen K, et al. Non-Blinking Semiconductor Nanocrystals[J]. Nature, 2009, 459: 686-689.

[375] Lee H, Holloway P H, Yang H, et al. Synthesis and Characterization of Colloidal Ternary ZnCdSe Semiconductor Nanorods[J]. J Chem Phys, 2006, 125: 164711.

[376] Koo B, Korgel B A. Coalescence and Interface Diffusion in Linear CdTe/CdSe/CdTe Heterojunction Nanorods[J]. Nano Lett, 2008, 8: 2490-2496.

[377] Maroudas D, Han X, Pandey S C. Design of Semiconductor Ternary Quantum Dots with Optimal Optoelectronic Function[J]. AIChE J, 2013, 59: 3223-3236.

[378] Erwin S C, Zu L J, Haftel M I, et al. Doping Semiconductor Nanocrystals[J]. Nature, 2005, 436: 91-94.

[379] Norris D J, Efros A L, Erwin S C. Doped Nanocrystals[J]. Science, 2008, 319: 1776-1779.

[380] Bussian D A, Crooker S A, Yin M, et al. Tunable Magnetic Exchange Interactions in Manganese-Doped Inverted Core-Shell ZnSe-CdSe Nanocrystals[J]. Nat Mater, 2009, 8: 35-40.

[381] Yu J H, Liu X Y, Kweon K E, et al. Giant Zeeman Splitting in Nucleation-Controlled Doped CdSe: $Mn^{2+}$ Quantum Nanoribbons[J]. Nat Mater, 2010, 9: 47-53.

[382] Mocatta D, Cohen G, Schattner J, et al. Heavily Doped Semiconductor Nanocrystal Quantum Dots[J]. Science, 2011, 332: 77-81.

[383] Knowles K E, Nelson H D, Kilburn T B, et al. Singlet-Triplet Splittings in the Luminescent Excited States of Colloidal $Cu^+$: CdSe, $Cu^+$: InP, and $CuInS_2$ Nanocrystals: Charge-Transfer Configurations and Self-Trapped Excitons[J]. J Am Chem Soc, 2015, 137: 13138-13147.

[384] Beaulac R, Schneider L, Archer P I, et al. Light-Induced Spontaneous Magnetization in Doped Colloidal Quantum Dots[J]. Science, 2009, 325: 973-976.

[385] Ochsenbein S T, Gamelin D R. Quantum Oscillations in Magnetically Doped Colloidal Nanocrystals[J]. Nat Nanotechnol, 2011, 6: 112-115.

[386] Beaulac R, Archer P I, Ochsenbein S T, et al. $Mn^{2+}$-Doped CdSe Quantum Dots: New Inorganic Materials for Spin-Electronics and Spin-Photonics[J]. Adv Funct Mater, 2008, 18: 3873-3891.

[387] Louie A. Multimodality Imaging Probes: Design and Challenges[J]. Chem Rev, 2010, 110: 3146-3195.

[388] Jing L H, Ding K, Kershaw S V, et al. Magnetically Engineered Semiconductor Quantum Dots as Multimodal Imaging Probes[J]. Adv Mater, 2014, 26: 6367-6386.

[389] Santra S, Yang H S, Holloway P H, et al. Synthesis of Water-Dispersible Fluorescent, Radio-Opaque, and

Paramagnetic CdS: Mn/ZnS Quantum Dots: A Multifunctional Probe for Bioimaging[J]. J Am Chem Soc, 2005, 127: 1656-1657.

[390]Wang S, Jarrett B R, Kauzlarich S M, et al. Core/Shell Quantum Dots with High Relaxivity and Photoluminescence for Multimodality Imaging[J]. J Am Chem Soc, 2007, 129: 3848-3856.

[391]Koole R, Mulder W J M, van Schooneveld M M, et al. Magnetic Quantum Dots for Multimodal Imaging[J]. Wiley Interdisciplinary Reviews-Nanomedicine and Nanobiotechnology, 2009, 1: 475-491.

[392]Jing H, Ding K, Kalytchuk S, et al. Aqueous Manganese-Doped Core/Shell CdTe/ZnS Quantum Dots with Strong Fluorescence and High Relaxivity[J]. J Phys Chem C, 2013, 117: 18752-18761.

[393]Choi H S. Nanoparticle Assembly: Building Blocks for Tumour Delivery[J]. Nat Nanotechnol, 2014, 9: 93-94.

[394]Ladizhansky V, Hodes G, Vega S. Surface Properties of Precipitated CdS Nanoparticles Studied by NMR[J]. J Phys Chem B, 1998, 102: 8505-8509.

[395]Murase N, Jagannathan R, Kanematsu Y, et al. Fluorescence and EPR Characteristics of $Mn^{2+}$-Doped ZnS Nanocrystals Prepared by Aqueous Colloidal Method[J]. J Phys Chem B, 1999, 103: 754-760.

[396]Bol A A, Meijerink A. Luminescence Quantum Efficiency of Nanocrystalline ZnS: $Mn^{2+}$. 2. Enhancement by UV Irradiation[J]. J Phys Chem B, 2001, 105: 10203-10209.

[397]Yang Y A, Chen O, Angerhofer A, et al. Radial-Position-Controlled Doping in CdS/ZnS Core/Shell Nanocrystals[J]. J Am Chem Soc, 2006, 128: 12428-12429.

[398]Nag A, Sapra S, Nagamani C, et al. A Study of $Mn^{2+}$ Doping in CdS Nanocrystals[J]. Chem Mater, 2007, 19: 3252-3259.

[399]Pradhan N, Peng X G. Efficient and Color-Tunable Mn-Doped ZnSe Nanocrystal Emitters: Control of Optical Performance via Greener Synthetic Chemistry[J]. J Am Chem Soc, 2007, 129: 3339-3347.

[400]Nag A, Chakraborty S, Sarma D D. To Dope $Mn^{2+}$ in a Semiconducting Nanocrystal[J]. J Am Chem Soc, 2008, 130: 10605-10611.

[401]Jana S, Srivastava B B, Jana S, et al. Multifunctional Doped Semiconductor Nanocrystals[J]. J Phys Chem Lett, 2012, 3: 2535-2540.

[402]Norris D J, Yao N, Charnock F T, et al. High-Quality Manganese-Doped ZnSe Nanocrystals[J]. Nano Lett, 2001, 1: 3-7.

[403]Hanif K M, Meulenberg R W, Strouse G F. Magnetic Ordering in Doped $Cd_{1-x}Co_xSe$ Diluted Magnetic Quantum Dots[J]. J Am Chem Soc, 2002, 124: 11495-11502.

[404]Archer P I, Santangelo S A, Gamelin D R. Direct Observation of sp-d Exchange Interactions in Colloidal $Mn^{2+}$- and $Co^{2+}$-Doped CdSe Quantum Dots[J]. Nano Lett, 2007, 7: 1037-1043.

[405]Beberwyck B J, Surendranath Y, Alivisatos A P. Cation Exchange: A Versatile Tool for Nanomaterials Synthesis[J]. J Phys Chem C, 2013, 117: 19759-19770.

[406]Sun X, Huang X, Guo J, et al. Self-Illuminating $^{64}Cu$-Doped CdSe/ZnS Nanocrystals for in Vivo Tumor Imaging[J]. J Am Chem Soc, 2014, 136: 1706-1709.

[407]Vlaskin V A, Barrows C J, Erickson C S, et al. Nanocrystal Diffusion Doping[J]. J Am Chem Soc, 2013, 135: 14380-14389.

[408]Bhargava R N, Gallagher D, Hong X, et al. Optical-Properties of Manganese-Doped Nanocrystals of Zns[J]. Phys Rev Lett, 1994, 72: 416-419.

[409] Suyver J F, Wuister S F, Kelly J J, et al. Luminescence of Nanocrystalline ZnSe: $Mn^{2+}$[J]. Phys Chem, 2000, 2: 5445−5448.

[410] Srivastava B B, Jana S, Karan N S, et al. Highly Luminescent Mn-Doped ZnS Nanocrystals: Gram-Scale Synthesis[J]. J Phys Chem Lett, 2010, 1: 1454−1458.

[411] Pradhan N, Battaglia D M, Liu Y C, et al. Efficient, Stable, Small, and Water-Soluble Doped ZnSe Nanocrystal Emitters as Non-Cadmium Biomedical Labels[J]. Nano Lett, 2007, 7: 312−317.

[412] Mikulec F V, Kuno M, Bennati M, et al. Organometallic Synthesis and Spectroscopic Characterization of Manganese-Doped CdSe Nanocrystals[J]. J Am Chem Soc, 2000, 122: 2532−2540.

[413] Bhattacharyya S, Zitoun D, Gedanken A. One-Pot Synthesis and Characterization of $Mn^{2+}$-Doped Wurtzite CdSe Nanocrystals Encapsulated with Carbon[J]. J Phys Chem C, 2008, 112: 7624−7630.

[414] Stowell C A, Wiacek R J, Saunders A E, et al. Synthesis and Characterization of Dilute Magnetic Semiconductor Manganese-Doped Indium Arsenide Nanocrystals[J]. Nano Lett, 2003, 3: 1441−1447.

[415] Yang Y A, Chen O, Angerhofer A, et al. On Doping CdS/ZnS Core/Shell Nanocrystals with Mn[J]. J Am Chem Soc, 2008, 130: 15649−15661.

[416] Sooklal K, Cullum B S, Angel S M, et al. Photophysical Properties of ZnS Nanoclusters with Spatially Localized $Mn^{2+}$[J]. J Phys Chem, 1996, 100: 4551−4555.

[417] Bol A A, Meijerink A. Long-Lived $Mn^{2+}$ Emission in Nanocrystalline ZnS: $Mn^{2+}$[J]. Phys Rev B: Condens Matter Mater Phys, 1998, 58: R15997−R16000.

[418] Zhuang J Q, Zhang X D, Wang G, et al. Synthesis of Water-Soluble ZnS: $Mn^{2+}$ Nanocrystals by Using Mercaptopropionic Acid as Stabilizer[J]. J Mater Chem, 2003, 13: 1853−1857.

[419] Bol A A, Meijerink A. Factors Influencing the Luminescence Quantum Efficiency of Nanocrystalline ZnS: $Mn^{2+}$[J]. Phys Status Solidi B, 2001, 224: 291−296.

[420] Bol A A, van Beek R, Ferwerda J, et al. Temperature Dependence of the Luminescence of Nanocrystalline CdS/$Mn^{2+}$[J]. J Phys Chem Solids, 2003, 64: 247−252.

[421] Cumberland S L, Hanif K M, Javier A, et al. Inorganic Clusters as Single-Source Precursors for Preparation of CdSe, ZnSe, and CdSe/ZnS Nanomaterials[J]. Chem Mater, 2002, 14: 1576−1584.

[422] Jun Y W, Jung Y Y, Cheon J. Architectural Control of Magnetic Semiconductor Nanocrystals[J]. J Am Chem Soc, 2002, 124: 615−619.

[423] Meulenberg R W, van Buuren T, Hanif K M, et al. Structure and Composition of Cu-Doped CdSe Nanocrystals Using Soft X-Ray Absorption Spectroscopy[J]. Nano Lett, 2004, 4: 2277−2285.

[424] Archer P I, Santangelo S A, Gamelin D R. Inorganic Cluster Syntheses of $TM^{2+}$-Doped Quantum Dots (CdSe, CdS, CdSe/CdS): Physical Property Dependence on Dopant Locale[J]. J Am Chem Soc, 2007, 129: 9808−9818.

[425] Chin P T K, Stouwdam J W, Janssen R A J. Highly Luminescent Ultranarrow Mn Doped ZnSe Nanowires[J]. Nano Lett, 2009, 9: 745−750.

[426] Stouwdam J W, Janssen R A J. Electroluminescent Cu-doped CdS Quantum Dots[J]. Adv Mater, 2009, 21: 2916−2920.

[427] Yi G S, Sun B Q, Yang F Z, et al. Bionic Synthesis of ZnS: Mn Nanocrystals and Their Optical Properties[J]. J Mater Chem, 2001, 11: 2928−2929.

[428] Wu P, Miao L N, Wang H F, et al. A Multidimensional Sensing Device for the Discrimination of Proteins

Based on Manganese-Doped ZnS Quantum Dots[J]. Angew Chem Int Ed, 2011, 50: 8118-8121.

[429]Geszke-Moritz M, Piotrowska H, Murias M, et al. Thioglycerol-Capped Mn-Doped ZnS Quantum Dot Bioconjugates as Efficient Two-Photon Fluorescent Nano-Probes for Bioimaging[J]. J Mater Chem B, 2013, 1: 698-706.

[430]Bol A A, Meijerink A. Luminescence Quantum Efficiency of Nanocrystalline ZnS: $Mn^{2+}$. 1. Surface Passivation and $Mn^{2+}$Concentration[J]. J Phys Chem B, 2001, 105: 10197-10202.

[431]Jian W P, Zhuang J Q, Yang W S, et al. Improved Photoluminescence of ZnS: Mn Nanocrystals by Microwave AssistedGrowth of ZnS Shell[J]. J Lumin, 2007, 126: 735-740.

[432]Labiadh H, Ben Chaabane T, Piatkowski D, et al. Aqueous Route to Color-Tunable Mn-doped ZnS Quantum Dots[J]. Mater Chem Phys, 2013, 140: 674-682.

[433]Fang Z, Wu P, Zhong X H, et al. Synthesis of Highly Luminescent Mn: ZnSe/ZnS Nanocrystals in Aqueous Media[J]. Nanotechnology, 2010, 21: 305604.

[434]Aboulaich A, Geszke M, Balan L, et al. Water-Based Route to Colloidal Mn-Doped ZnSe and Core/Shell ZnSe/ZnS Quantum Dots[J]. Inorg Chem, 2010, 49: 10940-10948.

[435]Aboulaich A, Balan L, Ghanbaja J, et al. Aqueous Route to Biocompatible ZnSe: Mn/ZnO Core/Shell Quantum Dots Using 1-Thioglycerol As Stabilizer[J]. Chem Mater, 2011, 23: 3706-3713.

[436]Radovanovic P V, Gamelin D R. Electronic Absorption Spectroscopy of Cobalt Ions in Diluted Magnetic Semiconductor Quantum Dots: Demonstration of an Isocrystalline Core/Shell Synthetic Method[J]. J Am Chem Soc, 2001, 123: 12207-12214.

[437]Yang H, Holloway P H. Enhanced Photoluminescence from CdS: Mn/ZnS Core/Shell Quantum Dots[J]. Appl Phys Lett, 2003, 82: 1965-1967.

[438]Santra S, Yang H, Stanley J, et al. Rapid and Effective Labeling of Brain Tissue Using TAT-Conjugated CdS: Mn/ZnS Quantum Dots[J]. Chem Commun, 2005: 3144-3146.

[439]Das S, Wolfson B P, Tetard L, et al. Effect of N-acetyl Cysteine Coated CdS:Mn/ZnS Quantum Dots on Seed Germination and Seedling Growth of Snow Pea (Pisumsativum L.): Imaging and Spectroscopic Studies[J]. Environ Sci.: Nano, 2015, 2: 203-212.

[440]Ishizumi A, Kanemitsu Y. Luminescence Spectra and Dynamics of Mn-Doped CdS Core/Shell Nanocrystals[J]. Adv Mater, 2006, 18: 1083-1085.

[441]Sun L D, Liu C H, Liao C S, et al. ZnS Nanoparticles Doped with Cu(I) by Controlling Coordination and Precipitation in Aqueous Solution[J]. J Mater Chem, 1999, 9: 1655-1657.

[442]Begum R, Sahoo A K, Ghosh S S, et al. Recovering Hidden Quanta of $Cu^{2+}$-Doped ZnS Quantum Dots in Reductive Environment[J]. Nanoscale, 2014, 6: 953-961.

[443]Xu S H, Wang C L, Wang Z Y, et al. Aqueous Synthesis of Internally Doped Cu: ZnSe/ZnS Core-Shell Nanocrystals with Good Stability[J]. Nanotechnology, 2011, 22: 275605.

[444]Wang C L, Xu S H, Wang Z Y, et al. Key Roles of Impurities in the Stability of Internally Doped Cu: ZnSe Nanocrystals in Aqueous Solution[J]. J Phys Chem C, 2011, 115: 18486-18493.

[445]Hao E C, Zhang H, Yang B, et al. Preparation of Luminescent Polyelectrolyte/Cu-Doped ZnSe Nano-particle Multilayer Composite Films[J]. J Colloid Interface Sci, 2001, 238: 285-290.

[446]de S, Viol L C, Raphael E, et al. A Simple Strategy to Prepare Colloidal Cu-Doped ZnSe(S) Green Emitter Nanocrystals in Aqueous Media[J]. Part Syst Char, 2014, 31: 1084-1090.

[447] Han J S, Zhang H, Tang Y, et al. Role of Redox Reaction and Electrostatics in Transition-Metal Impurity-Promoted Photoluminescence Evolution of Water-Soluble ZnSe Nanocrystals[J]. J Phys Chem C, 2009, 113: 7503−7510.

[448] Tang A W, Yi L X, Han W, et al. Synthesis, Optical Properties, and Superlattice Structure of Cu(I)-Doped CdS Nanocrystals[J]. Appl Phys Lett, 2010, 97: 033112.

[449] Xuan T T, Wang S, Wang X J, et al. Single-Step Noninjection Synthesis of Highly Luminescent Water Soluble $Cu^+$ Doped CdS Quantum Dots: Application as Bio-Imaging Agents[J]. Chem Commun, 2013, 49: 9045−9047.

[450] Zhang F, He X W, Li W Y, et al. One-Pot Aqueous Synthesis of Composition-Tunable Near-Infrared Emitting Cu-Doped CdS Quantum Dots as Fluorescence Imaging Probes in Living Cells[J]. J Mater Chem, 2012, 22: 22250−22257.

[451] Chen C, Zhang P, Zhang L, et al. Long-Decay Near-Infrared-Emitting Doped Quantum Dots for Lifetime-Based in Vivo pH Imaging[J]. Chem Commun, 2015, 51: 11162−11165.

[452] Ding S J, Liang S, Nan F, et al. Synthesis and Enhanced Fluorescence of Ag Doped CdTe Semiconductor Quantum Dots[J]. Nanoscale, 2015, 7: 1970−1976.

[453] Sahu A, Kang M S, Kompch A, et al. Electronic Impurity Doping in CdSe Nanocrystals[J]. Nano Lett, 2012, 12: 2587−2594.

[454] Isarov A V, Chrysochoos J. Optical and Photochemical Properties of Nonstoichiometric Cadmium Sulfide Nanoparticles: Surface Modification with Copper(II) Ions[J]. Langmuir, 1997, 13: 3142−3149.

[455] Srivastava B B, Jana S, Pradhan N. Doping Cu in Semiconductor Nanocrystals: Some Old and Some New Physical Insights[J]. J Am Chem Soc, 2011, 133: 1007−1015.

[456] Pandey A, Brovelli S, Viswanatha R, et al. Long-Lived Photoinduced Magnetization in Copper-Doped ZnSe-CdSe Core-Shell Nanocrystals[J]. Nat Nanotechnol, 2012, 7: 792−797.

[457] Bol A A, van Beek R, Meijerink A. On the Incorporation of Trivalent Rare Earth Ions in II-VI Semiconductor Nanocrystals[J]. Chem Mater, 2002, 14: 1121−1126.

[458] Chen H Q, Fu J, Wang L, et al. Ultrasensitive Mercury(II) Ion Detection by Europium(III)-Doped Cadmium Sulfide Composite Nanoparticles[J]. Talanta, 2010, 83: 139−144.

[459] Mukherjee P, Shade C M, Yingling A M, et al. Lanthanide Sensitization in II-VI Semiconductor Materials: A Case Study with Terbium(III) and Europium(III) in Zinc Sulfide Nanoparticles[J]. J Phys Chem A, 2011, 115: 4031−4041.

[460] Mukherjee P, Sloan R F, Shade C M, et al. A Postsynthetic Modification of II-VI Semiconductor Nanoparticles to Create $Tb^{3+}$ and $Eu^{3+}$ Luminophores[J]. J Phys Chem C, 2013, 117: 14451−14460.

[461] Thuy U T D, Maurice A, Liem N Q, et al. Europium Doped In(Zn)P/ZnS Colloidal Quantum Dots[J]. Dalton Trans, 2013, 42: 12606−12610.

[462] Martín-Rodríguez R, Geitenbeek R, Meijerink A. Incorporation and Luminescence of $Yb^{3+}$ in CdSe Nanocrystals[J]. J Am Chem Soc, 2013, 135: 13668−13671.

[463] Pradhan N, Goorskey D, Thessing J, et al. An Alternative of CdSe Nanocrystal Emitters: Pure and Tunable Impurity Emissions in ZnSe Nanocrystals[J]. J Am Chem Soc, 2005, 127: 17586−17587.

[464] Zeng R S, Rutherford M, Xie R G, et al. Synthesis of Highly Emissive Mn-Doped ZnSe Nanocrystals without Pyrophoric Reagents[J]. Chem Mater, 2010, 22: 2107−2113.

[465] Wang C L, Xu S H, Wang Y B, et al. Aqueous Synthesis of Multilayer Mn:ZnSe/Cu:ZnS Quantum Dots with White Light Emission[J]. J Mater Chem C, 2014, 2: 660−666.

[466] Hu Z Y, Xu S H, Xu X J, et al. Co-Doping of Ag into Mn:ZnSe Quantum Dots: Giving Optical Filtering effect with Improved Monochromaticity[J]. Sci Rep, 2015, 5: 14817.

[467] Wang C, Gao X, Ma Q, et al. Aqueous Synthesis of Mercaptopropionic Acid Capped $Mn^{2+}$-Doped ZnSe Quantum Dots[J]. J Mater Chem, 2009, 19: 7016−7022.

[468] Shao P T, Zhang Q H, Li Y G, et al. Aqueous Synthesis of Color-Tunable and Stable $Mn^{2+}$-Doped ZnSe Quantum Dots[J]. J Mater Chem, 2011, 21: 151−156.

[469] Thakar R, Chen Y C, Snee P T. Efficient Emission from Core/(Doped) Shell Nanoparticles: Applications for Chemical Sensing[J]. Nano Lett, 2007, 7: 3429−3432.

[470] Yang Y A, Chen O, Angerhofer A, et al. Radial-Position-Controlled Doping of CdS/ZnS Core/Shell Nanocrystals: Surface Effects and Position-Dependent Properties[J]. Chem - Eur J, 2009, 15: 3186−3197.

[471] Chen H Y, Maiti S, Son D H. Doping Location-Dependent Energy Transfer Dynamics in Mn-Doped CdS/ZnS Nanocrystals[J]. ACS Nano, 2012, 6: 583−591.

[472] Zeng R S, Zhang T T, Dai G Z, et al. Highly Emissive, Color-Tunable, Phosphine-Free Mn:ZnSe/ZnS Core/Shell and Mn:ZnSeS Shell-Alloyed Doped Nanocrystals[J]. J Phys Chem C, 2011, 115: 3005−3010.

[473] Chen O, Shelby D E, Yang Y A, et al. Excitation-Intensity-Dependent Color-Tunable Dual Emissions from Manganese-Doped CdS/ZnS Core/Shell Nanocrystals[J]. Angew Chem Int Ed, 2010, 49: 10132−10135.

[474] Hsia C H, Wuttig A, Yang H. An Accessible Approach to Preparing Water-Soluble $Mn^{2+}$-Doped (CdSSe)ZnS (Core)Shell Nanocrystals for Ratiometric Temperature Sensing[J]. ACS Nano, 2011, 5: 9511−9522.

[475] Chen C, Zhang P F, Gao G H, et al. Near-Infrared-Emitting Two-Dimensional Codes Based on Lattice-Strained Core/(Doped) Shell Quantum Dots with Long Fluorescence Lifetime[J]. Adv Mater, 2014, 26: 6313−6317.

[476] Ma N, Sargent E H, Kelley S O. Biotemplated Nanostructures: Directed Assembly of Electronic and Optical Materials Using Nanoscale Complementarity[J]. J Mater Chem, 2008, 18: 954−964.

[477] Berti L, Burley G A. Nucleic Acid and Nucleotide-Mediated Synthesis of Inorganic Nanoparticles[J]. Nat Nanotechnol, 2008, 3: 81−87.

[478] He H, Feng M, Hu J, et al. Designed Short RGD Peptides for One-Pot Aqueous Synthesis of Integrin-Binding CdTe and CdZnTe Quantum Dots[J]. ACS Appl Mater Interfaces, 2012, 4: 6362−6370.

[479] He X W, Ma N. Biomimetic Synthesis of Fluorogenic Quantum Dots for Ultrasensitive Label-Free Detection of Protease Activities[J]. Small, 2013, 9: 2527−2531.

[480] Singh S, Bozhilov K, Mulchandani A, et al. Biologically Programmed Synthesis of Core-Shell CdSe/ZnS Nanocrystals[J]. Chem Commun, 2010, 46: 1473−1475.

[481] Mansur H S, Gonzalez J C, Mansur A A P. Biomolecule-Quantum Dot Systems for Bioconjugation Applications[J]. Colloids Surf B, 2011, 84: 360−368.

[482] Ghosh D, Mondal S, Ghosh S, et al. Protein Conformation Driven Biomimetic Synthesis of Semiconductor Nanoparticles[J]. J Mater Chem, 2012, 22: 699−706.

[483] Yang L, Xing R M, Shen Q M, et al. Fabrication of Protein-Conjugated Silver Sulfide Nanorods in the Bovine Serum Albumin Solution[J]. J Phys Chem B, 2006, 110: 10534−10539.

[484] Wu P, Zhao T, Tian Y, et al. Protein-Directed Synthesis of Mn-Doped ZnS Quantum Dots: A Dual-Channel

Biosensor for Two Proteins[J]. Chem - Eur J, 2013, 19: 7473−7479.

[485] Qin D Z, Ma X M, Yang L, et al. Biomimetic Synthesis of HgS Nanoparticles in the Bovine Serum Albumin Solution[J]. J Nanopart Res, 2008, 10: 559−566.

[486] Wang Q S, Ye F Y, Fang T T, et al. Bovine Serum Albumin-Directed Synthesis of Biocompatible CdSe Quantum Dots and Bacteria Labeling[J]. J Colloid Interface Sci, 2011, 355: 9−14.

[487] Huang P, Bao L, Yang D P, et al. Protein-Directed Solution-Phase Green Synthesis of BSA-Conjugated $M_xSe_y$ (M = Ag, Cd, Pb, Cu) Nanomaterials[J]. Chem - Asian J, 2011, 6: 1156−1162.

[488] He X W, Gao L, Ma N. One-Step Instant Synthesis of Protein-Conjugated Quantum Dots at Room Temperature[J]. Sci Rep, 2013, 3: 2825.

[489] Pavlov V. Enzymatic Growth of Metal and Semiconductor Nanoparticles in Bioanalysis[J]. Part Syst Char, 2014, 31: 36−45.

[490] Kong Y F, Chen J, Gao F, et al. A Multifunctional Ribonuclease-A-Conjugated CdTe Quantum Dot Cluster Nanosystem for Synchronous Cancer Imaging and Therapy[J]. Small, 2010, 6: 2367−2373.

[491] Narayanan S S, Sarkar R, Pal S K. Structural and Functional Characterization of Enzyme-Quantum Dot Conjugates: Covalent Attachment of CdS Nanocrystal to Alpha-Chymotrypsin[J]. J Phys Chem C, 2007, 111: 11539−11543.

[492] Wang Q S, Li S, Liu P, et al. Bio-templated CdSe Quantum Dots Green Synthesis in the Functional Protein, Lysozyme, and Biological Activity Investigation[J]. Mater Chem Phys, 2012, 137: 580−585.

[493] Ma N, Marshall A F, Rao J H. Near-Infrared Light Emitting Luciferase via Biomineralization[J]. J Am Chem Soc, 2010, 132: 6884−6885.

[494] Yang L, Shen Q M, Zhou J G, et al. Biomimetic Synthesis of CdS Nanocrystals in Aqueous Solution of Pepsin[J]. Mater Chem Phys, 2006, 98: 125−130.

[495] Shenton W, Pum D, Sleytr U B, et al. Synthesis of Cadmium Sulphide Superlattices Using Self-Assembled Bacterial S-Layers[J]. Nature, 1997, 389: 585−587.

[496] Wong K K W, Mann S. Biomimetic Synthesis of Cadmium Sulfide-Ferritin Nanocomposites[J]. Adv Mater, 1996, 8: 928−932.

[497] Moh S H, San B H, Kulkarni A, et al. Synthesis and Electric Characterization of Protein-Shelled CdSe Quantum Dots[J]. J Mater Chem C, 2013, 1: 2412−2415.

[498] Levina L, Sukhovatkin W, Musikhin S, et al. Efficient Infrared-Emitting PbS Quantum Dots Grown on DNA and Stable in Aqueous Solution and Blood Plasma[J]. Adv Mater, 2005, 17: 1854−1857.

[499] Kumar A, Kumar V. Biotemplated Inorganic Nanostructures: Supramolecular Directed Nanosystems of Semiconductor(s)/Metal(s)Mediated by Nucleic Acids and Their Properties[J]. Chem Rev, 2014, 114: 7044−7078.

[500] Ma N, Dooley C J, Kelley S O. RNA-Templated Semiconductor Nanocrystals[J]. J Am Chem Soc, 2006, 128: 12598−12599.

[501] Kumar A, Negi D P S. Photophysics and Photocatalytic Properties of $Cd(OH)_2$-Coated Q-CdS Clusters in the Presence of Guanine and Related Compounds[J]. J Colloid Interface Sci, 2001, 238: 310−317.

[502] Kumar A, Mital S. Electronic Properties of Q-CdS Clusters Stabilized by Adenine[J]. J Colloid Interface Sci, 2001, 240: 459−466.

[503] Kumar A, Mital S. Synthesis and Photophysics of Purine-Capped Q-CdS Nanocrystallites[J]. Photochem

Photobiol Sci, 2002, 1: 737−741.

[504] Green M, Taylor R, Wakefield G. The Synthesis of Luminescent Adenosine Triphosphate Passivated Cadmium Sulfide Nanoparticles[J]. J Mater Chem, 2003, 13: 1859−1861.

[505] Green M, Smyth-Boyle D, Harries J, et al. Nucleotide Passivated Cadmium Sulfide Quantum Dots[J]. Chem Commun, 2005: 4830−4832.

[506] Dooley C J, Rouge J, Ma N, et al. Nucleotide-Stabilized Cadmium Sulfide Nanoparticles[J]. J Mater Chem, 2007, 17: 1687−1691.

[507] Bigham S R, Coffer J L. The Influence of Adenine Content on the Properties of Q-CdS Clusters Stabilized by Polynucleotides[J]. Colloids Surf A, 1995, 95: 211−219.

[508] Jiang L, Zhuang J, Ma Y, et al. The Coordination Sites of Phosphorothioate OligoG10 with $Cd^{2+}$ and CdS Nanoparticles[J]. New J Chem, 2003, 27: 823−826.

[509] Wei W, He X W, Ma N. DNA-Templated Assembly of a Heterobivalent Quantum Dot Nanoprobe for Extra- and Intracellular Dual-Targeting and Imaging of Live Cancer Cells[J]. Angew Chem Int Ed, 2014, 53: 5573−5577.

[510] Samanta A, Deng Z T, Liu Y. Infrared Emitting Quantum Dots: DNA Conjugation and DNA Origami Directed Self-Assembly[J]. Nanoscale, 2014, 6: 4486−4490.

[511] Zhang C, Xu J, Zhang S, et al. One-Pot Synthesized DNA−CdTe Quantum Dots Applied in a Biosensor for the Detection of Sequence-Specific Oligonucleotides[J]. Chem - Eur J, 2012, 18: 8296−8300.

[512] Kumar A, Kumar V. Self-Assemblies from RNA-Templated Colloidal CdS Nanostructures[J]. J Phys Chem C, 2008, 112: 3633−3640.

[513] Kumar A, Jakhmola A. RNA-Mediated Fluorescent Q-PbS Nanoparticles[J]. Langmuir, 2007, 23: 2915−2918.

[514] Lloyd J R, Byrne J M, Coker V S. Biotechnological Synthesis of Functional Nanomaterials[J]. Curr Opin Biotechnol, 2011, 22: 509−515.

[515] Li Y, Cui R, Zhang P, et al. Mechanism-Oriented Controllability of Intracellular Quantum Dots Formation: The Role of Glutathione Metabolic Pathway[J]. ACS Nano, 2013, 7: 2240−2248.

[516] Bao H F, Hao N, Yang Y X, et al. Biosynthesis of Biocompatible Cadmium Telluride Quantum Dots Using Yeast Cells[J]. Nano Res, 2010, 3: 481−489.

[517] Bai H J, Zhang Z M, Guo Y, et al. Biological Synthesis of Size-Controlled Cadmium Sulfide Nanoparticles Using Immobilized Rhodobacter sphaeroides[J]. Nanoscale Res Lett, 2009, 4: 717−723.

[518] Xiong L H, Cui R, Zhang Z L, et al. Uniform Fluorescent Nanobioprobes for Pathogen Detection[J]. ACS Nano, 2014, 8: 5116−5124.

[519] Kang S H, Bozhilov K N, Myung N V, et al. Microbial Synthesis of CdS Nanocrystals in Genetically Engineered E[J]. coli Angew Chem Int Ed, 2008, 47: 5186−5189.

[520] Bao H F, Lu Z S, Cui X Q, et al. Extracellular Microbial Synthesis of Biocompatible CdTe Quantum Dots[J]. Acta Biomater, 2010, 6: 3534−3541.

[521] Chen G Q, Yi B, Zeng G M, et al. Facile Green Extracellular Biosynthesis of CdS Quantum Dots by White Rot Fungus Phanerochaete Chrysosporium[J]. Colloids Surf B, 2014, 117: 199−205.

[522] Sakimoto K K, Wong A B, Yang P. Self-Photosensitization of Nonphotosynthetic Bacteria for Solar-to-Chemical Production[J]. Science, 2016, 351: 74−77.

[523] Kambhampati P, Mi Z, Cooney R R. In Comprehensive Nanoscience and Technology[M]// Wiederrecht D L, Andrews G D, Scholes G P. Eds, Amsterdam: Academic Press, 2011: pp 493−542.

[524] Rogach A. Quantum Dots Still Shining Strong 30 Years On[J]. ACS Nano, 2014, 8: 6511−6512.

[525] Lhuillier E, Keuleyan S, Guyot-Sionnest P. Optical Properties of HgTe Colloidal Quantum Dots[J]. Nanotechnology, 2012, 23: 175705.

[526] Kamal J S, Omari A, Van Hoecke K, et al. Size-Dependent Optical Properties of Zinc Blende Cadmium Telluride Quantum Dots[J]. J Phys Chem C, 2012, 116: 5049−5054.

[527] Čapek R, Moreels I, Lambert K, et al. Optical Properties of Zincblende Cadmium Selenide Quantum Dots[J]. J Phys Chem C, 2010, 114: 6371−6376.

[528] Moreels I, Lambert K, De Muynck D, et al. Composition and Size-Dependent Extinction Coefficient of Colloidal PbSe Quantum Dots[J]. Chem Mater, 2007, 19: 6101−6106.

[529] Aharoni A, Oron D, Banin U, et al. Long-Range Electronic-to-Vibrational Energy Transfer from Nanocrystals to Their Surrounding Matrix Environment[J]. Phys Rev Lett, 2008, 100: 057404.

[530] Keuleyan S, Kohler J, Guyot-Sionnest P. Photoluminescence of Mid-Infrared HgTe Colloidal Quantum Dots[J]. J Phys Chem C, 2014, 118: 2749−2753.

[531] Efros A L, Rosen M, Kuno M, et al. Band-Edge Exciton in Quantum Dots of Semiconductors with a Degenerate Valence Band: Dark and Bright Exciton States[J]. Phys Rev B: Condens Matter Phys, 1996, 54: 4843−4856.

[532] Huang K, Rhys A. Theory of Light Absorption and Non-Radiative Transitions in F-Centres[J]. Proc R Soc London Ser A, 1950, 204: 406−423.

[533] Yao J, Larson D R, Vishwasrao H D, et al. Blinking and Nonradiant Dark Fraction of Water-Soluble Quantum Dots in Aqueous Solution[J]. Proc Natl Acad Sci. U. S. A, 2005, 102: 14284−14289.

[534] Durisic N, Godin A G, Walters D, et al. Probing the "Dark" Fraction of Core−Shell Quantum Dots by Ensemble and Single Particle pH-Dependent Spectroscopy[J]. ACS Nano, 2011, 5: 9062−9073.

[535] Jeong K S, Deng Z, Keuleyan S, et al. Air-Stable n-Doped Colloidal HgS Quantum Dots[J]. J Phys Chem Lett, 2014, 5: 1139−1143.

[536] Ithurria S, Talapin D V. Colloidal Atomic Layer Deposition (c-ALD) using Self-Limiting Reactions at Nanocrystal Surface Coupled to Phase Transfer between Polar and Nonpolar Media[J]. J Am Chem Soc, 2012, 134: 18585−18590.

[537] Omogo B, Aldana J F, Heyes C D. Radiative and Nonradiative Lifetime Engineering of Quantum Dots in Multiple Solvents by Surface Atom Stoichiometry and Ligands[J]. J Phys Chem C, 2013, 117: 2317−2327.

[538] Borchert H, Talapin D V, Gaponik N, et al. Relations Between the Photoluminescence Efficiency of CdTe Nanocrystals and Their Surface Properties Revealed by Synchrotron XPS[J]. J Phys Chem B, 2003, 107: 9662−9668.

[539] Qu L H, Peng X G. Control of Photoluminescence Properties of CdSe Nanocrystals in Growth[J]. J Am Chem Soc, 2002, 124: 2049−2055.

[540] Zhao K, Li J, Wang H Z, et al. Stoichiometric Ratio Dependent Photoluminescence Quantum Yields of the Thiol Capping CdTe Nanocrystals[J]. J Phys Chem C, 2007, 111: 5618−5621.

[541] Piepenbrock M O M, Stirner T, O'Neill M, et al. Growth Dynamics of CdTe Nanoparticles in Liquid and Crystalline Phases[J]. J Am Chem Soc, 2007, 129: 7674−7679.

[542] Bryant G W. Surface States on Semiconductor Nanocrystals: The Effects of Unpassivated Dangling Bonds[J]. J Comput Theor Nanosci, 2009, 6: 1262−1271.

[543] Kalytchuk S, Zhovtiuk O, Kershaw S, et al. Temperature-Dependent Exciton and Trap-Related Photoluminescence of CdTe Quantum Dots Embedded in a NaCl Matrix: Implication in Thermometry[J]. Small, 2016, 12: 466−476.

[544] Baker D R, Kamat P V. Tuning the Emission of CdSe Quantum Dots by Controlled Trap Enhancement[J]. Langmuir, 2010, 26: 11272−11276.

[545] Jethi L, Krause M M, Kambhampati P. Toward Ratiometric Nanothermometry via Intrinsic Dual Emission from SemiconductorNanocrystals[J]. J Phys Chem Lett, 2015, 6: 718−721.

[546] Sykora M, Koposov A Y, McGuire J A, et al. Effect of Air Exposure on Surface Properties, Electronic Structure, and Carrier Relaxation in PbSe Nanocrystals[J]. ACS Nano, 2010, 4: 2021−2034.

[547] Bullen C, Mulvaney P. The Effects of Chemisorption on the Luminescence of CdSe Quantum Dots[J]. Langmuir, 2006, 22: 3007−3013.

[548] Kundu B, Chakrabarti S, Pal A J. Redox Levels of Dithiols in II-VI Quantum Dots vis-a-vis Photoluminescence Quenching: Insight from Scanning Tunneling Spectroscopy[J]. Chem Mater, 2014, 26: 5506−5513.

[549] Koole R, Schapotschnikow P, de Mello Donega C, et al. Time-Dependent Photoluminescence Spectroscopy as a Tool to Measure the Ligand Exchange Kinetics on a Quantum Dot Surface[J]. ACS Nano, 2008, 2: 1703−1714.

[550] Munro A M, Jen-La Plante I, Ng M S, et al. Quantitative Study of the Effects of Surface Ligand Concentration on CdSe Nanocrystal Photoluminescence[J]. J Phys Chem C, 2007, 111: 6220−6227.

[551] Barglik-Chory Ch, Strohm H, Muller G, et al. Adjustment of the Band Gap Energies of Biostabilized CdS Nanoparticles by Application of Statistical Design of Experiments[J]. J Phys Chem B, 2004, 108: 7637−7640.

[552] Baumle M, Stamou D, Segura J M, et al. Highly Fluorescent Streptavidin-Coated CdSe Nanoparticles: Preparation in Water, Characterization, and Micropatterning[J]. Langmuir, 2004, 20: 3828−3831.

[553] Wuister S F, de Mello Donega C, Meijerink A. Influence of Thiol Capping on the Exciton Luminescence and Decay Kinetics of CdTe and CdSe Quantum Dots[J]. J Phys Chem B, 2004, 108: 17393−17397.

[554] Breus V V, Heyes C D, Nienhaus G U. Quenching of CdSe-ZnS Core-Shell Quantum Dot Luminescence by Water-Soluble Thiolated Ligands[J]. J Phys Chem C, 2007, 111: 18589−18594.

[555] Döllefeld H, Hoppe K, Kolny J, et al. Investigations on the Stability of Thiol Stabilized Semiconductor Nanoparticles[J]. Phys Chem, 2002, 4: 4747−4753.

[556] Moloney M P, Govan J, Loudon A, et al. Preparation of Chiral Quantum Dots[J]. Nat Protoc, 2015, 10: 558−573.

[557] Moloney M P, Gun'ko Y K, Kelly J M. Chiral Highly Luminescent CdS Quantum Dots[J]. Chem Commun, 2007: 3900−3902.

[558] Spoerke E D, Voigt J A. Influence of Engineered Peptides on the Formation and Properties of Cadmium Sulfide Nanocrystals[J]. Adv Funct Mater, 2007, 17: 2031−2037.

[559] Ma N, Yang J, Stewart K M, et al. DNA-Passivated CdS Nanocrystals: Luminescence, Bioimaging, and Toxicity Profiles[J]. Langmuir, 2007, 23: 12783−12787.

[560]Mora-Sero I, Bisquert J, Dittrich T, et al. Photosensitization of TiO$_2$ Layers with CdSe Quantum Dots: Correlation Between Light Absorption and Photoinjection[J]. J Phys Chem C, 2007, 111: 14889−14892.

[561]Rogach A L, Franzl T, Klar T A, et al. Aqueous Synthesis of Thiol-Capped CdTe Nanocrystals: State-of-the-Art[J]. J Phys Chem C, 2007, 111: 14628−14637.

[562]Moerner W E, Orrit M. Illuminating Single Molecules in Condensed Matter[J]. Science, 1999, 283: 1670−1676.

[563]Mahler B, Spinicelli P, Buil S, Quelin X, et al. Towards Non-Blinking Colloidal Quantum Dots[J]. Nat Mater, 2008, 7: 659−664.

[564]Nirmal M, Dabbousi B O, Bawendi M G, et al. Fluorescence Intermittency in Single Cadmium Selenide Nanocrystals[J]. Nature, 1996, 383: 802−804.

[565]Efros A L, Rosen M. Random Telegraph Signal in the Photoluminescence Intensity of a Single Quantum Dot[J]. Phys Rev Lett, 1997, 78: 1110−1113.

[566]Empedocles S A, Bawendi M G. Quantum-Confined Stark Effect in Single CdSe Nanocrystallite Quantum Dots[J]. Science, 1997, 278: 2114−2117.

[567]Gomez D E, Califano M, Mulvaney P. Optical Properties of Single Semiconductor Nanocrystals[J]. Phys Chem, 2006, 8: 4989−5011.

[568]Hohng S, Ha T. Near-Complete Suppression of Quantum Dot Blinking in Ambient Conditions[J]. J Am Chem Soc, 2004, 126: 1324−1325.

[569]Chen Y, Vela J, Htoon H, et al. "Giant" Multishell CdSe Nanocrystal Quantum Dots with Suppressed Blinking[J]. J Am Chem Soc, 2008, 130: 5026−5027.

[570]Dias E A, Grimes A F, English D S, et al. Single Dot Spectroscopy of Two-Color Quantum Dot/Quantum Shell Nanostructures[J]. J Phys Chem C, 2008, 112: 14229−14232.

[571]Frantsuzov P, Kuno M, Janko B, et al. Universal Emission Intermittency in Quantum Dots, Nanorods and Nanowires[J]. Nat Phys, 2008, 4: 519−522.

[572]Galland C, Ghosh Y, Steinbruck A, et al. Two Types of Luminescence Blinking Revealed by Spectroelectrochemistry of Single Quantum Dots[J]. Nature, 2011, 479: 203−207.

[573]Dennis A M, Mangum B D, Piryatinski A, et al. Suppressed Blinking and Auger Recombination in Near-Infrared Type-II InP/CdS Nanocrystal Quantum Dots[J]. Nano Lett, 2012, 12: 5545−5551.

[574]Fomenko V, Nesbitt D J. Solution Control of Radiative and Nonradiative Lifetimes: A Novel Contribution to Quantum Dot Blinking Suppression[J]. Nano Lett, 2008, 8: 287−293.

[575]Hamada M, Nakanishi S, Itoh T, et al. Blinking Suppression in CdSe/ZnS Single Quantum Dots by TiO$_2$ Nanoparticles[J]. ACS Nano, 2010, 4: 4445−4454.

[576]Htoon H, Hollingsworth J A, Dickerson R, et al. Effect of Zero- to One-Dimensional Transformation on Multiparticle Auger Recombination in Semiconductor Quantum Rods[J]. Phys Rev Lett, 2003, 91: 227401.

[577]Nanda J, Ivanov S A, Achermann M, et al. Light Amplification in the Single-Exciton Regime Using Exciton-Exciton Repulsion in Type-II Nanocrystal Quantum Dots[J]. J Phys Chem C, 2007, 111: 15382−15390.

[578]Cragg G E, Efros A L. Suppression of Auger Processes in Confined Structures[J]. Nano Lett, 2010, 10: 313−317.

[579]Mangum B D, Wang F, Dennis A M, et al. Competition between Auger Recombination and Hot-Carrier

Trapping in PL Intensity Fluctuations of Type -II Nanocrystals[J]. Small, 2014, 10: 2892−2901.

[580]Voznyy O, Thon S M, Ip A H, et al. Dynamic Trap Formation and Elimination in Colloidal Quantum Dots[J]. J Phys Chem Lett, 2013, 4: 987−992.

[581]Gómez-Campos F M, Califano M. Hole Surface Trapping CdSe Nanocrystals: Dynamics, Rate Fluctuations, and Implications for Blinking[J]. Nano Lett, 2012, 12: 4508−4517.

[582]Frantsuzov P A, Marcus R A. Explanation of Quantum Dot Blinking without the Long-Lived Trap Hypothesis[J]. Phys Rev B: Condens Matter Phys, 2005, 72: 155321.

[583]Tang J, Marcus R A. Diffusion-Controlled Electron Transfer Processes and Power-Law Statistics of Fluorescence Intermittency of Nanoparticles[J]. Phys Rev Lett, 2005, 95: 107401.

[584]Smith C T, Leontiadou M A, Page R, et al. Ultrafast Charge Dynamics in Trap-Free and Surface-Trapping Colloidal Quantum Dots[J]. Adv Sci, 2015, 2: 1500088.

[585]Tang J, Kemp K W, Hoogland S, et al. Colloidal-Quantum-Dot Photovoltaics Using Atomic-Ligand Passivation[J]. Nat Mater, 2011, 10: 765−771.

[586]Gross D, Susha A S, Klar T A, et al. Charge Separation in Type II Tunneling Structures of Close-Packed CdTe and CdSe Nanocrystals[J]. Nano Lett, 2008, 8: 1482−1485.

[587]Gross D, Mora-Sero I, Dittrich T, et al. Charge Separation in Type II Tunneling Multi layered Structures of CdTe and CdSe Nanocrystals Directly Proven by Surface Photovoltage Spectroscopy[J]. J Am Chem Soc, 2010, 132: 5981−5983.

[588]Xu S H, Wang C L, Xu Q Y, et al. What is a Convincing Photoluminescence Quantum Yield of Fluorescent Nanocrystals[J]. J Phys Chem C, 2010, 114: 14319−14326.

[589]Wurth C, Grabolle M, Pauli J, et al. Relative and Absolute Determination of Fluorescence Quantum Yields of Transparent Samples[J]. Nat Protoc, 2013, 8: 1535−1550.

[590]Würth C, Geißler D, Behnke T, et al. Critical Review of the Determination of Photoluminescence Quantum Yields of Luminescent Reporters[J]. Anal Bioanal Chem, 2015, 407: 59−78.

[591]Resch-Genger U, Rurack K. Determination of the Photo-luminescence Quantum Yield of Dilute Dye Solutions (IUPAC Technical Report). Pure Appl Chem, 2013, 85: 2005−2013.

[592]Wurth C, Grabolle M, Pauli J, et al. Comparison of Methods and Achievable Uncertainties for the Relative and Absolute Measurement of Photoluminescence Quantum Yields[J]. Anal Chem, 2011, 83: 3431−3439.

[593]Hatami S, Würth C, Kaiser M, et al. Absolute Photoluminescence Quantum Yields of IR26 and IR-Emissive $Cd_{1-x}Hg_xTe$ and PbS Quantum Dots−Method-and Material-Inherent Challenges[J]. Nanoscale, 2015, 7: 133−143.

[594]Baral S, Fojtik A, Weller H, et al. Photochemistry and Radiation Chemistry of Colloidal Semiconductors. 12. Intermediates of the Oxidation of Extremely Small Particles of Cadmium Sulfide, Zinc Sulfide, and Tricadmium Diphosphide and Size Quantization Effects (a Pulse Radiolysis Study)[J]. J Am Chem Soc, 1986, 108: 375−378.

[595]Henglein A. Photo-Degradation and Fluorescence of Colloidal-Cadmium Sulfide in Aqueous-Solution[J]. Ber Bunsen-Ges Phys Chem, 1982, 86: 301−305.

[596]Kumar A, Janata E, Henglein A. Photochemistry of Colloidal Semiconductors. 25. Quenching of Cadmium Sulfide Fluorescence by Excess Positive Holes[J]. J Phys Chem, 1988, 92: 2587−2591.

[597]Kortan A R, Hull R, Opila R L, et al. Nucleation and Growth of Cadmium Selenide on Zinc Sulfide

Quantum Crystallite Seeds, and Vice Versa, in Inverse Micelle Media[J]. J Am Chem Soc, 1990, 112: 1327−1332.

[598]Herron N, Wang Y, Eckert H. Synthesis and Characterization of Surface-Capped, Size-Quantized Cadmium Sulfide Clusters. Chemical Control of Cluster Size[J]. J Am Chem Soc, 1990, 112: 1322−1326.

[599]Wang Y, Suna A, McHugh J, et al. Optical Transient Bleaching of Quantum-Confined CdS Clusters: The Effects of Surface-Trapped Electron−Hole Pairs[J]. J Chem Phys, 1990, 92: 6927−6939.

[600]O'Neil M, Marohn J, McLendon G. Dynamics of Electron-Hole Pair Recombination in Semiconductor Clusters[J]. J Phys Chem, 1990, 94: 4356−4363.

[601]Bawendi M G, Carroll P J, Wilson W L, et al. Luminescence Properties of CdSe Quantum Crystallites: Resonance between Interior and Surface Localized States[J]. J Chem Phys, 1992, 96: 946−954.

[602]Hässelbarth A, Eychmüller A, Weller H. Detection of Shallow Electron Traps in Quantum Sized CdS by Fluorescence Quenching Experiments[J]. Chem Phys Lett, 1993, 203: 271−276.

[603]Rinehart J D, Weaver A L, Gamelin D R. Redox Brightening of Colloidal Semiconductor Nanocrystals Using Molecular Reductants[J]. J Am Chem Soc, 2012, 134: 16175−16177.

[604]Nirmal M, Murray C B, Bawendi M G. Fluorescence-Line Narrowing in CdSe Quantum Dots - Surface Localization of the Photogenerated Exciton[J]. Phys Rev B: Condens Mater Phys, 1994, 50: 2293−2300.

[605]Kalyuzhny G, Murray R W. Ligand Effects on Optical Properties of CdSe Nanocrystals[J]. J Phys Chem B, 2005, 109: 7012−7021.

[606]Geyer S, Porter V J, Halpert J E, et al. Charge Transport in Mixed CdSe and CdTe Colloidal Nanocrystal Films[J]. Phys Rev B: Condens Mater Phys, 2010, 82: 155201.

[607]Mandal A, Nakayama J, Tamai N, et al. Optical and Dynamic Properties of Water-Soluble Highly Luminescent CdTe Quantum Dots[J]. J Phys Chem B, 2007, 111: 12765−12771.

[608]He H, Qian H F, Dong C Q, et al. Single Nonblinking CdTe Quantum Dots Synthesized in Aqueous Thiopropionic Acid. Angew[J]. Chem Int Ed, 2006, 45: 7588−7591.

[609]Zheng Y G, Gao S J, Ying J Y. Synthesis and Cell-Imaging Applications of Glutathione-Capped CdTe Quantum Dots[J]. Adv Mater, 2007, 19: 376−380.

[610]Zhang H, Cui Z C, Wang Y, et al. From Water-Soluble CdTe Nanocrystals to Fluorescent Nanocrystal-Polymer Transparent Composites Using Polymerizable Surfactants[J]. Adv Mater, 2003, 15: 777−780.

[611]de Mello Donega C, Hickey S G, Wuister S F, et al. Single-Step Synthesis to Control the Photoluminescence Quantum Yield and Size Dispersion of CdSe Nanocrystals[J]. J Phys Chem B, 2003, 107: 489−496.

[612]Seker F, Meeker K, Kuech T F, et al. Surface Chemistry of Prototypical Bulk II-VI and III-V Semiconductors and Implications for Chemical Sensing[J]. Chem Rev, 2000, 100: 2505−2536.

[613]Jasieniak J, Mulvaney P. From Cd-rich to Se-rich – The Manipulation of CdSe Nanocrystal Surface Stoichiometry[J]. J Am Chem Soc, 2007, 129: 2841−2848.

[614]Duncan T V, Polanco M A M, Kim Y, et al. Improving the Quantum Yields of Semiconductor Quantum Dots through Photoenhancement Assisted by Reducing Agents[J]. J Phys Chem C, 2009, 113: 7561−7566.

[615]Evans C M, Cass L C, Knowles K E, et al. Review of the Synthesis and Properties of Colloidal Quantum Dots: The Evolving Role of Coordinating Surface Ligands[J]. J Coord Chem, 2012, 65: 2391−2414.

[616]Wang C L, Zhang H, Zhang J H, et al. Ligand Dynamics of Aqueous CdTe Nanocrystals at Room

Temperature[J]. J Phys Chem C, 2008, 112: 6330−6336.

[617] Mandal A, Tamai N. Influence of Acid on Luminescence Properties of Thioglycolic Acid-Capped CdTe Quantum Dots[J]. J Phys Chem C, 2008, 112: 8244−8250.

[618] Xu S H, Wang C L, Zhang H, et al. pH-Sensitive Photoluminescence for Aqueous Thiol-Capped CdTe Nanocrystals[J]. Nanotechnology, 2011, 22: 315703.

[619] Wuister S F, van Driel F, Meijerink A. Luminescence of CdTe Nanocrystals[J]. J Lumin, 2003: 102−103, 327−332.

[620] Kapitonov A M, Stupak A P, Gaponenko S V, et al. Luminescence Properties of Thiol-Stabilized CdTe Nanocrystals[J]. J Phys Chem B, 1999, 103: 10109−10113.

[621] Cordero S R, Carson P J, Estabrook R A, et al. Photo-Activated Luminescence of CdSe Quantum Dot Monolayers[J]. J Phys Chem B, 2000, 104: 12137−12142.

[622] Osipovich N P, Shavel A, Poznyak S K, et al. Electrochemical Observation of the Photoinduced Formation of Alloyed ZnSe(S) Nanocrystals[J]. J Phys Chem B, 2006, 110: 19233−19237.

[623] Zhu H M, Song N H, Lian T Q. Controlling Charge Separation and Recombination Rates in CdSe/ZnS Type I Core-Shell Quantum Dots by Shell Thicknesses[J]. J Am Chem Soc, 2010, 132: 15038−15045.

[624] Aharoni A, Mokari T, Popov I, et al. Synthesis of InAs/CdSe/ZnSe Core/Shell1/Shell2 Structures with Bright and Stable Near-Infrared Fluorescence[J]. J Am Chem Soc, 2006, 128: 257−264.

[625] Zhang W, Chen G, Wang J, et al. Design and Synthesis of Highly Luminescent Near-Infrared-Emitting Water-Soluble CdTe/CdSe/ZnS Core/Shell/Shell Quantum Dots[J]. Inorg Chem, 2009, 48: 9723−9731.

[626] Chin P T K, de Mello Donega C, van Bavel S S, et al. Highly Luminescent CdTe/CdSe Colloidal Heteronanocrystals with Temperature-Dependent Emission Color[J]. J Am Chem Soc, 2007, 129: 14880−14886.

[627] Wen Q, Kershaw S V, Kalytchuk S, et al. Impact of $D_2O/H_2O$ Solvent Exchange on the Emission of HgTe and CdTe Quantum Dots: Polaron and Energy Transfer Effects[J]. ACS Nano, 2016, 10: 4301−4311.

[628] Eggleton B J, Luther-Davies B, Richardson K. Chalcogenide Photonics[J]. Nat Photonics, 2011, 5: 141−148.

[629] Ródenas A, Martin G, Arezki B, et al. Three-Dimensional Mid-Infrared Photonic Circuits in Chalcogenide Glass[J]. Opt Lett, 2012, 37: 392−394.

[630] Verger F, Pain T, Nazabal V, et al. Surface Enhanced Infrared Absorption (SEIRA) Spectroscopy Using Gold Nanoparticles on $As_2S_3$ Glass[J]. Sens Actuators B, 2012, 175: 142−148.

[631] Kovalenko M V, Schaller R D, Jarzab D, et al. Inorganically Functionalized PbS-CdS Colloidal Nanocrystals: Integration into Amorphous Chalcogenide Glass and Luminescent Properties[J]. J Am Chem Soc, 2012, 134: 2457−2460.

[632] Smith A M, Nie S M. Semiconductor Nanocrystals: Structure, Properties, and Band Gap Engineering[J]. Acc Chem Res, 2010, 43: 190−200.

[633] Peng X G. Band Gap and Composition Engineering on a Nanocrystal (BCEN) in Solution[J]. Acc Chem Res, 2010, 43: 1387−1395.

[634] Zhong X H, Feng Y Y, Knoll W, et al. Alloyed $Zn_xCd_{1-x}S$ Nanocrystals with Highly Narrow Luminescence Spectral Width[J]. J Am Chem Soc, 2003, 125: 13559−13563.

[635] Bailey R E, Nie S M. Alloyed Semiconductor Quantum Dots: Tuning the Optical Properties without Changing the Particle Size[J]. J Am Chem Soc, 2003, 125: 7100−7106.

[636] Akamatsu K, Tsuruoka T, Nawafune H. Band Gap Engineering of CdTe Nanocrystals through Chemical Surface Modification[J]. J Am Chem Soc, 2005, 127: 1634−1635.

[637] Frederick M T, Weiss E A. Relaxation of Exciton Confinement in CdSe Quantum Dots by Modification with a Conjugated Dithiocarbamate Ligand[J]. ACS Nano, 2010, 4: 3195−3200.

[638] Chang J, Xia H B, Wu S L, et al. Prolonging the Lifetime of Excited Electrons of QDs by Capping Them with pi-Conjugated Thiol Ligands[J]. J Mater Chem C, 2014, 2: 2939−2943.

[639] Zhou H S, Honma I, Komiyama H, et al. Coated Semiconductor Nanoparticles - the CdS/PbS Systems Synthesis and Properties[J]. J Phys Chem, 1993, 97: 895−901.

[640] Haus J W, Zhou H S, Honma I, et al. Quantum Confinement in Semiconductor Heterostructure Nanometer-Size Particles[J]. Phys Rev B: Condens Mater Phys, 1993, 47: 1359−1365.

[641] Vukmirovic N, Wang L W. In Comprehensive Nanoscience and Technology[M]//Wiederrecht D L, Andrews G D, Scholes G P, Amsterdam: Academic Press, 2011, pp 189−217.

[642] Jin T, Fujii F, Komai Y, et al. Preparation and Characterization of Highly Fluorescent, Glutathionecoated Near Infrared Quantum Dots for in Vivo Fluorescence Imaging[J]. Int J Mo Sci, 2008, 9: 2044−2061.

[643] He Z Y, Zhu H H, Zhou P J. Microwave-Assisted Aqueous Synthesis of Highly Luminescent Carboxymethyl Chitosan-Coated CdTe/CdS Quantum Dots as Fluorescent Probe for Live Cell Imaging[J]. J Fluoresc, 2012, 22: 193−199.

[644] Yu X Y, Lei B X, Kuang D B, et al. Highly Efficient CdTe/CdS Quantum Dot Sensitized Solar Cells Fabricated By a One-Step Linker Assisted Chemical Bath Deposition[J]. Chem Sci, 2011, 2: 1396−1400.

[645] Zeng Q H, Kong X G, Sun Y J, et al. Synthesis and Optical Properties of Type II CdTe/CdS Core/Shell Quantum Dots in Aqueous Solution via Successive Ion Layer Adsorption and Reaction[J]. J Phys Chem C, 2008, 112: 8587−8593.

[646] Yu K, Zaman B, Romanova S, et al. Sequential Synthesis of Type II Colloidal CdTe/CdSe Core-Shell Nanocrystals[J]. Small, 2005, 1: 332−338.

[647] Chang J Y, Wang S R, Yang C H. Synthesis and Characterization of CdTe/CdS and CdTe/CdSe Core/Shell Type-II Quantum Dots in a Noncoordinating Solvent[J]. Nanotechnology, 2007, 18: 345602.

[648] Wang J, Jiang X C. Anodic Near-Infrared Electro-chemiluminescence from CdTe/CdS Core(Small)/Shell(Thick) Quantum Dots and Their Sensing Ability of $Cu^{2+}$[J]. Sens Actuators B, 2015, 207: 552−555.

[649] Yang S S, Ren C L, Zhang Z Y, et al. Aqueous Synthesis of CdTe/CdSe Core/Shell Quantum Dots as pH-Sensitive Fluorescence Probe for the Determination of Ascorbic Acid[J]. J Fluoresc, 2011, 21: 1123−1129.

[650] Wang J, Mora-Sero I, Pan Z X, et al. Core/Shell Colloidal Quantum Dot Exciplex States for the Development of Highly Efficient Quantum-Dot-Sensitized Solar Cells[J]. J Am Chem Soc, 2013, 135: 15913−15922.

[651] Yuan Z M, Ma Q, Zhang A Y, et al. Synthesis of Highly Luminescent CdTe/ZnO Core/Shell Quantum Dots in Aqueous Solution[J]. J Mater Sci, 2012, 47: 3770−3776.

[652] Adegoke O, Nyokong T. A Comparative Study on the Sensitive Detection of Hydroxyl Radical Using Thiol-capped CdTe and CdTe/ZnS Quantum Dots[J]. J Fluoresc, 2012, 22: 1513−1519.

[653] Dorfs D, Franzl T, Osovsky R, et al. Type-I and Type-II Nanoscale Heterostructures Based on CdTe

Nanocrystals: A Comparative Study[J]. Small, 2008, 4: 1148-1152.

[654] Ma X D, Mews A, Kipp T. Determination of Electronic Energy Levels in Type-II CdTe-Core/CdSe-Shell and CdSe-Core/CdTe-Shell Nanocrystals by Cyclic Voltammetry and Optical Spectroscopy[J]. J Phys Chem C, 2013, 117: 16698-16708.

[655] Smith A M, Mohs A M, Nie S. Tuning the Optical and Electronic Properties of Colloidal Nanocrystals by Lattice Strain[J]. Nat Nanotechnol, 2009, 4: 56-63.

[656] Cai X, Mirafzal H, Nguyen K, et al. Spectroscopy of CdTe/CdSe Type-II Nanostructures: Morphology, Lattice Mismatch, and Band-Bowing Effects[J]. J Phys Chem C, 2012, 116: 8118-8127.

[657] Khoo K H, Arantes J T, Chelikowsky J R, et al. First-Principles Calculations of Lattice-Strained Core-Shell Nanocrystals[J]. Phys Rev B: Condens Mater Phys, 2011, 84: 075311.

[658] Schöps O, Le Thomas N, Woggon U, et al. Recombination Dynamics of CdTe/CdS Core-Shell Nanocrystals[J]. J Phys Chem B, 2006, 110: 2074-2079.

[659] Li H B, Brescia R, Krahne R, et al. Blue-UV-Emitting ZnSe(Dot)/ZnS(Rod) Core/Shell Nanocrystals Prepared from CdSe/CdS Nanocrystals by Sequential Cation Exchange[J]. ACS Nano, 2012, 6: 1637-1647.

[660] Abel K A, FitzGerald P A, Wang T Y. et al. Probing the Structure of Colloidal Core/Shell Quantum Dots Formed by Cation Exchange[J]. J Phys Chem C, 2012, 116: 3968-3978.

[661] Justo Y, Geiregat P, Hoecke K V, et al. Optical Properties of PbS/CdS Core/Shell Quantum Dots[J]. J Phys Chem C, 2013, 117: 20171-20177.

[662] Zhu D, Li W, Ma L, et al. Glutathione-Functionalized Mn:ZnS/ZnO Core/Shell Quantum Dots as Potential Time-Resolved FRET Bioprobes[J]. RSC Adv, 2014, 4: 9372-9378.

[663] Shi A M, Sun J H, Zeng Q H, et al. Photoluminescence Quenching of CdTe/CdS Core-Shell Quantum Dots in Aqueous Solution by ZnO Nanocrystals[J]. J Lumin, 2011, 131: 1536-1540.

[664] Shen Y Z, Liu S P, He Y Q. Fluorescence Quenching Investigation on the Interaction of Glutathione-CdTe/CdS Quantum Dots with Sanguinarine and its Analytical Application[J]. Luminescence, 2014, 29: 176-182.

[665] Maity P, Debnath T, Chopra U, et al. Cascading Electron and Hole Transfer Dynamics in a CdS/CdTe Core-Shell Sensitized with Bromo-Pyrogallol Red (Br-PGR): Slow Charge Recombination in Type II Regime[J]. Nanoscale, 2015, 7: 2698-2707.

[666] Piryatinski A, Ivanov S A, Tretiak S, et al. Effect of Quantum and Dielectric Confinement on the Exciton-Exciton Interaction Energy in Type II Core/Shell Semiconductor Nanocrystals[J]. Nano Lett, 2007, 7: 108-115.

[667] Lee D C, Robel I, Pietryga J M, et al. Infrared-Active Heterostructured Nanocrystals with Ultra long Carrier Lifetimes[J]. J Am Chem Soc, 2010, 132: 9960-9962.

[668] Pietryga J M, Werder D J, Williams D J, et al. Utilizing the Lability of Lead Selenide to Produce Heterostructured Nanocrystals with Bright, Stable Infrared Emission[J]. J Am Chem Soc, 2008, 130: 4879-4885.

[669] Aldeek F, Balan L, Medjahdi G, et al. Enhanced Optical Properties of Core/Shell/Shell CdTe/CdS/ZnO Quantum Dots Prepared in Aqueous Solution[J]. J Phys Chem C, 2009, 113: 19458-19467.

[670] Yuan Z M, Wang J R, Yang P. Highly Luminescent CdTe/CdS/ZnO Core/Shell/Shell Quantum Dots Fabricated Using an Aqueous Strategy[J]. Luminescence, 2013, 28: 169-175.

[671] Yan C M, Tang F Q, Li L L, et al. Synthesis of Aqueous CdTe/CdS/ZnS Core/Shell/Shell Quantum Dots by a Chemical Aerosol Flow Method[J]. Nanoscale Res Lett, 2010, 5: 189−194.

[672] Wang J, Lu Y M, Peng F, et al. Photostable Water-Dispersible NIR-Emitting CdTe/CdS/ZnS Core-Shell-Shell Quantum Dots for High-Resolution Tumor Targeting[J]. Biomaterials, 2013, 34: 9509−9518.

[673] Taniguchi S, Green M, Rizvi S B, et al. The One-Pot Synthesis of Core/Shell/Shell CdTe/CdSe/ZnSe Quantum Dots in Aqueous Media for in Vivo Deep Tissue Imaging[J]. J Mater Chem, 2011, 21: 2877−2882.

[674] Wu W T, Zhou T, Berliner A, et al. Glucose-Mediated Assembly of Phenylboronic Acid Modified CdTe/ZnTe/ZnS Quantum Dots for Intracellular Glucose Probing[J]. Angew Chem Int Ed, 2010, 49: 6554−6558.

[675] Kim S W, Zimmer J P, Ohnishi S, et al. Engineering $InAs_xP_{1-x}$/InP/ZnSe III-V Alloyed Core/Shell Quantum Dots for the Near-Infrared[J]. J Am Chem Soc, 2005, 127: 10526−10532.

[676] Franzl T, Müller J, Klar T A, et al. CdSe:Te Nanocrystals: Band-Edge versus Te-Related Emission[J]. J Phys Chem C, 2007, 111: 2974−2979.

[677] Avidan A, Oron D. Large Blue Shift of the Biexciton State in Tellurium Doped CdSe Colloidal Quantum Dots[J]. Nano Lett, 2008, 8: 2384−2387.

[678] Zhang L J, Lin Z B, Luo J W, et al. The Birth of a Type-II Nanostructure: Carrier Localization and Optical Properties of Isoelectronically Doped CdSe:Te Nanocrystals[J]. ACS Nano, 2012, 6: 8325−8334.

[679] Hoffman D M, Meyer B K, Ekimov A I, et al. Giant Internal Magnetic Fields in Mn Doped Nanocrystal Quantum Dots[J]. Solid State Commun, 2000, 114: 547−550.

[680] Pradhan N, Sarma D D. Advances in Light-Emitting Doped Semiconductor Nanocrystals[J]. J Phys Chem Lett, 2011, 2: 2818−2826.

[681] Beaulac R, Archer P I, van Rijssel J, et al. Exciton Storage by $Mn^{2+}$ in Colloidal $Mn^{2+}$-Doped CdSe Quantum Dots[J]. Nano Lett, 2008, 8: 2949−2953.

[682] Beaulac R, Archer P I, Liu X Y, et al. Spin-Polarizable Excitonic Luminescence in Colloidal $Mn^{2+}$-Doped CdSe Quantum Dots[J]. Nano Lett, 2008, 8: 1197−1201.

[683] Desurvire E. Erbium-Doped Fiber Amplifiers: Principles and Applications[M]. Wiley: New York, 1994.

[684] Begum R, Chattopadhyay A. In Situ Reversible Tuning of Photoluminescence of $Mn^{2+}$-Doped ZnS Quantum Dots by RedoxChemistry[J]. Langmuir, 2011, 27: 6433−6439.

[685] Dong B H, Cao L X, Su G, et al. Synthesis and Characterization of Mn doped ZnS d-dots with Controllable Dual-Color Emissions[J]. J Colloid Interface Sci, 2012, 367: 178−182.

[686] Begum R, Chattopadhyay A. Redox-Tuned Three-Color Emission in Double (Mn and Cu) Doped Zinc Sulfide Quantum Dots[J]. J Phys Chem Lett, 2014, 5: 126−130.

[687] Wang Y B, Wang C L, Xu S H, et al. One-Pot Synthesis of Multicolor MnSe:ZnSe Nanocrystals for Optical Coding[J]. J Colloid Interface Sci, 2014, 415: 7−12.

[688] Chen W, Sammynaiken R, Huang Y N, et al. Crystal Field, Phonon Coupling and Emission Shift of $Mn^{2+}$ in ZnS:Mn Nanoparticles[J]. J Appl Phys, 2001, 89: 1120−1129.

[689] Nag A, Cherian R, Mahadevan P, et al. Size-Dependent Tuning of $Mn^{2+}$ d Emission in $Mn^{2+}$-Doped CdS Nanocrystals: Bulk vs Surface[J]. J Phys Chem C, 2010, 114: 18323−18329.

[690] Zuo T S, Sun Z P, Zhao Y L, et al. The Big Red Shift of Photoluminescence of Mn Dopants in Strained CdS:

A Case Study of Mn-Doped MnS-CdS Heteronanostructures[J]. J Am Chem Soc, 2010, 132: 6618-6619.

[691]Grandhi G K, Viswanatha R. Tunable Infrared Phosphors Using Cu Doping in Semiconductor Nanocrystals: Surface Electronic Structure Evaluation[J]. J Phys Chem Lett, 2013, 4:s409-415.

[692]Xie R G, Peng X G. Synthesis of Cu-Doped InP Nanocrystals (d-dots) with ZnSe Diffusion Barrier as Efficient and Color-Tunable NIR Emitters[J]. J Am Chem Soc, 2009, 131: 10645-10651.

[693]Mandal P, Talwar S S, Major S S, et al. Orange-Red Luminescence from Cu Doped CdS Nanophosphor Prepared Using Mixed Langmuir-Blodgett Multilayers[J]. J Chem Phys, 2008, 128: 114703.

[694]Jana S, Srivastava B B, Acharya S, et al. Prevention of Photooxidation in Blue-Green Emitting Cu Doped ZnSe Nanocrystals[J]. Chem Commun, 2010, 46: 2853-2855.

[695]Viswanatha R, Brovelli S, Pandey A, et al. Copper-Doped Inverted Core/Shell Nanocrystals with "Permanent" Optically Active Holes[J]. Nano Lett, 2011, 11: 4753-4758.

[696]Grandhi G K, Tomar R, Viswanatha R. Study of Surface and Bulk Electronic Structure of II-VI Semiconductor Nanocrystals Using Cu as a Nanosensor[J]. ACS Nano, 2012, 6: 9751-9763.

[697]Panda S K, Hickey S G, Demir H V, et al. Bright White-Light Emitting Manganese and Copper Co-Doped ZnSe Quantum Dots[J]. Angew Chem Int Ed, 2011, 50: 4432-4436.

[698]Jana S, Srivastava B B, Pradhan N. Correlation of Dopant States and Host Bandgap in Dual-Doped Semiconductor Nanocrystals[J]. J Phys Chem Lett, 2011, 2: 1747-1752.

[699]Chen X Y, Luo W Q, Liu Y S, et al. Recent Progress on Spectroscopy of Lanthanide Ions Incorporated in Semiconductor Nanocrystals[J]. J Rare Earths, 2007, 25: 515-525.

[700]Wang F, Liu X. Recent Advances in the Chemistry of Lanthanide-Doped Upconversion Nanocrystals[J]. Chem Soc Rev, 2009, 38: 976-989.

[701]Liu C Y, Hou Y, Gao M Y. Are Rare-Earth Nanoparticles Suitable for In Vivo Applications? [J].Adv Mater, 2014, 26: 6922-6932.

[702]Klimov V I. Detailed-Balance Power Conversion Limits of Nanocrystal-Quantum-Dot Solar Cells in the Presence of Carrier Multiplication[J]. Appl Phys Lett, 2006, 89: 123118.

[703]Moore E G, Samuel A P S, Raymond K N. From Antenna to Assay: Lessons Learned in Lanthanide Luminescence[J]. Acc Chem Res, 2009, 42: 542-552.

[704]Chengelis D A, Yingling A M, Badger P D, et al. Incorporating Lanthanide Cations with Cadmium Selenide Nanocrystals: A Strategy to Sensitize and Protect Tb(III)[J]. J Am Chem Soc, 2005, 127: 16752-16753.

[705]Anderson W W. $Tb^{3+}$ as Recombination Center in ZnS[J]. Phys Rev, 1964, 136: A556.

[706]Klik M A J, Gregorkiewicz T, Bradley I V, et al. Optically Induced Deexcitation of Rare-Earth Ions in a Semiconductor Matrix[J]. Phys Rev Lett, 2002, 89: 227401.

[707]Planelles-Arago J, Cordoncillo E, Ferreira R A S, et al. Synthesis, Characterization and Optical Studies on Lanthanide-Doped CdS Quantum Dots: New Insights on CdS->Lanthanide Energy Transfer Mechanisms[J]. J Mater Chem, 2011, 21: 1162-1170.

[708]Beeby A, Clarkson I M, Dickins R S, et al. Non-Radiative Deactivation of the Excited States of Europium, Terbium and Ytterbium Complexes by Proximate Energy-Matched OH, NH and CH Oscillators: An Improved Luminescence Method for Establishing Solution Hydration States[J]. J Chem Soc Perkin Trans 2, 1999: 493-503.

[709]Xia Y H, Zhou Y L, Tang Z Y. Chiral Inorganic Nanoparticles: Origin, Optical Properties and

Bioapplications[J]. Nanoscale, 2011, 3: 1374-1382.

[710]Wang Y, Xu J, Wang Y.W, et al. Emerging Chirality in Nanoscience[J]. Chem Soc Rev, 2013, 42: 2930-2962.

[711]Liu M, Zhang L, Wang T. Supramolecular Chirality in Self-Assembled Systems[J]. Chem Rev, 2015, 115: 7304-7397.

[712]Schaaff T G, Whetten R L. Giant Gold-Glutathione Cluster Compounds: Intense Optical Activity in Metal-Based Transitions[J]. J Phys Chem B, 2000, 104: 2630-2641.

[713]Ben-Moshe A, Maoz B, Govorov A O, et al. Chirality and Chiroptical Effects in Inorganic Nanocrystal Systems with Plasmon and Exciton Resonances[J]. Chem Soc Rev, 2013, 42: 7028-7041.

[714]Naito M, Iwahori K, Miura A, et al. Circularly Polarized Luminescent CdS Quantum Dots Prepared in a Protein Nanocage[J]. Angew Chem Int Ed, 2010, 49: 7006-7009.

[715]Ben-Moshe A, Govorov A O, Markovich G. Enantioselective Synthesis of Intrinsically Chiral Mercury Sulfide Nanocrystals. Angew[J]. Chem Int Ed, 2013, 52: 1275-1279.

[716]Elliott S D, Moloney M P, Gun'ko Y K. Chiral Shells and Achiral Cores in CdS Quantum Dots[J]. Nano Lett, 2008, 8: 2452-2457.

[717]Gallagher S A, Moloney M P, Wojdyla M, et al. Synthesis and Spectroscopic Studies of Chiral CdSe Quantum Dots[J]. J Mater Chem, 2010, 20: 8350-8355.

[718]Govan J E, Jan E, Querejeta A, et al. Chiral Luminescent CdS Nano-Tetrapods[J]. Chem Commun, 2010, 46: 6072-6074.

[719]Zhou R, Wei K Y, Zhao J S, et al. Alternative Chiral Thiols for Preparation of Chiral CdS Quantum Dots Covered Immediately by Achiral Thiols[J]. Chem Commun, 2011, 47: 6362-6364.

[720]Govorov A O, Fan Z Y, Hernandez P, et al. Theory of Circular Dichroism of Nanomaterials Comprising Chiral Molecules and Nanocrystals: Plasmon Enhancement, Dipole Interactions, and Dielectric Effects[J]. Nano Lett, 2010, 10: 1374-1382.

[721]Ben Moshe A, Szwarcman D, Markovich G. Size Dependence of Chiroptical Activity in Colloidal Quantum Dots[J]. ACS Nano, 2011, 5: 9034-9043.

[722]Nakashima T, Kobayashi Y, Kawai T. Optical Activity and Chiral Memory of Thiol-Capped CdTe Nanocrystals[J]. J Am Chem Soc, 2009, 131: 10342-10343.

[723]Tohgha U, Varga K, Balaz M. Achiral CdSe Quantum Dots Exhibit Optical Activity in the Visible Region upon Post-Synthetic Ligand Exchange with D- or L-Cysteine[J]. Chem Commun, 2013, 49: 1844-1846.

[724]Li Y Y, Zhou Y L, Wang H Y, et al. Chirality of Glutathione Surface Coating Affects the Cytotoxicity of Quantum Dots[J]. Angew Chem Int Ed, 2011, 50: 5860-5864.

[725]Schrier J, Wang L W. Electronic Structure of Nanocrystal Quantum-Dot Quantum Wells[J]. Phys Rev B: Condens Mater Phys, 2006, 73: 245332.

[726]Li J B, Wang L W. First Principle Study of Core/Shell Structure Quantum Dots[J]. Appl Phys Lett, 2004, 84: 3648-3650.

[727]Al-Otaify A, Kershaw S V, Gupta S, et al. Multiple Exciton Generation and Ultrafast Exciton Dynamics in HgTe Colloidal Quantum Dots[J]. Phys Chem, 2013, 15: 16864-16873.

[728]Keuleyan S E, Guyot-Sionnest P, Delerue C, et al. Mercury Telluride Colloidal Quantum Dots: Electronic Structure, Size-Dependent Spectra, and Photocurrent Detection up to 12 μm[J]. ACS Nano, 2014, 8:

8676-8682.

[729] Pokrant S, Whaley K B. Tight-Binding Studies of Surface Effects on Electronic Structure of CdSe Nanocrystals: The Role of Organic Ligands, Surface Reconstruction, and Inorganic Capping Shells[J]. Eur Phys J D, 1999, 6: 255-267.

[730] Pérez-Conde J, Bhattacharjee A K. Electronic Structure and Optical Properties of ZnS/CdS Nanoheterostructures[J]. Phys Rev B: Condens Mater Phys, 2003, 67: 235303.

[731] Allan G, Delerue C. Tight-Binding Calculations of the Optical Properties of HgTe Nanocrystals[J]. Phys Rev B: Condens Mater Phys, 2012, 86: 165437.

[732] Allan G, Delerue C. Influence of Electronic Structure and Multiexciton Spectral Density on Multiple-Exciton Generation in Semiconductor Nanocrystals: Tight-Binding Calculations[J]. Phys Rev B: Condens Mater Phys, 2008, 77: 125340.

[733] Allan G, Delerue C. Role of Impact Ionization in Multiple Exciton Generation in PbSe Nanocrystals[J]. Phys Rev B: Condens Mater Phys, 2006, 73: 205423.

[734] Pijpers J J H, Ulbricht R, Tielrooij K J, et al. Assessment of Carrier-Multiplication Efficiency in Bulk PbSe and PbS[J]. Nat Phys, 2009, 5: 811-814.

[735] Efros A L, Rosen M. Quantum Size Level Structure of Narrow-Gap Semiconductor Nanocrystals: Effect of Band Coupling[J]. Phys Rev B: Condens Mater Phys, 1998, 58: 7120-7135.

[736] Zhong H, Nagy M, Jones M, et al. Electronic States and Exciton Fine Structure in Colloidal CdTe Nanocrystals[J]. J Phys Chem C, 2009, 113: 10465-10470.

[737] Jaskólski W, Bryant G W. Multiband Theory of Quantum-Dot Quantum Wells: Dim Excitons, Bright Excitons, and Charge Separation in Heteronanostructures[J]. Phys Rev B: Condens Mater Phys, 1998, 57: R4237-R4240.

[738] Califano M, Franceschetti A, Zunger A. Temperature Dependence of Excitonic Radiative Decay in CdSe Quantum Dots: The Role of Surface Hole Traps[J]. Nano Lett, 2005, 5: 2360-2364.

[739] Califano M. Origins of Photoluminescence Decay Kinetics in CdTe Colloidal Quantum Dots[J]. ACS Nano, 2015, 9: 2960-2967.

[740] Allan G, Delerue C. Confinement Effects in PbSe Quantum Wells and Nanocrystals[J]. Phys Rev B: Condens Mater Phys, 2004, 70: 245321.

[741] Grazia Lupo M, Scotognella F, Zavelani-Rossi M, et al. Band-Edge Ultrafast Pump-Probe Spectroscopy of Core/Shell CdSe/CdS Rods: Assessing Electron Delocalization by Effective Mass Calculations[J]. Phys Chem, 2012, 14: 7420-7426.

[742] Gong K, Martin J E. Shea-Rohwer L E, et al. Radiative Lifetimes of Zincblende CdSe/CdS Quantum Dots[J]. J Phys Chem C, 2015, 119: 2231-2238.

[743] Park S H, Cho Y H. Strain and Piezoelectric Potential Effects on Optical Properties in CdSe/CdS Core/Shell Quantum Dots[J]. J Appl Phys, 2011, 109: 113103.

[744] Sukkabot W. Variation in the Structural and Optical Properties of CdSe/ZnS Core/Shell Nanocrystals with Ratios between Core and Shell Radius[J]. Phys B, 2014, 454: 23-30.

[745] Sukkabot W. Electronic Structure and Optical Properties of Colloidal InAs/InP Core/Shell Nanocrystals: Tight-Binding Calculations[J]. Phys E, 2014, 63: 235-240.

[746] Zhang A, Luo S, Ouyang G, et al. Strain-Induced Optical Absorption Properties of Semiconductor

Nanocrystals[J]. J Chem Phys, 2013, 138: 244702.

[747] Ouyang G, Zhu W G, Sun C Q, et al. Atomistic Origin of Lattice Strain on Stiffness of Nanoparticles[J]. Phys Chem, 2010, 12: 1543−1549.

[748] Song J X, Zhang J, Xie Z, et al. In Situ XAFS Studies on the Growth of ZnSe Quantum Dots[J]. Nucl Instrum Methods Phys Res Sect A, 2010, 619: 280−282.

[749] Sung Y M, You M, Kim T G. Variation in the Structural and Optical Properties of ZnSe/ZnS Core/Shell Nanocrystals with Shell Thickness[J]. J Nanopart Res, 2012, 14: 1036.

[750] Sadhu S, Patra A. Lattice Strain Controls the Carrier Relaxation Dynamics in $Cd_xZn_{1-x}S$ Alloy Quantum Dots[J]. J Phys Chem C, 2012, 116: 15167−15173.

[751] Ouyang J Y, Ratcliffe C I, Kingston D, et al. Gradiently Alloyed $Zn_xCd_{1-x}S$ Colloidal Photoluminescent Quantum Dots Synthesized via a Noninjection One-Pot Approach[J]. J Phys Chem C, 2008, 112: 4908−4919.

[752] Maiti S, Debnath T, Maity P, et al. Lattice Strain Induced Slow Electron Cooling due to Quasi Type-II Behavior in Type-I CdTe/ZnS Nanocrystals[J]. J Phys Chem C, 2015, 119: 8410−8416.

[753] Fairclough S M, Tyrrell E J, Graham D M, et al. Growth and Characterization of Strained and Alloyed Type-II ZnTe/ZnSe Core-Shell Nanocrystals[J]. J Phys Chem C, 2012, 116: 26898−26907.

[754] Veilleux V, Lachance-Quirion D, Dore K, et al. Strain-Induced Effects in Colloidal Quantum Dots: Lifetime Measurements and Blinking Statistics[J]. Nanotechnology, 2010, 21: 134024.

[755] Cheche T O, Barna V, Chang Y C. Analytical Approach for Type-II Semiconductor Spherical Core-Shell Quantum Dots Hetero-structures with Wide Band Gaps[J]. Superlattices Microstruct, 2013, 60: 475−486.

[756] Pahomi T E, Cheche T O. Strain Influence on Optical Absorption of Giant Semiconductor Colloidal Quantum Dots[J]. Chem Phys Lett, 2014, 612: 33−38.

[757] Ithurria S, Guyot-Sionnest P, Mahler B, et al. $Mn^{2+}$ as a Radial Pressure Gauge in Colloidal Core/Shell Nanocrystals[J]. Phys Rev Lett, 2007, 99: 265501.

[758] Park Y, Koo C, Chen H Y, et al. Ratiometric Temperature Imaging Using Environment-Insensitive Luminescence of Mn-Doped Core-Shell Nanocrystals[J]. Nanoscale, 2013, 5: 4944−4950.

[759] Choi C L, Koski K J, Sivasankar S, et al. Strain-Dependent Photoluminescence Behavior of CdSe/CdS Nanocrystals with Spherical, Linear, and Branched Topologies[J]. Nano Lett, 2009, 9: 3544−3549.

[760] Choi C L, Koski K J, Olson A C K, et al. Luminescent Nanocrystal Stress Gauge[J]. Proc Natl Acad Sci U. S. A, 2010, 107: 21306−21310.

[761] Duan H L, Jiao Y, Yi X, et al. Solutions of Inhomogeneity Problems with Graded Shells and Application to Core-Shell Nanoparticles and Composites[J]. J Mech Phys Solids, 2006, 54: 1401−1425.

[762] Duan H L, Karihaloo B L, Wang J, et al. Strain Distributions in Nano-Onions with Uniform and Non-Uniform Compositions[J]. Nanotechnology, 2006, 17: 3380−3387.

[763] Yi X, Duan H L, Karihaloo B L, et al. Eshelby Formalism for Multi-Shell Nano-Inhomogeneities[J]. Arch Mech, 2007, 59: 259−281.

[764] Chen X B, Lou Y B, Samia A C, et al. Coherency Strain Effects on the Optical Response of Core/Shell Heteronanostructures[J]. Nano Lett, 2003, 3: 799−803.

[765] Baranov A V, Rakovich Y P, Donegan J F, et al. Effect of ZnS Shell Thickness on the Phonon Spectra in CdSe Quantum Dots[J]. Phys Rev B: Condens Mater Phys, 2003, 68: 165306.

[766] Lee Y J, Kim T G, Sung Y M. Lattice Distortion and Luminescence of CdSe/ZnSe Nanocrystals[J].

Nanotechnology, 2006, 17: 3539-3542.

[767] Lange H, Mohr M, Artemyev M, et al. Optical Phonons in Colloidal CdSe Nanorods[J]. Phys Status Solidi B, 2010, 247: 2488-2497.

[768] Tschirner N, Lange H, Schliwa A, et al. Interfacial Alloying in CdSe/CdS Heteronanocrystals: A Raman Spectroscopy Analysis[J]. Chem Mater, 2012, 24: 311-318.

[769] Dzhagan V M, Valakh M Y, Milekhin A G, et al. Raman- and IR-Active Phonons in CdSe/CdS Core/Shell Nanocrystals in the Presence of Interface Alloying and Strain[J]. J Phys Chem C, 2013, 117: 18225-18233.

[770] Shin H, Jang D, Hwang J, et al. Structural Characterization of CdSe/ZnS Core-Shell Quantum Dots (QDs) Using TEM/STEM Observation[J]. J Mater Sci: Mater Electron, 2014, 25: 2047-2052.

[771] Talapin D V, Mekis I, Gotzinger S, et al. CdSe/CdS/ZnS and CdSe/ZnSe/ZnS Core-Shell-Shell Nanocrystals[J]. J Phys Chem B, 2004, 108: 18826-18831.

[772] Lu Y, Zhang Y Q, Cao X A. Improved Luminescence from CdSe Quantum Dots with a Strain-Compensated Shell[J]. Appl Phys Lett, 2013, 102: 023106.

[773] Klimov V I. Optical Nonlinearities and Ultrafast Carrier Dynamics in Semiconductor Nanocrystals[J]. J Phys Chem B, 2000, 104: 6112-6123.

[774] Neeves A E, Birnboim M H. Composite Structures for the Enhancement of Nonlinear-Optical Susceptibility[J]. J Opt Soc Am B, 1989, 6: 787-796.

[775] De Geyter B, Justo Y, Moreels I, et al. The Different Nature of Band Edge Absorption and Emission in Colloidal PbSe/CdSe Core/Shell Quantum Dots[J]. ACS Nano, 2011, 5: 58-66.

[776] Brovelli S, Schaller R D, Crooker S A, et al. Nano-Engineered Electron-Hole Exchange Interaction Controls Exciton Dynamics in Core-Shell Semiconductor Nanocrystals[J]. Nat Commun, 2011, 2: 280.

[777] Wang S P, Mamedova N, Kotov N A, et al. Antigen/Antibody Immunocomplex from CdTe Nanoparticle Bio-conjugates[J]. Nano Lett, 2002, 2: 817-822.

[778] Rogach A L, Klar T A, Lupton J M, et al. Energy Transfer with Semiconductor Nanocrystals[J]. J Mater Chem, 2009, 19: 1208-1221.

[779] Nabiev I, Mitchell S, Davies A, et al. Nonfunctionalized Nanocrystals Can Exploit a Cell's Active Transport Machinery Delivering Them to Specific Nuclear and Cytoplasmic Compartments[J]. Nano Lett, 2007, 7: 3452-3461.

[780] Lin Z B, Cui S X, Zhang H, et al. Studies on Quantum Dots Synthesized in Aqueous Solution for Biological Labeling via Electrostatic Interaction[J]. Anal Biochem, 2003, 319: 239-243.

[781] Karakoti A S, Shukla R, Shanker R, et al. Surface Functionalization of Quantum Dots for Biological Applications[J]. Adv Colloid Interface Sci, 2015, 215: 28-45.

[782] Li Y L, Jing L H, Ding K, et al. Detection of Epstein-Barr Virus Infection in Cancer by Using Highly Specific Nanoprobe Based on dBSA Capped CdTe Quantum Dots[J]. RSC Adv, 2014, 4: 22545-22550.

[783] Li Y L, Duan X, Jing L H, et al. Quantum Dot-Antisense Oligonucleotide Conjugates for Multifunctional Gene Transfection, mRNA Regulation, and Tracking of Biological Processes[J]. Biomaterials, 2011, 32: 1923-1931.

[784] Mansur H S, Mansur A A P. Fluorescent Nanohybrids: Quantum Dots Coupled to Polymer Recombinant Protein Conjugates for the Recognition of Biological Hazards[J]. J Mater Chem, 2012, 22: 9006-9018.

[785] Jing L H, Li Y L, Ding K, et al. Surface-Biofunctionalized Multicore/Shell CdTe@SiO$_2$ Composite Particles

for Immunofluorescence Assay[J]. Nanotechnology, 2011, 22: 505104.

[786] Lu Y, Zhong Y, Wang J, et al. Aqueous Synthesized Near-Infrared-Emitting Quantum Dots for RGD-Based in vivo Active Tumour Targeting[J]. Nanotechnology, 2013, 24: 135101.

[787] Shao D, Zeng Q H, Fan Z, et al. Monitoring HSV-TK/Ganciclovir Cancer Suicide Gene Therapy Using CdTe/CdS Core/Shell Quantum Dots[J]. Biomaterials, 2012, 33: 4336-4344.

[788] Gao L, Ma N. DNA-Templated Semiconductor Nanocrystal Growth for Controlled DNA Packing and Gene Delivery[J]. ACS Nano, 2012, 6: 689-695.

[789] Ramanery F P, Mansur A A P, Mansur H S. One-Step Colloidal Synthesis of Biocompatible Water-Soluble ZnS Quantum Dot/Chitosan Nanoconjugates[J]. Nanoscale Res Lett, 2013, 8: 512.

[790] Goswami N, Giri A, Kar S, et al. Protein-Directed Synthesis of NIR-Emitting, Tunable HgS Quantum Dots and their Applications in Metal-Ion Sensing[J]. Small, 2012, 8: 3175-3184.

[791] Hu F Q, Ran Y L, Zhou Z A, et al. Preparation of Bioconjugates of CdTe Nanocrystals for Cancer Marker Detection[J]. Nanotechnology, 2006, 17: 2972-2977.

[792] He Y, Zhong Y, Su Y, et al. Water-Dispersed Near-Infrared-Emitting Quantum Dots of Ultrasmall Sizes for In Vitro and In Vivo Imaging[J]. Angew Chem Int Ed, 2011, 50: 5695-5698.

[793] Zhang C L, Ji X H, Zhang Y, et al. One-Pot Synthesized Aptamer-Functionalized CdTe:$Zn^{2+}$ Quantum Dots for Tumor-Targeted Fluorescence Imaging in Vitro and in Vivo[J]. Anal Chem, 2013, 85: 5843-5849.

[794] Wang R, Zhang F. NIR Luminescent Nanomaterials for Biomedical Imaging[J]. J Mater Chem B, 2014, 2: 2422-2443.

[795] Chen G C, Tian F, Zhang Y, et al. Tracking of Transplanted Human Mesenchymal Stem Cells in Living Mice using Near-Infrared $Ag_2S$ Quantum Dots[J]. Adv Funct Mater, 2014, 24: 2481-2488.

[796] Zhang F, Sun T T, Zhang Y, et al. Facile Synthesis of Functional Gadolinium-Doped CdTe Quantum Dots for Tumor-Targeted Fluorescence and Magnetic Resonance Dual-Modality Imaging[J]. J Mater Chem B, 2014, 2: 7201-7209.

[797] Qi L, Gao X. Quantum Dot-Amphipol Nanocomplex for Intracellular Delivery and Real-Time Imaging of siRNA[J]. ACS Nano, 2008, 2: 1403-1410.

[798] Qian J, Gao X. Triblock Copolymer-Encapsulated Nanoparticles with Outstanding Colloidal Stability for siRNA Delivery[J]. ACS Appl Mater Interfaces, 2013, 5: 2845-2852.

[799] Delehanty J B, Medintz I L, Pons T, et al. Self-Assembled Quantum Dot-Peptide Bioconjugates for Selective Intracellular Delivery[J]. Bioconjugate Chem, 2006, 17: 920-927.

[800] Medintz I L, Pons T, Delehanty J B, et al. Intracellular Delivery of Quantum Dot-Protein Cargos Mediated by Cell Penetrating Peptides[J]. Bioconjugate Chem, 2008, 19: 1785-1795.

[801] Spillmann C M, Naciri J, Algar W R, et al. Multifunctional Liquid Crystal Nanoparticles for Intracellular Fluorescent Imaging and Drug Delivery[J]. ACS Nano, 2014, 8: 6986-6997.

[802] Shao D, Li J, Pan Y, et al. Noninvasive Theranostic Imaging of HSV-TK/GCV Suicide Gene Therapy in Liver Cancer by Folate-Targeted Quantum Dot-Based Liposomes[J]. Biomater Sci, 2015, 3: 833-841.

[803] Voura E B, Jaiswal J K, Mattoussi H, et al. Tracking Metastatic Tumor Cell Extravasation with Quantum Dot Nanocrystals and Fluorescence Emission-Scanning Microscopy[J]. Nat Med, 2004, 10: 993-998.

[804] Mattheakis L C, Dias J M, Choi Y J, et al. Optical Coding of Mammalian Cells Using Semiconductor Quantum Dots[J]. Anal Biochem, 2004, 327: 200-208.

[805] Jia N Q, Lian Q, Shen H B, et al. Intracellular Delivery of Quantum Dots Tagged Antisense Oligodeoxynucleotides by Functionalized Multiwalled Carbon Nanotubes[J]. Nano Lett, 2007, 7: 2976-2980.

[806] Ketola A, Maatta A M, Pasanen T, et al. Osteosarcoma and Chondrosarcoma as Targets for Virus Vectors and Herpes Simplex Virus Thymidine Kinase/Ganciclovir Gene Therapy[J]. Int J Mol Med, 2004, 13: 705-710.

[807] Maatta A M, Tenhunen A, Pasanen T, et al. Non-Small Cell Lung Cancer as a Target Disease for Herpes Simplex Type 1 Thymidine Kinase-Ganciclovir Gene Therapy[J]. Int J Oncol, 2004, 24: 943-949.

[808] Wang J, Lu X X, Chen D Z, et al. Herpes Simplex Virus Thymidine Kinase and Ganciclovir Suicide Gene Therapy for Human Pancreatic Cancer[J]. World J Gastroenterol, 2004, 10: 400-403.

[809] Xu P P, Li J Y, Shi L X, et al. Synergetic Effect of Functional Cadmium-Tellurium Quantum Dots Conjugated With Gambogic Acid for HepG$_2$ Cell-Labeling and Proliferation Inhibition[J]. Int J Nanomed, 2013, 8: 3729-3736.

[810] Chen H, Li B, Zhang M, et al. Characterization of Tumor-Targeting Ag$_2$S Quantum Dots for Cancer Imaging and Therapy in Vivo[J]. Nanoscale, 2014, 6: 12580-12590.

[811] Hu F, Li C, Zhang Y, et al. Real-Time in Vivo Visualization of Tumor Therapy by a Near-Infrared-II Ag$_2$S Quantum Dot-Based Theranostic Nanoplatform[J]. Nano Res, 2015, 8: 1637-1647.

[812] Lou Y, Zhao Y, Chen J, et al. Metal Ions Optical Sensing by Semiconductor Quantum Dots[J]. J Mater Chem C, 2014, 2: 595-613.

[813] Tan X P, Li Q, Zhang X N, et al. A Novel and Sensitive Turn-On Fluorescent Biosensor for the Determination of Thioctic Acid Based on $Cu^{2+}$-Modulated N-Acetyl-L-Cysteine Capped CdTe Quantum Dots[J]. RSC Adv, 2015, 5: 44173-44182.

[814] Wu C S, Khaing Oo M K, Fan X D. Highly Sensitive Multiplexed Heavy Metal Detection Using Quantum-Dot-Labeled DNAzymes[J]. ACS Nano, 2010, 4: 5897-5904.

[815] Liu Y S, Sun Y H, Vernier P T, et al. pH-Sensitive Photoluminescence of CdSe/ZnSe/ZnS Quantum Dots in Human Ovarian Cancer Cells[J]. J Phys Chem C, 2007, 111: 2872-2878.

[816] Susha A S, Javier A M, Parak W J, et al. Luminescent CdTe Nanocrystals as Ion Probes and pH Sensors in Aqueous Solutions[J]. Colloids Surf A, 2006, 281: 40-43.

[817] Liang G D, Liu S F, Zou G Z, et al. Ultrasensitive Immunoassay Based on Anodic Near-Infrared Electrochemiluminescence from Dual-Stabilizer-Capped CdTe Nanocrystals[J]. Anal Chem, 2012, 84: 10645-10649.

[818] Yan J, Hu M, Li D, et al. A Nano- and Micro- Integrated Protein Chip Based on Quantum Dot Probes and a Microfluidic Network[J]. Nano Res, 2008, 1: 490-496.

[819] Jiang X Y, Xu Q B, Dertinger S K W, et al. A General Method for Patterning Gradients of Biomolecules on Surfaces Using Microfluidic Networks[J]. Anal Chem, 2005, 77: 2338-2347.

[820] McDonald J C, Duffy D C, Anderson J R, et al. Fabrication of Microfluidic Systems in Poly(Dimethylsiloxane)[J]. Electrophoresis, 2000, 21: 27-40.

[821] Whitesides G M. The Origins and the Future of Microfluidics[J]. Nature, 2006, 442: 368-373.

[822] Psaltis D, Quake S R, Yang C H. Developing Optofluidic Technology through the Fusion of Microfluidics and Optics[J]. Nature, 2006, 442: 381-386.

[823] Bernard A, Michel B, Delamarche E. Micromosaic Immunoassays[J]. Anal Chem, 2001, 73: 8-12.

[824] Wolf M, Juncker D, Michel B, et al. Simultaneous Detection of C-Reactive Protein and Other Cardiac Markers in Human Plasma Using Micromosaic Immunoassays and Self-Regulating Microfluidic Networks[J]. Biosens Bioelectron, 2004, 19: 1193−1202.

[825] Hu M, He Y, Song S P, et al. DNA-Bridged Bioconjugation of Fluorescent Quantum Dots for Highly Sensitive Microfluidic Protein Chips[J]. Chem Commun, 2010, 46: 6126−6128.

[826] Hu M, Yan J, He Y, et al. Ultrasensitive, Multiplexed Detection of Cancer Biomarkers Directly in Serum by Using a Quantum Dot-Based Microfluidic Protein Chip[J]. ACS Nano, 2010, 4: 488−494.

[827] Zhao W W, Wang J, Zhu Y C, et al. Quantum Dots: Electrochemiluminescent and Photoelectrochemical Bioanalysis[J]. Anal Chem, 2015, 87: 9520−9531.

[828] Zhou H, Liu J, Zhang S S. Quantum Dot-Based Photoelectric Conversion for Biosensing Applications[J]. TrAC Trends Anal Chem, 2015, 67: 56−73.

[829] Hu L Z, Xu G B. Applications and Trends in Electro-chemiluminescence[J]. Chem Soc Rev, 2010, 39: 3275−3304.

[830] Forster R J, Bertoncello P, Keyes T E. Electrogenerated Chemiluminescence[J]. Annu Rev Anal Chem, 2009, 2: 359−385.

[831] Zhang H R, Wu M S, Xu J J, et al. Signal-On Dual-Potential Electrochemiluminescence Based on Luminol−Gold Bifunctional Nanoparticles for Telomerase Detection[J]. Anal Chem, 2014, 86: 3834−3840.

[832] Zhang H R, Xu J J, Chen H Y. Electrochemiluminescence Ratiometry: A New Approach to DNA Biosensing[J]. Anal Chem, 2013, 85: 5321−5325.

[833] Wang J, Zhao W W, Zhou H, et al. Amplified Electrochemiluminescence Detection of DNA-Binding Protein Based on the Synergy Effect of Electron and Energy Transfer Between CdS Nanocrystals and Gold Nanoparticles[J]. Biosens Bioelectron, 2013, 41: 615−620.

[834] He L J, Wu M S, Xu J J, et al. A Reusable Potassium Ion Biosensor Based On Electrochemiluminescence Resonance Energy Transfer[J]. Chem Commun, 2013, 49: 1539−1541.

[835] Wang J, Zhao W W, Li X R, et al. Potassium-Doped Graphene Enhanced Electrochemiluminescence of $SiO_2$@CdS Nanocomposites for Sensitive Detection of TATA-Binding Protein[J]. Chem Commun, 2012, 48: 6429−6431.

[836] Wu M S, Shi H W, Xu J J, et al. CdS Quantum Dots/Ru(bpy)$_3^{2+}$ Electrochemiluminescence Resonance Energy Transfer System for Sensitive Cytosensing[J]. Chem Commun, 2011, 47: 7752−7754.

[837] Boehme S C, Azpiroz J M, Aulin Y V, et al. Density of Trap States and Auger-mediated Electron Trapping in CdTe Quantum-Dot Solids[J]. Nano Lett, 2015, 15: 3056−3066.

[838] Garcia-Santamaria F, Brovelli S, Viswanatha R, et al. Breakdown of Volume Scaling in Auger Recombination in CdSe/CdS Heteronanocrystals: The Role of the Core-Shell Interface[J]. Nano Lett, 2011, 11: 687−693.

[839] Bae W K, Padilha L A, Park Y S, et al. Controlled Alloying of the Core-Shell Interface in CdSe/CdS Quantum Dots for Suppression of Auger Recombination[J]. ACS Nano, 2013, 7: 3411−3419.

[840] Qin W, Liu H, Guyot-Sionnest P. Small Bright Charged Colloidal Quantum Dots[J]. ACS Nano, 2014, 8: 283−291.

[841] Govorov A O, Gun'ko Y K, Slocik J M, et al. Chiral nanoparticle assemblies: circular dichroism, plasmonic interactions, and exciton effects[J]. J Mater Chem, 2011, 21: 16806−16818.